U0167946

Python 编程实战

王明师　编著

北京航空航天大学出版社

内 容 简 介

本书是一本语法与实践相结合的 Python 入门教程,以简明的语言、易懂的案例介绍 Python 编程。本书共 11 章,其中,第 1～4 章介绍 Python 的基础知识,如 Python 的下载与安装,Python 结构,Python 程序、算法和函数,Python 扩展、文件和绘图;第 5～8 章介绍 Python 的类和方法、标准库、高级编程和仿真测试;第 9～11 章介绍 Python 编程的具体应用、数据分析和机器学习等。

本书旨在帮助读者成长为一名专业的 Python 程序员,可作为 Python 初学者的入门参考书,也可作为 Python 编程入门的培训教材。

图书在版编目(CIP)数据

Python 编程实战 / 王明师编著. -- 北京 ：北京航
空航天大学出版社,2021.1
　ISBN 978 - 7 - 5124 - 3246 - 8

　Ⅰ. ①P… Ⅱ. ①王… Ⅲ. ①软件工具－程序设计
Ⅳ. ①TP311.56

中国版本图书馆 CIP 数据核字(2020)第 263743 号

版权所有,侵权必究。

Python 编程实战
王明师　编著
责任编辑　孙兴芳
*
北京航空航天大学出版社出版发行

北京市海淀区学院路 37 号(邮编 100191)　http://www.buaapress.com.cn
发行部电话:(010)82317024　传真:(010)82328026
读者信箱:copyrights@buaacm.com.cn　邮购电话:(010)82316936
涿州市新华印刷有限公司印装　各地书店经销
*
开本:710×1 000　1/16　印张:20.25　字数:456 千字
2021 年 5 月第 1 版　2021 年 5 月第 1 次印刷
ISBN 978 - 7 - 5124 - 3246 - 8　定价:89.00 元

若本书有倒页、脱页、缺页等印装质量问题,请与本社发行部联系调换。联系电话:(010)82317024

前　　言

本书主要适合刚刚接触 Python 编程语言的读者，目标是使读者能够使用 Python 来解决实际问题。

本书将结合理论、实例、练习和思考来介绍 Python 所有的核心概念，着重使大家学会最合理地使用 Python 来解决实际问题的方法。本书中的练习是专门用来帮助读者回顾已学过的概念以及扩展学习范围的。记住，学习 Python 的最佳方法就是尽量自己想办法解决问题。

书中介绍的内容是针对初学者设计的，同时还为不熟悉 Python 语言的开发人员提供支持。我们不是简单地在教授计算机科学，而是在向大家介绍世界上最美丽、最强大的编程语言——Python。如果之前从来没有学过计算机科学，那么在本书中将学到最重要的知识和概念；如果以前学过计算机科学，那么在本书中将会发现全新的 Python 工具和技巧。

得益于其简单的语法、极高的可扩展性以及在机器学习领域的重要作用，Python 已经成为世界上最流行的编程语言。学习完本书，您将能够精通 Python 语法，并且能够执行生成 Python 代码的主要步骤，同时还将获得很多有关 Python 开发、数据科学以及机器学习方面的经验。

许多介绍 Python 的书籍都提供了对计算机科学的完整介绍。通过 Python 学习计算机科学是一个很好的入门方式，但是这并不是本书的重点。其他书籍中可能会提及软件开发和数据科学相关的内容，但是这些内容所占的份额很少；而在本书中，这些内容占据 40% 左右。

相比之下，市面上有很多软件开发和数据科学的书籍，但它们不是为初学者设计的。就算它们之中包含了 Python 的一些基础知识，通常也被总结在一个简短的单元里。而在本书中，我们将用很大篇幅来讲解 Python 的基本知识和要领。本书对初学者非常友好，并且会对初学者提供手把手的指导。

本书的内容由经验丰富的教育工作者、数据科学家以及开发人员编写，除了能够提供 Python 基础知识要领的讲解之外，还能够为读者在数据分析和软件开发等领域提供切实的帮助和参考。

Python 已经在当今的各个领域得到广泛应用，通过学习 Python，您将成为一名开发人员，并且在日常竞争中取得显著的优势。我们的 Python 之旅不仅会非常有趣、有用和富有挑战性，而且还能给我们带来丰厚的回报。

本书将通过讲解关键概念、应用学到的知识解决问题、挑战完成实际练习来向您介绍和展示 Python 世界。本书涵盖了 Python 学习的一些关键主题，包括数据科学、网络开发和软件开发，让您拥有满足当今需求的核心技能。在介绍基本语法之后，您将探

1

索各种实际技能来应对日常工作中可能面临的挑战,比如使用最佳算法对数据列表进行排序、使用 Python 为数据集生成可视化图表等。您将学习如何编写高效的程序,进行网络编程,分析大数据,使用机器学习预测结果,以及通过自动化任务使自己成为更高效的开发人员。

到本书结束时,您将能够在大型项目、专业环境中构建强大的、可扩展的、面向未来的应用程序。

本书的各章内容简单介绍如下:

第 1 章 基础知识,介绍如何编写基本的 Python 程序,并概述 Python 语言的基础知识。

第 2 章 Python 结构,介绍用于存储和检索数据的基本元素。

第 3 章 Python 程序、算法和函数,解释如何通过增加对优秀算法函数的理解,来编写更强大、更简洁的代码。

第 4 章 Python 扩展、文件和绘图,介绍 Python 的基本 I/O(输入/输出),并介绍如何使用 matplotlib 和 seaborn 库来创建可视化图形。

第 5 章 类和方法,介绍面向对象编程这一核心概念,它将帮助您使用类来编写代码,这会使您在编写代码时更加轻松。

第 6 章 标准库,介绍 Python 标准库的重要性,以及如何在 Python 标准库中找到自己所需的功能,并介绍一些最常用的模块。

第 7 章 高级编程,介绍 Python 语言的一些简洁语法,您可以用这些语法编写简洁而富有意义的代码;另外,还介绍了一些其他 Python 开发者常用的技巧。

第 8 章 仿真测试,介绍如何调试和排除应用程序故障,如何编写测试来验证代码,以及如何为其他开发人员和用户提供文档。

第 9 章 Python 高级操作,介绍如何利用并行编程,如何分析命令行参数,如何编码和解码 Unicode,以及如何分析 Python 以发现和修复性能问题。

第 10 章 pandas 和 NumPy 数据分析,涵盖了数据科学的内容,这是 Python 的核心应用之一。

第 11 章 机器学习,介绍机器学习的概念以及构建机器学习算法所需的步骤。

由于作者水平有限,书中不足之处,欢迎读者批评指正。

作 者
2020 年 9 月 30 日

目　　录

第1章　基础知识 …………………………………………………………………… 1

1.1　概　述 ………………………………………………………………………… 1

1.2　环境配置 ……………………………………………………………………… 2

1.3　打开 Jupyter Notebook ……………………………………………………… 5

1.4　Python 计算 …………………………………………………………………… 6

  1.4.1　标准数学运算 ………………………………………………………… 6

  1.4.2　基本的数学运算 ……………………………………………………… 7

  1.4.3　运算顺序 ……………………………………………………………… 8

  1.4.4　Python 中的空格 ……………………………………………………… 9

  1.4.5　整数和浮点数 ………………………………………………………… 10

  1.4.6　复数类型 ……………………………………………………………… 11

  1.4.7　变量及赋值 …………………………………………………………… 11

  1.4.8　修改类型 ……………………………………………………………… 12

  1.4.9　使用复合赋值运算符进行赋值 ……………………………………… 13

  1.4.10　变量名 ………………………………………………………………… 13

  1.4.11　多个变量 ……………………………………………………………… 14

1.5　字符串 ………………………………………………………………………… 15

  1.5.1　字符串语法 …………………………………………………………… 15

  1.5.2　多行字符串 …………………………………………………………… 17

  1.5.3　print()函数 …………………………………………………………… 17

  1.5.4　字符串操作及串联 …………………………………………………… 18

1.6　字符串插值 …………………………………………………………………… 19

  1.6.1　逗号分隔符 …………………………………………………………… 19

  1.6.2　格式化 ………………………………………………………………… 19

  1.6.3　len()函数 ……………………………………………………………… 20

  1.6.4　强制类型转换 ………………………………………………………… 20

  1.6.5　input()函数 …………………………………………………………… 21

1.7　字符串索引和切片 …………………………………………………………… 22

  1.7.1　索　引 ………………………………………………………………… 22

  1.7.2　切　片 ………………………………………………………………… 23

  1.7.3　字符串及其方法 ……………………………………………………… 24

1.8 布尔值 ···································· 25
   1.8.1 布尔变量 ···························· 25
   1.8.2 逻辑运算符 ························· 25
   1.8.3 比较运算符 ························· 27
   1.8.4 比较字符串 ························· 29
1.9 条件语句 ································· 29
   1.9.1 if 语法 ·························· 29
   1.9.2 缩 进 ···························· 30
   1.9.3 if - else 条件组合 ················· 31
   1.9.4 elif 语法 ························· 31
1.10 循 环 ··································· 32
   1.10.1 while 循环 ······················ 33
   1.10.2 无限循环 ························· 34
   1.10.3 break 关键字 ····················· 34
   1.10.4 程 序 ··························· 35
   1.10.5 for 循环 ························· 37
   1.10.6 continue 关键字 ·················· 40
1.11 总 结 ··································· 41

第 2 章 Python 结构 ························· 42

2.1 概 述 ···································· 42
2.2 列 表 ···································· 43
2.3 矩阵运算 ································· 46
2.4 使用列表 ································· 48
2.5 字典的键和值 ····························· 51
2.6 字典方法 ································· 54
2.7 元 组 ···································· 55
2.8 集 合 ···································· 57
2.9 选择数据类型 ····························· 60
2.10 总 结 ··································· 61

第 3 章 Python 程序、算法和函数 ············ 62

3.1 概 述 ···································· 62
3.2 Python 脚本和模块 ······················ 62
   3.2.1 简 介 ···························· 63
   3.2.2 import 指令 ······················· 65
   3.2.3 " if __name__ == "__main__" "语句 ··· 67

3.3　Python 算法 ·· 67

　3.3.1　时间复杂度 ··· 68

　3.3.2　查找最大值的时间复杂度 ································· 69

　3.3.3　排序算法 ··· 69

　3.3.4　查找算法 ··· 71

3.4　函数基础 ··· 74

　3.4.1　位置参数 ··· 76

　3.4.2　关键字参数 ··· 76

3.5　迭代函数 ··· 78

3.6　递归函数 ··· 80

3.7　动态编程 ··· 82

3.8　辅助函数 ··· 85

3.9　变量范围 ··· 86

　3.9.1　变　量 ·· 86

　3.9.2　变量定义 ··· 86

　3.9.3　关键字 global ·· 88

　3.9.4　关键字 nonlocal ··· 89

3.10　匿名函数 ··· 89

　3.10.1　映　射 ·· 90

　3.10.2　用匿名函数进行筛选 ······································· 91

　3.10.3　用匿名函数进行排序 ······································· 92

3.11　总　结 ·· 92

第 4 章　Python 扩展、文件和绘图 ·· 93

4.1　概　述 ·· 93

4.2　读取文件 ··· 93

4.3　写入文件 ··· 95

4.4　准备调试(防错性代码) ··· 97

4.5　绘　图 ·· 99

4.6　总　结 ·· 112

第 5 章　类和方法 ·· 113

5.1　概　述 ·· 113

5.2　类和对象 ··· 113

5.3　定义类 ·· 114

5.4　init 方法 ·· 116

5.5　关键字参数 ·· 117

5.6　方　法 ·· 118

5.6.1　实例方法 ·· 118

5.6.2　静态方法 ·· 122

5.6.3　类方法 ·· 124

5.7　属　性 ·· 125

5.7.1　property 装饰器 ···································· 125

5.7.2　setter 方法 ··· 127

5.7.3　在 setter 方法中进行验证 ······················ 129

5.8　继　承 ·· 130

5.8.1　单继承 ·· 130

5.8.2　从 Python 包创建子类 ···························· 131

5.8.3　方法重写 ·· 132

5.8.4　使用 super()调用父方法 ························· 134

5.9　总　结 ·· 136

第 6 章　标准库 ·· 137

6.1　概　述 ·· 137

6.2　标准库的重要性 ·· 137

6.2.1　高级模块 ·· 138

6.2.2　低级模块 ·· 140

6.2.3　了解标准库 ·· 140

6.3　日期和时间 ··· 143

6.4　与系统进行交互 ·· 148

6.4.1　系统信息 ·· 148

6.4.2　使用 pathlib ·· 150

6.4.3　列出主目录中的所有隐藏文件夹 ················· 152

6.5　subprocess 模块 ··· 152

6.6　日志记录 ··· 157

6.6.1　使用 logging 模块 ·································· 157

6.6.2　logger ·· 158

6.6.3　warning、error 和 fatal 日志 ·················· 159

6.6.4　配置日志记录堆栈 ·································· 161

6.7　collections 模块 ·· 162

6.7.1　counter ··· 162

6.7.2　defaultdict ··· 162

6.7.3　ChainMap ·· 165

6.8　functools 模块 ·· 166

　　　　6.8.1　lru_cache ··· 166

　　　　6.8.2　partial ·· 169

　　6.9　总　结 ·· 171

第 7 章　高级编程 ··· 172

　　7.1　概　述 ·· 172

　　7.2　列表解析式 ·· 173

　　7.3　集合和字典的解析式 ·· 175

　　7.4　默认字典 ·· 177

　　7.5　迭代器 ·· 179

　　7.6　迭代工具 ·· 183

　　7.7　生成器 ·· 185

　　7.8　正则表达式 ·· 186

　　7.9　总　结 ·· 188

第 8 章　仿真测试 ··· 189

　　8.1　概　述 ·· 189

　　8.2　调　试 ·· 189

　　8.3　自动化测试 ·· 197

　　　　8.3.1　测试分类 ·· 198

　　　　8.3.2　测试覆盖率 ·· 199

　　　　8.3.3　在 Python 中编写单元测试 ··· 199

　　　　8.3.4　使用 pytest 编写测试 ·· 201

　　8.4　创建 pip 包 ··· 201

　　　　8.4.1　Python 包索引 ·· 202

　　　　8.4.2　添加信息 ·· 205

　　8.5　创建文档 ·· 205

　　　　8.5.1　文档注释 ·· 205

　　　　8.5.2　使用 Sphinx ··· 206

　　　　8.5.3　复杂文档 ·· 210

　　8.6　源代码管理 ·· 210

　　　　8.6.1　存储库 ·· 211

　　　　8.6.2　commit ·· 211

　　　　8.6.3　暂存区 ·· 211

　　　　8.6.4　恢复本地修改 ·· 211

　　　　8.6.5　历　史 ·· 212

　　　　8.6.6　忽略文件 ·· 212

8.7 总 结 ……………………………………………………………… 214

第9章 Python 高级操作 …………………………………………… 215

9.1 概 述 ……………………………………………………………… 215

9.2 协同开发 …………………………………………………………… 215

9.3 依赖项管理 ………………………………………………………… 220

9.3.1 虚拟环境 …………………………………………………… 221

9.3.2 保存并分享虚拟环境 ……………………………………… 223

9.4 将代码部署为产品 ………………………………………………… 224

9.5 多进程 ……………………………………………………………… 226

9.5.1 execnet 库处理多进程 …………………………………… 227

9.5.2 multiprocessing 包处理多进程 ………………………… 229

9.5.3 threading 包处理多进程 ………………………………… 230

9.6 解析命令行参数 …………………………………………………… 231

9.7 性能和分析 ………………………………………………………… 234

9.7.1 更换 Python 解释器 ……………………………………… 235

9.7.2 PyPy ………………………………………………………… 235

9.7.3 Cython ……………………………………………………… 236

9.8 性能测量 …………………………………………………………… 238

9.9 总 结 ……………………………………………………………… 243

第10章 pandas 和 NumPy 数据分析 …………………………… 244

10.1 概 述 …………………………………………………………… 244

10.2 NumPy 与基本统计 …………………………………………… 245

10.2.1 NumPy ……………………………………………………… 245

10.2.2 偏斜数据和异常值 ……………………………………… 247

10.2.3 标准差 …………………………………………………… 247

10.3 矩 阵 …………………………………………………………… 249

10.3.1 简 介 …………………………………………………… 249

10.3.2 大型矩阵的计算时间 …………………………………… 251

10.4 pandas 库 ……………………………………………………… 256

10.5 数 据 …………………………………………………………… 263

10.5.1 下载数据 ………………………………………………… 264

10.5.2 读取数据 ………………………………………………… 264

10.6 Null(空)值 ……………………………………………………… 267

10.6.1 Null(空)值简介 ………………………………………… 267

10.6.2 替换空值 ………………………………………………… 269

10.7 可视化分析 ··· 270
  10.7.1 matplotlib 库 ·· 270
  10.7.2 直方图 ·· 270
  10.7.3 直方图函数 ·· 273
  10.7.4 散点图 ·· 275
  10.7.5 相关度 ·· 276
  10.7.6 回 归 ·· 278
10.8 其他模型 ··· 280
10.9 总 结 ··· 282

第 11 章 机器学习 ··· 283

11.1 概 述 ··· 283
11.2 线性回归 ··· 284
  11.2.1 简化问题 ·· 284
  11.2.2 从一维到 N 维 ·· 285
  11.2.3 线性回归算法 ·· 286
  11.2.4 线性回归函数 ·· 289
11.3 交叉验证 ··· 290
11.4 正则化:Ridge 回归和 Lasso 回归 ··· 291
11.5 K 最近邻、决策树和随机森林 ··· 293
  11.5.1 K 最近邻 ·· 294
  11.5.2 决策树与随机森林 ·· 296
  11.5.3 随机森林超参数 ·· 297
11.6 Logistic 回归 ··· 300
11.7 其他分类器 ··· 301
  11.7.1 朴素贝叶斯 ·· 301
  11.7.2 混淆矩阵 ·· 303
  11.7.3 boosting 方法 ·· 307
11.8 总 结 ··· 310

第 1 章　基础知识

在本章结束时,读者应能做到以下事情:
- 使用整数和浮点数的运算顺序简化数学表达式;
- 分配变量并修改变量类型来显示和返回用户的信息;
- 使用包括 len()、print()和 input()在内的全局函数;
- 使用索引、切片、串联以及其他字符串方法操作字符串;
- 使用布尔运算和嵌套条件来解决多分支问题;
- 利用 for 循环和 while 循环来迭代字符串和重复数学运算;
- 通过组合数学函数、字符串操作、条件判断和循环语句来创建新程序。

在本章中,我们将编写基本的 Python 程序并介绍 Python 语言的基本知识。

1.1　概　述

本章将介绍一些重要的 Python 概念,这是大家在开始编写代码之前都需要知道的核心元素。我们覆盖的内容非常广泛,并且重点关注数学函数、字符串操作、条件判断和循环语句。学习完本章内容,您将打下非常坚实的 Python 基础,这将为本书后续部分编写其他重要程序提供方便。

Python 是一种动态语言,这意味着在代码运行之前,变量类型是未知的,而且 Python 变量不需要进行专门的初始化。学习 Python 时,首先接触的是整数(integer)、浮点(float)以及字符串(string)变量,这里将对这些变量进行识别和转换类型。

然后,利用索引、切片、串联以及其他字符串方法来处理字符串,并且使用 print()和 input()函数与用户进行交互。

接着,将学习布尔运算,得到值为真(true)或假(false)的 Python 变量类型,进而引出带有条件和分支的 if 语句。布尔运算和条件语句允许我们考虑更多的可能性,进而编写更加复杂的程序。

最后,以能够重复运行的循环结束本章。值得一提的是,我们将在 while 循环和 for 循环中利用 break 和 continue 语句进行中止和跳过操作。

对于真正的初学者,本章将作为入门章节带您快速了解编程的基本概念。如果您刚刚接触 Python,将会了解到为何 Python 语言如此清晰、强大而又非常重要。在本章结束时,您将可以熟练运用 Python 的基本知识,并已为学习更多的进阶概念和知识做好了准备。

1.2　环境配置

在开始之前,需要为接下来的学习做好环境准备。本节将介绍如何进行相关的环境配置。

1. 在 Windows 平台上安装 Jupyter Notebook

① 安装 Anaconda Navigator,通过该界面可以访问自己的 Jupyter Notebook。

② 前往 https://www.anaconda.com/distribution/下载安装 Anaconda 软件。

③ 使用 Windows 搜索功能,输入 Anaconda Navigator,搜索并打开软件,将会看到如图 1-1 所示的界面。

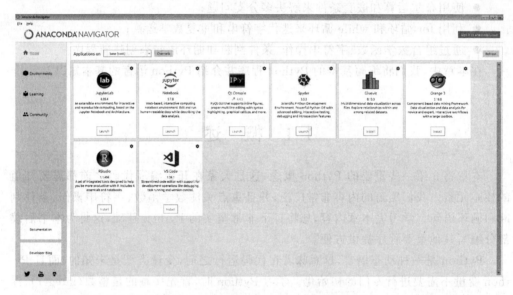

图 1-1　Anaconda Navigator 安装界面

④ 单击 Jupyter Notebook 选项下的 Launch 按钮,在当前系统上启动 Jupyter Notebook,如图 1-2 所示。

2. 在 Windows 平台上安装 Python 终端

① 打开 https://www.python.org/downloads/网址,下载 Python 软件。

② 下载完后对其进行安装。

③ 在 Windows 的开始菜单中找到 Python 并单击,Python 终端如图 1-3 所示。

除此之外,本书中的部分实践还需要使用以下软件包:

① matplotlib;

② seaborn;

③ NumPy。

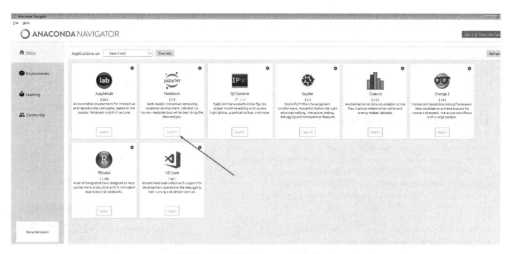

图 1-2　启动 Jupyter Notebook

```
Python 3.7 (32-bit)
Python 3.7.3 (v3.7.3:ef4ec6ed12, Mar 25 2019, 21:26:53) [MSC v.1916 32 bit (Intel)] on win32
Type "help", "copyright", "credits" or "license" for more information.
>>>
```

图 1-3　Python 终端

请按照以下步骤安装上述软件包：

① 在 Windows 平台上打开命令行，在 macOS 或 Linux 上打开控制台；

② 输入以下命令：

```
pipinstall matplotlib seaborn numpy
```

如果希望使用 Anaconda 进行包管理，请输入以下内容：

```
conda install matplotlib seaborn numpy
```

3. 安装容器(Docker)

① 进入 docker.com 网站并单击 Get Started 按钮，如图 1-4 所示。

图 1-4　启动安装容器(Docker)

3

② 单击 Download Desktop and Take a Tutorial 按钮，如图 1－5 所示。

Developer	IT	Business Leaders

Docker for Developers

Building and deploying new applications is faster with containers.
Docker containers wrap up software and its dependencies into a
standardized unit for software development that includes everything it
needs to run: code, runtime, system tools and libraries. This guarantees
that your application will always run the same and makes collaboration
as simple as sharing a container image.

Docker containers whether Windows or Linux are backed by Docker
tools and APIs and help you build better software:

- Onboard faster and stop wasting hours trying to set up development
  environments, spin up new instances and make copies of production
  code to run locally.

- Enable polyglot development and use any language, stack or tools
  without worry of application conflicts.

- Eliminate environment inconsistencies and the "works on my
  machine" problem by packaging the application, configs and

**Download Desktop and
Take a Tutorial**

**Secure, Private Repo
Pricing**

Try a Free Lab

图 1－5　单击 Download Desktop and Take a Tutorial 按钮

③ 跟随网页指引创建一个 Docker ID，如图 1－6 所示。

Docker Identification

In order to get you started, let us get you a Docker ID.
Already have an account? **Sign In**

Enter a Docker ID		!	Docker ID is required.
Password		⊚	
Email			

☐ I agree to Docker's Terms of Service.
☐ I agree to Docker's Privacy Policy and Data Processing Terms.

☐ (Optional) I would like to receive email updates from Docker, including
　 its various services and products.

☐ I'm not a robot　reCAPTCHA
　　　　　　　　Privacy - Terms

Continue

图 1－6　创建 Docker ID

④ 登录后单击 Get started with Docker Desktop 按钮，如图 1－7 所示。

⑤ 下载 Docker 代码包（见图 1－8）并安装。

图 1 - 7　单击 Get started with Docker Desktop 按钮

图 1 - 8　下载 Docker 代码包

1.3　打开 Jupyter Notebook

在上一节中,我们安装了 Anaconda Navigator,还附带安装了 Python 3.7 和 Jupyter Notebook。

在开始正式学习之前,您需要确保自己已经打开一个 Jupyter Notebook。具体的操作步骤如下:

① 找到并打开 Anaconda Navigator。

② 在 Anaconda Navigator 中找到 Jupyter Notebook 并单击,此时会在默认浏览器中打开一个新窗口,如图 1 - 9 所示。

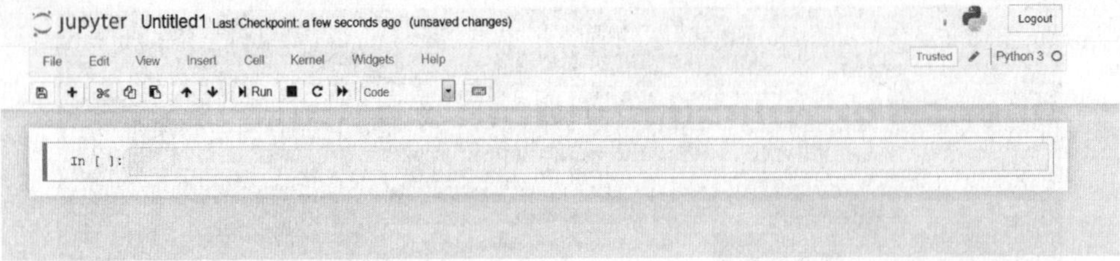

图 1 - 9　Jupyter Notebook 窗口

1.4　Python 计算

现在已经将软件设置好了,接下来将开始一个非常有趣的主题。Python 是一个非常强大的计算器,通过利用 math 函数库、NumPy 函数库以及 scipy 函数库,使其表现得比预编程计算器更加优秀。在后面的章节中,我们将学习如何使用 NumPy 和 scipy 函数库。现在将介绍大多数人最常用的计算器工具。

加减乘除以及指数运算是常见的核心操作。在计算机科学中,模运算符以及整数除法也是同样重要的。因此,我们将在这里对它们进行介绍。

模运算符得到的是数学除法中的余数。模运算也被称为时钟运算。例如,mod 5 代表对 5 取模,我们会得到 0,1,2,3,4,0,1,2,3,4,0,1,…它们就像时钟上的指针一样形成一个循环。

除法和整数除法的区别取决于编程语言。当用整数 9 除以整数 4 时,有些语言会返回 2,有些语言会返回 2.25,在我们的例子中,Python 将会返回 2.25。

使用 Python 作为计算器时有很多优点:Python 编程很容易实现计算的功能,例如,可以自己编写程序来确定两个数字的最大公因数或者两点之间的欧氏距离,而不是局限于使用他人已经编好的程序。

Python 的其他优势还表现在可靠性、精度和速度方面。Python 通常能够比大多数计算器输出更多的小数位数,并且它总是按照我们的命令执行运算。

我们将介绍一些 Python 能够计算的示例。这里复数也可以作为 Python 类型进行预览。另外还有一些很棒的数学函数库,比如 Turtle,能够帮助我们很容易地创建多边形和圆形。对于这些函数库,大家可以自行探索,我们会在第 6 章的标准库中提及。数据分析和机器学习所需的数学运算方法也将从这里开始。

1.4.1　标准数学运算

让我们来看看标准数学运算以及在编码时所对应的符号。表 1 - 1 所列为一些常见运算及其符号。

表 1-1 常见运算及其符号

运　　算	符　　号
加法	+
减法	—
乘法	*
除法	/
整除	//
指数	**
模	%

Python 还在 math 函数库中提供了 math. pow()进行指数运算,但还是"＊＊"运算符更加简洁和易用。

1.4.2　基本的数学运算

可以使用"＋"运算符对两个数字执行加法运算。接下来将示例如何使 5 和 2 相加。在代码中使用加法运算符"＋",代码如下:

```
5 + 2
```

输出如下:

```
7
```

可以使用"—"运算符对两个数字执行减法运算。接下来将示例如何使 5 和 2 相减。在代码中使用减法运算符"—",代码如下:

```
5 - 2
```

输出如下:

```
3
```

接下来示例如何使 5 和 2 相乘。这里使用乘法运算符"＊"使两个数字相乘,代码如下:

```
5 * 2
```

输出如下:

```
10
```

现在,使用除法运算符"／"并观察输出,代码如下:

```
5 / 2
```

输出如下:

```
2.5
```

当两个数字相除时，Python 总是会返回一个小数。

现在使用整数除法运算符"//"再次进行除法运算，然后观察输出结果的变化，代码如下：

```
5 // 2
```

输出如下：

```
2
```

整数除法得到的结果是之前小数点前的整数。

现在使用指数运算符"**"进行指数运算，代码如下：

```
5 ** 2
```

输出如下：

```
25
```

下一个例子将展示如何使用模运算符。在代码中使用模运算符并观察输出，代码如下：

```
5 % 2
```

输出如下：

```
1
```

由上述示例可知，模运算是使用运算符"%"进行的，当一个数字除以另一个数字时，模运算将返回它们的余数。

在上述示例中，使用了不同的数学运算符并在 Jupyter Notebook 中进行了尝试。接下来，将介绍 Python 中不同运算符的运算顺序。

1.4.3 运算顺序

括号在 Python 语言中是非常有用的，在进行表达式计算时，Python 总是会优先计算括号中的内容。

Python 语言的运算顺序与我们在数学中所学到的运算顺序相同。大家可能还记得这样一个顺序：括号内表达式＞指数运算＞乘除运算＞加减运算。

考虑一下这个表达式：5 + 2 * -3。

需要注意的是，在 Python 语言中，负号和减号是同一个符号。让我们看一下下面的示例：

Python 首先将使 2 和-3 相乘，然后再加上 5，代码如下：

```
5 + 2 * -3
```

输出如下：

－1

如果用括号把 5 和 2 包括进去，我们将会得到不同的结果，代码如下：

```
(5 + 2) * -3
```

输出如下：

－21

如果对运算顺序不太确定，请尽量使用括号。括号能够有效地简化对复杂表达式的理解，并且额外的括号并不会影响代码的执行。

在下面的练习中，我们将深入探讨实际的 Python 代码并处理相关的数学运算。

练习 1－1：逐渐了解运算顺序。

该练习的目的是使读者了解 Python 中常见的数学运算及其执行顺序，其可以在 Python 终端上执行。

用 100 先减去 5 的三次方（5^3），然后将结果除以 5，代码如下：

```
(100 - 5 ** 3) / 5
```

输出如下：

－5.0

用 6 加上 15 除以 4 的余数，代码如下：

```
6 + 15 % 4
```

输出如下：

9

将 2 的平方（2^2）与 24 整除 4 的结果相加，代码如下：

```
2 ** 2 + 24 // 4
```

输出如下：

10

在上述练习中，大家可以使用 Python 语言按照运算顺序来执行一些基本的数学运算。如大家之前所看到的，Python 可以作为一个非常出色的计算器使用。在开发设计过程中，这些运算功能将为大家提供很大的帮助。

1.4.4 Python 中的空格

大家可能会对数字和符号之间的空格的作用比较好奇。在 Python 中，数字或符号后面的空格没有任何含义，也就是说，"5 ＊＊ 3"和"5 ＊ ＊ 3"可以得到同样的结果 125。实际上，我们添加空格是为了增强可读性。虽然 Python 语言并没有要求我们必须添加空格,但是我们还是鼓励大家在数字和符号之间添加空格。因此,"5 ＊＊ 3"是更可取的。

试图接受一些约定俗成的惯例是非常有用的。如果您在早期养成良好的习惯,那么将来您的代码将会很易于被阅读和调试。

1.4.5　整数和浮点数

让我们来考虑一下整数和浮点数之间的差异。以 8 和 8.0 为例,我们知道 8 和 8.0 在数学上是等价的,它们表示的大小相同,但它们却是不同的类型。这里 8 是整数,而 8.0 是十进制小数(浮点数)。

Python 中的整数被归类为 int 类型,又称为整数型。整数包括所有的正整数、负整数以及零。例如,3、−2、47 和 10 000 都是整数。

相比之下,浮点数是表示为十进制小数的 Python 类型。所有表示为分数的有理数都可以表示为浮点数。例如,3.0、−2.0、47.45 和 200.001 都是浮点数。

Python 类型可以使用 type()方法显式获取,大家可以在接下来的练习中看到使用效果。

练习 1-2:整数型和浮点数型。

本练习的目的是确定类型以及在 Python 代码中修改这些类型。以下内容可以在 Jupyter Notebook 中执行。

首先使用以下代码显式确定 6 的类型,代码如下:

```
type(6)
```

输出如下:

```
int
```

现在,在下一个代码单元中输入"type(6.0)",代码如下:

```
type(6.0)
```

输出如下:

```
float
```

令 5 和 3.14 相加,推测结果的类型,代码如下:

```
5 + 3.14
```

输出如下:

```
8.14
```

从输出结果可以明显看出,整数型与浮点数型相加会得到浮点数型。这样做是有道理的,因为如果 Python 以整数型返回 8,就会丢失小数点后的信息。因此,Python 会在合适的时候转换数据类型以保留更多的信息。

我们还可以用 type 类型关键字强制修改数据类型。

现在,将 7.999 999 999 转换为整数型(int),代码如下:

```
int(7.999999999)
```

输出如下:

```
7
```

将 6 转换为浮点数型(float),代码如下:

```
float(6)
```

输出如下:

```
6.0
```

在本练习中,我们使用 type()方法确定了数据的类型,并且在整数和浮点数之间进行了类型转换。作为开发人员,将来会很频繁地使用变量类型相关的知识。当同时处理数百个变量或者编辑其他人的代码时,经常会遇到未知类型的变量,这时可以通过这些知识来判断变量的类型。

1.4.6 复数类型

复数是由一个实数和一个虚数组合构成的,表示为 x+yj,Python 中已经包含复数类型。在对负数开方时就会出现复数。例如,由于没有实数的平方为 −9,因此对 −9 开平方时得到的不是实数,而是复数 3i。复数的另外一类例子是 2i + 3。

让我们通过以下代码来了解如何使用复数类型。

将 2 + 3j 除以 1 − 5j,并将每个复数用括号单独括起来,代码如下:

```
(2 + 3j) / (1 - 5j)
```

输出如下:

```
- 0.5+0.5j
```

要获取更多有关复数的信息,请查阅 https://docs.python.org/3.7/library/cmath.html。

1.4.7 变量及赋值

在 Python 中,变量是可以存储任何类型元素的内存空间。我们推荐大家使用名称变量,因为变量的值可以在整个程序运行期间进行变化。

在 Python 中,变量的引入方式与在数学中相同,都是依靠等号来引入的。然而,在大多数语言中,赋值顺序相当重要。也就是说,"x = 3.14"表示将 3.14 分配给 x,而"3.14 = x"将会产生错误,因为无法将变量分配给一个数字。在接下来的练习中,我们将在代码中进行尝试,以便让大家能够更好地理解。

练习 1 - 3: 变量赋值。

本练习的目的是为变量赋值。正如大家将在本练习中看到的,变量可以被赋成任何合理的值。此练习可以在 Jupyter Notebook 中执行。

令 x 等于数字 2,代码如下:

```
x = 2
```

在第一步中,我们将数值 2 赋给了变量 x。

将 1 与变量 x 相加,代码如下:

```
x + 1
```

输出如下:

```
3
```

当我们令 1 与 x 相加时,得到的输出为 3,因为变量里的 2 与 1 进行了相加操作。

将 x 修改为 3.0,并将 1 与 x 相加,代码如下:

```
x = 3.0
x + 1
```

输出如下:

```
4.0
```

在这一步中,我们将 x 的值修改为 3.0,之后与第二步相同,我们将 1 与变量 x 相加。

这个练习到此就结束了。大家可能已经注意到,我们可以根据变量以前的值来对变量进行重新赋值,这是一个非常强大而又很常用的功能。另外,在重新赋值的过程中,x 的类型发生了变化,x 开始是整数型,但是现在变为浮点数型了。这一点在 Python 中是被允许的,因为 Python 使用的是动态类型。

1.4.8　修改类型

在某些语言中,变量是无法修改其类型的。这意味着,如果变量 y 是整数,那么 y 必须始终是整数,而 Python 使用的是动态类型,正如我们在练习 1 - 3 中的变量赋值中所看到的,可以对数据类型进行修改。例如:

y 刚开始是一个整数,代码如下:

```
y = 10
```

y 变成了一个浮点数,代码如下:

```
y = y - 10.0
```

检查 y 的类型，代码如下：

```
type(y)
```

输出如下：

```
float
```

在下一个主题中，我们将学习变量根据自己本身的值进行重新赋值的方法。

1.4.9 使用复合赋值运算符进行赋值

在编程中，我们经常会将某个变量与 1 相加，比如 x ＝ x ＋ 1，此时可以使用复合赋值运算符"＋＝"来进行运算，如下：

```
x += 1
```

所以，如果 x 之前是 6，那么它的值现在应更新为 7。运算符"＋＝"会将右边的数字与变量相加，并且将结果赋给原来的变量。

1.4.10 变量名

我们推荐大家使用具有实际意义的变量名称。变量名称可以使用 income 或者 age，而不是各种类似于 x 的字母。虽然 x 确实比较简短，但是很容易使阅读代码的人产生困惑。因此，尽量使用能够指示变量含义的名称。

变量命名时存在一些限制。比如，变量不能以数字、大多数特殊字符、关键字或者内置类型开头，变量名也不能包含空格。

根据 Python 的惯例，最好使用小写字母，并且完全避免使用特殊字符，因为它们通常会导致错误。

Python 关键字是在语言中所保留的特殊单词，它们具有特殊含义，之后我们会介绍这些关键字相关的大部分内容。

运行以下代码就可以展示当前 Python 版本的关键字：

```
import keyword print(keyword.kwlist)
```

练习 1－4：变量名。

本练习的目的是通过观察正确和错误的示例来学习命名变量的标准方法。此练习可以在 Jupyter Notebook 中执行。

创建一个名为 1st_number 的变量并将其赋值为 1，代码如下：

```
1st_number = 1
```

输出如下：

```
File "〈ipython－input－6－05d80cc97354〉",1ine 1
    1st number = 1
SyntaxError:invalid syntax
```

13

我们将看到上述输出中的错误,因为不能以数字开头定义变量名。

现在,尝试只使用字母来定义变量,代码如下:

```
first_number = 1
```

现在,在变量名称中尝试使用特殊字符,代码如下:

```
my_$ = 1000.00
```

输出如下:

```
File "<ipython - input - 6 - 05d80cc97354>",1ine 1
    1st number = 1
SyntaxError:invalid syntax
```

我们将看到上述输出中的错误,因为这个特殊字符不能被变量名使用。

现在,再次使用字母而不是特殊字符来作为变量名称,代码如下:

```
my_money = 1000.00
```

由上述练习可知,在命名变量时使用下画线分隔单词,不以数字开头定义变量,不能在变量名中使用特殊字符。在 Python 中,你会很快习惯这些约定。

1.4.11 多个变量

大多数程序都包含多个变量,处理多个变量的规则与处理单个变量的规则相同。接下来让我们在下面的练习中学习使用多个变量。

练习 1-5:Python 的多个变量。

在该练习中,你将使用多个变量执行数学运算。此练习可以在 Jupyter Notebook 中执行。

将 5 赋值给 x,2 赋值给 y,代码如下:

```
x = 5
y = 2
```

将 x 与 x 相加,再减去 y 的平方,代码如下:

```
x + x - y ** 2
```

输出如下:

```
6
```

Python 有很多种快捷操作方式,多变量赋值就是其中的一种。下面是声明两个变量的 Pythonic 方法。Pythonic 是一个术语,用来描述以最佳可读格式编写的代码。更多相关内容将会在第 7 章中介绍。

在一行中将 8 赋值给 x,5 赋值给 y,代码如下:

```
x, y = 8, 5
```

使 x 整除 y,代码如下:

```
x // y
```

输出如下:

```
1
```

在这个练习中使用了多个变量,甚至学习了如何非常简洁地在一行中对多个变量进行赋值。在实践中,很少遇到只处理一个变量的情况,绝大多数情况下都需要处理多个变量。

1.5 字符串

我们已经了解了如何表示数字、运算以及变量。在 Python 中,任何位于单引号(' ')或双引号(" ")之间的内容都被视为字符串。字符串通常用于表示单词,但是它们也具有许多其他用途,包括向用户显示信息和从用户获取信息等。

例如 'hello',"hello", 'HELLoo00', '12345',以及 'fun_characters: ! @ ♯ $ %^ & * (' 都是字符串。

本节将通过大量的例子使读者熟练掌握字符串串联等操作和方法,学会使用包括 print()和 len() 在内的有用的内置函数。

1.5.1 字符串语法

尽管字符串既可以使用单引号又可以使用双引号,但是在同一字符串中必须保持前后一致。也就是说,如果字符串以单引号开头,那么也必须以单引号结尾。双引号也是如此。通过下面练习 1-6 中的字符串错误语法来看一下有效和无效的字符串。

练习 1-6:字符串错误语法。

本练习的目的是学习正确的字符串语法。

① 打开 Jupyter Notebook。

② 输入一个有效的字符串,代码如下:

```
bookstore = 'City Lights'
```

③ 输入一个无效的字符串,代码如下:

```
bookstore = 'City Lights"
```

输出如图 1-10 所示。

```
File "<ipython-input-2-9c3a3fab8dfa>", line 1
    bookstore = 'City Lights"
                            ^
SyntaxError: EOL while scanning string literal
```

图 1 - 10　无效字符串(1)

如果字符串以单引号开头,就必须以单引号结尾。由于字符串前后不一致,编译器认为字符串不完整,从而引发语法错误。

再次输入一个有效的字符串,代码如下:

```
bookstore = "Moe's"
```

字符串以双引号开头和结束,这个双引号中可以包含除了额外的双引号之外的任何内容。

再次输入一个无效的字符串,代码如下:

```
bookstore = 'Moe's'
```

输出如图 1 - 11 所示。

```
File "<ipython-input-4-0ef68cccb92b>", line 1
    bookstore = 'Moe's'
                     ^
SyntaxError: invalid syntax
```

图 1 - 11　无效字符串(2)

这里出现了一个问题,我们以单引号开始和结尾,但是又在其中的内容中添加了额外的单引号和一个字母 s,导致字符串产生错误的结尾。

这里可以提出这样一个问题:是使用单引号还是双引号呢? 答案是,这取决于开发人员的偏好。双引号更加传统,可以避免类似于上述例子的潜在问题,而单引号却更加方便,我们不需要按 Shift 键即可直接输入。

Python 使用反斜杠"\"(称为转义字符串)向字符串插入任何类型的引号。转义字符串中反斜杠后面的字符所代表的含义可以在 Python 的官方文档中找到。下面给出部分常用的转义字符串,如表 1 - 2 所列。特别值得注意的是,\n 可以用来创建新行。

表 1 - 2　部分常用的转义字符串及其含义

转义字符串	含　义
\newline	(暂时忽略)
\\	反斜杠
\'	单引号(')
\"	双引号(")

续表 1 - 2

转义字符串	含 义
\a	ASCII 码中的响铃(BEL)
\b	ASCII 码中的退格(BS)
\f	ASCII 码中的换页(FF)
\n	ASCII 码中的换行(LF)
\r	ASCII 码中的回车(CR)
\t	ASCII 码中的水平制表(HT)
\v	ASCII 码中的垂直制表(VT)
\ooo	以八进制表示 ASCII 码表中的任意字符
\xhh	以十六进制表示 ASCII 码表中的任意字符 (其中 x 不变,之后接十六进制数字)

下述代码展示了如何使用转义字符串插入引号,反斜杠与紧接着的单引号相连,使编译器将其解释为字符串字符:

```
bookstore = 'Moe\'s'
```

1.5.2　多行字符串

简短的字符串总是可以很好地显示,但是定义包含多行字符串的段落变量可能会很麻烦。在某些 IDE 中,字符串可能会溢出屏幕,使其难以阅读。

在 Python 中,当字符串需要跨越多行时,可以使用三重引号(单引号或双引号均可)。

1.5.3　print( )函数

print( )函数可以用来向用户或开发人员显示信息,它是 Python 中使用最广泛的内置函数之一。

练习 1 - 7:显示字符串。

在本练习中,你将学到显示字符串的不同方法。

① 打开一个新的 Jupyter Notebook。

② 定义一个名为"greeting"的变量并将其赋值为"'Hello'",然后使用 print( )函数将其显示出来,代码如下:

```
greeting = 'Hello'
print(greeting)
```

输出如下:

```
Hello
```

正如你在屏幕上看到的 Hello,输出的内容并不包括单引号,这是因为 print()函数通常用来向程序用户反馈输出内容。

③ 不使用 print()函数,直接显示变量 greeting 的值,代码如下:

```
greeting
```

输出如下:

```
'Hello'
```

当我们输入"greeting"而不用 print()函数时,我们获取的是变量的编码值,被包括在引号里。

④ 在 Jupyter Notebook 中考虑以下代码:

```
s_greeting = 'Hola'
s_greeting
c_greeting = 'nihao'
```

1.5.4　字符串操作及串联

乘法和加法运算符在字符串中也同样适用。特别是,加法运算符"＋"能够将两个字符串合并成一个字符串,称为字符串串联;而乘法运算符"＊"能够将一个字符串重复多次生成新的字符串。在下面的练习中,我们将通过一些示例来观察字符串的串联。

练习1-8:字符串串联。

在本练习中,你将学习如何使用字符串串联来组合字符串。

① 打开一个新的 Jupyter Notebook。

② 使用运算法"＋"将在练习1-7中用到的字符串变量 s_greeting 与 'Senor.' 串联并显示,代码如下:

```
s_greeting = 'Hola'
print(s_greeting + 'Senor.')
```

输出如下:

```
HolaSenor.
```

注意:这里 s_greeting 与名字串联时,中间并没有出现空格。如果想要字符串之间出现空格,则需要显式添加空格。

③ 使用运算符"＋"将 s_greeting 与 'Senor.' 连接起来,这次要在其中添加一个空格,代码如下:

```
s_greeting = 'Hola '
print(s_greeting + 'Senor.')
```

输出如下：

```
Hola Senor.
```

④ 使用乘法运算符"＊"显示问候语 5 次，代码如下：

```
greeting = 'Hello'
print(greeting * 5)
```

输出如下：

```
HelloHelloHelloHelloHello
```

1.6　字符串插值

在编写字符串时，可能希望在输出中包含变量，而字符串插值就能将变量名称作为字符串中的占位符。实现字符串插值有两种标准方法：逗号分隔符和格式化（format）方法。

1.6.1　逗号分隔符

变量可以通过逗号插入到两个字符串子句之间。它类似于"＋"运算符，只不过它可以添加额外的空格。

例如，在 print 语句中间添加"Ciao"，代码如下：

```
i_greeting = 'Ciao'
print('Should we greet people with', i_greeting, 'in North Beach? ')
```

输出如下：

```
Should we greet people with Ciao in North Beach?
```

1.6.2　格式化

使用格式化（format）方法与使用逗号分隔符的方法类似，可以将整数型（int）、浮点数型（float）等 Python 类型转换为字符串。字符串也可以通过括号和逗号分隔符来调用格式化方法，代码如下：

```
owner = 'Lawrence Ferlinghetti'
age = 100
print('The founder of City Lights Bookstore, {}, is now {} years old.'.format(owner, age))
```

输出如下：

```
The founder of City Lights Bookstore, Lawrence Ferlinghetti, is now 100 years old.
```

格式化方法是这样工作的,首先,定义需要的变量;接下来在给定的字符串中,使用 {}代替每个应使用变量的地方;然后,在字符串的末尾添加一个点 (.),接上 format 关键词;最后,在 format 关键词的括号中按照字符串中出现的顺序依次列出各个变量。

1.6.3　len()函数

有许多内置函数对字符串来说都非常有用,其中一个函数就是 len(),其名称很短但作用很大。len()函数能够确定给定字符串中的字符数量。

注意:len()函数还会将给定字符串中的任何空格计算在内。我们将以练习 1 - 7 中的 c_greeting 变量为例进行展示,代码如下:

```
len(c_greeting)
```

输出如下:

```
6
```

1.6.4　强制类型转换

在处理输入和输出时,数字通常都是以字符串的形式表达的。但是要注意,'5' 和 5 实际上是不同的类型。我们可以使用适当的类型关键字使变量在数字和字符串之间进行轻松转换。在下面的练习中,我们将使用类型和强制类型转换来更好地理解概念。

练习 1 - 9:类型和强制类型转换。

在这个练习中,你将会学到类型和强制类型转换是如何共同使用的。

打开一个新的 Jupyter Notebook。

确定 '5' 的类型,代码如下:

```
type('5')
```

输出如下:

```
str
```

现在,将 '5' 和 '7' 相加,代码如下:

```
'5' + '7'
```

输出如下:

```
'57'
```

答案并不是 12,因为这里的 5 和 7 是字符串类型而不是整数型。如果想要得到 12,就必须先对它们进行类型转换。

使用下面的代码将字符串 '5' 转换为整数型:

```
int('5')
```

输出如下:

5

现在的 5 是一个数字,所以它可以通过标准数学运算与其他数字组合。

首先将 '5' 和 '7' 都转换为整数型,然后将它们相加,代码如下:

```
int('5') + int('7')
```

输出如图 1 - 12 所示。

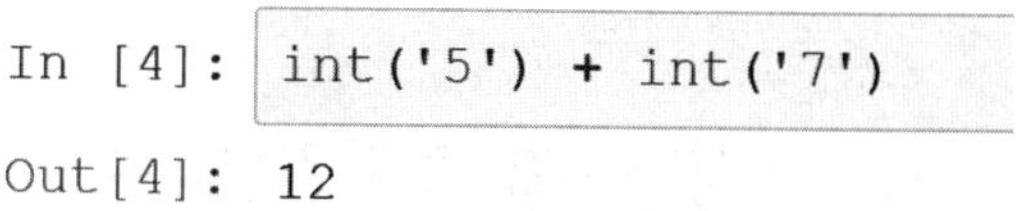

```
In [4]: int('5') + int('7')
Out[4]: 12
```

图 1 - 12　输出结果

1.6.5　input( )函数

input()函数是一个允许用户进行输入的内置函数。它和我们之前看到的函数有些不同,下面来看看它是如何工作的。

练习 1 - 10: input()函数。

在本练习中将利用 input()函数从用户处获取信息。

询问用户的姓名,首先以适当的问候语提示,代码如下:

```
# Choose a question to ask print('What is your name? ')
```

输出如图 1 - 13 所示。

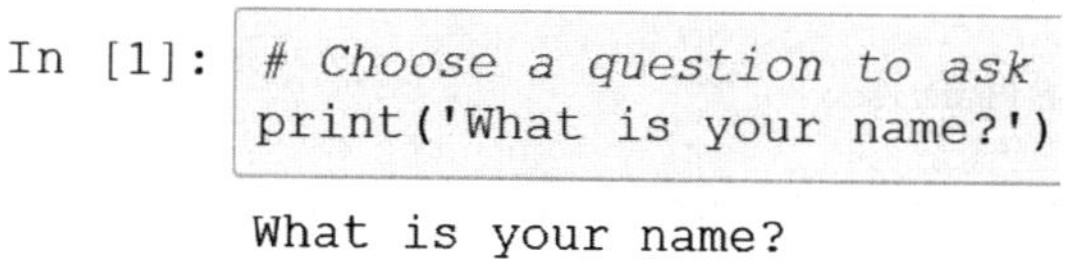

```
In [1]: # Choose a question to ask
        print('What is your name?')

        What is your name?
```

图 1 - 13　系统提示用户回答问题

然后,设置一个变量,用于存储由 input()函数获得的信息,代码如下:

```
name = input()
```

效果如图 1 - 14 所示。

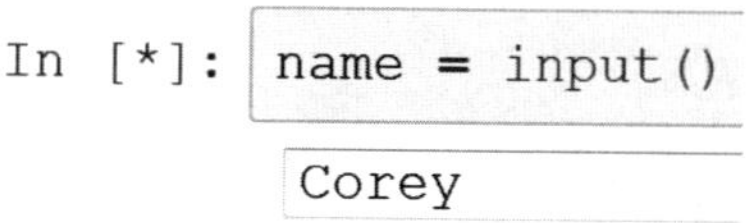

```
In [*]: name = input()

        Corey
```

图 1 - 14　用户可以在提供的空格中输入任何内容

最后,利用输入的内容进行一次合适的输出,代码如下:

```
print('Hello, ' + name + '.')
```

输出如图 1-15 所示。

In [3]: `print('Hello, ' + name + '.')`

Hello, Corey.

图 1-15　按 Enter 键后,将显示完整的序列

1.7　字符串索引和切片

索引和切片是编程的重要部分。在数据分析中,对于 DataFrame(pandas 库中的一种表格型数据结构),索引和切片对于跟踪行和列至关重要,我们将在第 10 章,使用 pandas 和 NumPy 进行数据分析中进行进一步学习。对 DataFrame 进行索引和切片与对字符串进行索引和切片背后的机制是相同的,我们将在本节学习字符串的索引和切片。

1.7.1　索　引

Python 字符串中的字符都有其特定的位置,换句话说,它们的顺序很重要。索引是每个字符所在位置的数字表示形式,字符串中第一个字符位于索引 0,第二个字符位于索引 1,第三个字符位于索引 2,以此类推。

考虑下面的字符串:

destination = 'San Francisco'

其中,'S' 在索引的第 0 位,'a' 在索引的第 1 位,'n' 在索引的第 2 位,以此类推。每个索引位置上的字符都可以用括号表示法进行访问,代码如下:

destination[0]

输出如下:

'S'

要访问 1 号索引的字符则可以输入以下代码:

destination[1]

输出如下:

'a'

要访问 2 号索引的字符则可以输入以下代码:

destination[2]

输出如下:

'n'

字符串"San Francisco"中的字符值与索引计数的对应关系如表1-3所列。

表1-3 字符串"San Francisco"中的字符值与索引计数的对应关系

字符值	S	a	n
索引号	0	1	2

现在,尝试使用-1作为索引并观察输出,代码如下:

```
destination[-1]
```

输出如下:

'o'

从字符串"San Francisco"的尾部读取数据,这里使用负数索引-2,代码如下:

```
destination[-2]
```

输出如下:

'c'

表1-4列举了字符串"Francisco"中"sco"三个字符的负数索引计数。

表1-4 字符串"Francisco"中"sco"三个字符的负数索引计数

字符值	s	c	o
索引号	-3	-2	-1

这里还有另外一个例子,代码如下:

```
bridge = 'Golden Gate' bridge[6]
```

输出如下:

' '

你可能会感到疑惑,是不是发生了什么错误而导致没有字母显示?恰恰相反,出现空字符串并没有任何问题。事实上,空字符串是编程中最常见的字符串之一。

1.7.2 切 片

切片是字符串或其他元素的子集。切片可以是整个元素,也可以是单个字符,更常见的是一组相邻的字符。比如,我们想要获取字符串的第5~11个字符。那么,我们从索引4开始切片,到索引10结束。切片时,冒号(:)在索引之间插入,如[4:10]。

但是有一点需要注意,切片时开始索引的字符会包含在结果中,而结束索引的字符并不包含在内。因此,在前面的示例中,如果想要包含索引为10的字符(第11个字符),就必须这样切片:[4:11]。

接下来将通过几个例子来观察切片的特点。

以 1.7.1 小节索引中用到的单词 San Francisco 为例,取出其中的第 5～11 个字符,代码如下:

```
destination[4:11]
```

输出如下:

```
'Francis'
```

取出变量 destination 中的前三个字符,代码如下:

```
destination[0:3]
```

输出如下:

```
'San'
```

有一个快捷的方法可以获取字符串的前 n 个字符,那就是省略切片的第一个索引,Python 将自动从索引 0 开始。

现在让我们使用快捷方法取出变量 destination 中的前 8 个字符,代码如下:

```
destination[:8]
```

输出如下:

```
'San Fran'
```

最后,使用下面的代码获取变量 destination 中的最后三个字符:

```
destination[-3:]
```

输出如下:

```
'sco'
```

负号"—"表示从倒数第 3 个字符开始,冒号后面没有第 2 个索引号表示直接切片到字符串末尾。

1.7.3 字符串及其方法

我们从字符串语法开始,学习了串联字符串的方法;接着研究了包括 len() 函数在内的内置函数,并通过一些示例了解了字符串方法的使用;然后将字符串和数字进行互相转换;继而学习了 input() 函数,其可以用来读取用户的输入,这使我们能够做更多的事情,及时响应用户的反馈是我们编程开发的核心要素;最后介绍了开发人员经常使用的两大工具:索引和切片。

关于字符串,还有很多内容需要学习。在本书中,会遇到很多其他问题和解决方法。本小节是介绍性的内容,旨在帮助大家快速掌握处理字符串的基本技能。

1.8 布尔值

布尔值(Boolean)是以 George Boole 的名字命名的,并且仅包含两个值——真(True)和假(False)。虽然布尔值背后的理念很简单,但是其在编程领域中却有着极其重要的作用。

比如,在编写程序时,考虑多种情况是非常有用的。我们经常会向用户请求信息,并希望能够根据用户的回答做出不同的响应。

基于多个情况的编程称为分支,每个分支可以由不同的条件引入。条件语句通常以关键字 if 开头,后面可以跟关键词 else。分支的选择可以通过布尔值确定,具体取决于给定条件是真(True)还是假(False)。

1.8.1 布尔变量

在 Python 中,布尔类对象可以用关键字 bool 表示,其值可以取 True 和 False。

练习 1 - 11:布尔变量。

在该练习中将使用布尔变量并对其赋值,进而检查布尔变量的类型。

打开一个新的 Jupyter Notebook。

现在,通过下面的代码利用布尔值将某人标记为 18 岁以上,代码如下:

```
over_18 = True type(over_18)
```

输出如下:

```
bool
```

输出表明该人满足 18 岁以上的条件,并且变量类型是 bool,即布尔类型。

使用布尔值标记某人未超过 21 岁,代码如下:

```
over_21 = False type(over_21)
```

输出如下:

```
bool
```

在这个简短的练习中,我们已经大致了解了 bool 类型,这是 Python 最重要的类型之一。

1.8.2 逻辑运算符

布尔值可以与 and、or 以及 not 这样的逻辑运算符组合。

例如,观察下面的几个命题:

$$A = True, \quad B = True, \quad Y = False, \quad Z = False$$

not 运算符仅会否定原来的布尔值,如下:

not A = False， not Z = True

and 运算符只有在两个命题均为真时才会得到真值,否则都会得到假值,如下:

A and B = True， A and Y = False， Y and Z = False

or 运算符在两个命题中至少有一个命题为真时就会得到真值,两个命题均为假时则会得到假值,如下:

A or B = True， A or Y = True， Y or Z = False

现在,让我们在接下来的练习中使用它们。

确定下列命题是真(True)还是假(False),前提条件为 over_18＝True 、over_21＝False。

over_18 and over_21

over_18 or over_21

not over_18

not over_21 or (over_21 or over_18)

将上面的几个命题翻译成代码。首先分别将 True 和 False 赋给变量 over_18 和 over_21,代码如下:

```
over_18, over_21 = True, False
```

让我们看看这个人是否超过 18 岁且超过 21 岁(over_18 and over_21),代码如下:

```
over_18 and over_21
```

输出如下:

```
False
```

让我们看看这个人是否超过 18 岁或超过 21 岁(over_18 or over_21),代码如下:

```
over_18 or over_21
```

输出如下:

```
True
```

让我们看看这个人是否未超过 18 岁(not over_18),代码如下:

```
not over_18
```

输出如下:

```
False
```

让我们看看这个人是否未超过 21 岁或(超过 21 岁或超过 18 岁)(not over_21 or (over_21 or over_18)),代码如下:

```
not over_21 or (over_21 or over_18)
```

输出如下:

```
True
```

1.8.3 比较运算符

Python 对象可以通过比较运算符进行比较并得到对应的布尔值。表 1-5 所列为主要的比较运算符及其含义。

表 1-5 主要的比较运算符及其含义

比较运算符	含　义
<	小于
<=	小于或等于
>	大于
>=	大于或等于
==	等于
!=	不等于

练习 1-12：比较运算符。

在本练习中将练习使用比较运算符。让我们从一些基本的数学示例开始。

打开一个新的 Jupyter Notebook。

现在,将变量 age 赋值为 20,然后使用比较运算符来检查 age 是否小于 13,代码如下:

```
age = 20
age < 13
```

输出如下:

```
False
```

通过使用以下代码,可以检查 age 是否大于或等于 20 且小于或等于 21:

```
age >= 20 and age <= 21
```

输出如下:

```
True
```

现在检查 age 是否不等于 21,代码如下:

```
age != 21
```

输出如下:

```
True
```

现在检查 age 是否等于 19,代码如下:

```
age == 19
```

输出如下：

```
False
```

等价运算符"＝＝"在 Python 中非常重要，它允许我们确定两个对象是否相同。现在，我们就可以在 Python 中解决 6 和 6.0 是否等价的问题了。

在 Python 中 6 和 6.0 是否等价呢？让我们来测试一下，代码如下：

```
6 == 6.0
```

输出如下：

```
True
```

这可能有些出乎意料。6 和 6.0 是不同的类型，但它们在这里却是等价的。为什么呢？这是因为 6 和 6.0 在数学上是等价的，因此，即使它们的类型不同，它们在 Python 中也是等价的，这是有一定道理的。就像考虑 6 是否等于 42/7 一样，答案同样是肯定的。Python 通常是符合数学原理的，即使在整数除法中也是一样。我们可以得出这样的结论，不同类型的对象可能是等价的。

现在观察 6 是否与字符串 '6' 等价，代码如下：

```
6 == '6'
```

输出如下：

```
False
```

这里，我们强调不同类型之间通常没有等价的对象。因此，在测试等价性之前，最好先将对象强制转换为同一类型。

接下来，让我们判断某人是否是二三十岁（二十多岁或三十多岁），代码如下：

```
(age >= 20 and age < 30) or (age >= 30 and age < 40)
```

输出如下：

```
True
```

当可能的理解只有一种时，我们不必使用括号；当使用两个或两个以上条件时，添加括号来帮助理解通常是一个好主意。注意，添加不必要的括号并不会影响代码的运行。下面是另一种表达方法：

```
(20 <= age < 30) or (30 <= age < 40)
```

输出如下：

```
True
```

尽管前面的代码中并不一定需要括号，但是添加括号可以使代码更具可读性。我们通常都会使用括号来使代码更加清晰。

1.8.4 比较字符串

类似"'a' < 'c'"的比较有意义吗？"'New York' > 'San Francisco'"又是否有意义呢？

Python 会依次将两个字符串中对应位置的字符进行比较。以英文字典为例，当比较两个单词时，字典中后面出现的单词被认为比前面出现的单词大。

练习 1-13：比较字符串。

在这个练习中将使用 Python 来比较字符串。

首先比较两个单独的字符，代码如下：

```
'a' < 'c'
```

输出如下：

```
True
```

现在，比较"'New York'"和"'San Francisco'"，代码如下：

```
'New York' > 'San Francisco'
```

输出如下：

```
False
```

这里得到 False 是因为"'New York'" < "'San Francisco'"。"'New York'"在字典中出现的比"'San Francisco'"更靠前。

在本练习中我们学习了如何使用比较运算符来比较字符串。

1.9 条件语句

当想要根据环境或变量运行不同的代码时，就可以使用条件语句。条件语句将计算布尔值或布尔表达式，通常通过在它们前面添加"if"来实现。

1.9.1 if 语法

假设正在编写一个投票程序，希望仅在当用户未满 18 岁时打印内容，代码如下：

```
if age < 18：
print('You aren\'t old enough tovote.')
```

一个条件语句中有几个关键的部分，具体如下：

首先是 if 关键词。大多数条件语句都以 if 子句开头，if 和冒号之间的所有内容都是我们需要检查的条件。

接下来的一个重要部分是冒号"："。冒号表示 if 子句已经结束，此时，编译器将决定输入的条件是 True 还是 False。从语句结构上来讲,冒号后面的所有内容都需要缩进。

Python 使用的是缩进而不是括号。在处理嵌套条件时,使用缩进可能更有利,因为它避免了烦琐的括号匹配。Python 的缩进应是 4 个空格,通常通过按 Tab 键来实现。

只有当条件计算结果为 True 时,被缩进的内容才会运行;如果条件计算结果为 False,则缩进内容会被完全跳过。

1.9.2 缩 进

缩进是 Python 的独特特征之一。缩进在 Python 代码的任何地方都可以使用,是非常自由的。其一大优点是,我们可以通过按键次数使用不同的功能。按一次 Tab 键会缩进一格,连续按两次 Tab 键会补全括号;而缩进的另一大优点是,它极大地增大了代码的可读性。当一段代码使用相同的缩进时,通常意味着代码块属于同一个分支,这使得代码的读取更加清晰容易。

缩进的一个潜在的缺点是,太多的缩进会使文本溢出屏幕。但是在实践中这种情况很少见,并且通常可以通过更加优雅的代码避免。还有一些相关的快捷方法,比如缩进多行或取消缩进多行。其中,缩进多行可以通过选择所有文本,然后按 Tab 键来实现;而取消缩进多行可以通过选择所有文本,然后按 Shift+Tab 组合键来实现。

练习 1-14:使用 if 语法。

打开一个新的 Jupyter Notebook。

现在,运行下面几行代码,其中将变量 age 赋值为 20 并添加 if 语句:

```
age = 20
if age >= 18 and age < 21:
print('At least you can vote.')
print('Poker will have to wait.')
```

输出如下:

```
At least you can vote.
Poker will have to wait.
```

缩进语句的数量并没有限制。只要条件判断为 True,缩进中的语句就会被依次执行。

现在使用嵌套条件,代码如下:

```
if age >= 18:
    print('You can vote.')
f age >= 21:
    print('You can play poker.')
```

输出如下:

You can vote.

在上述练习中,"age >= 18"的值为真,所以第一条语句"You can vote."被成功打印出来。但是,第二个条件"age >= 21"的值为假,因此第二条语句并没有被打印。

1.9.3　if-else 条件组合

通常,if 语句可以与 else 语句组合使用。假设要给 18 岁及以上的用户打印一条语句,而给小于 18 岁的用户打印另一条语句,就可以使用 if-else 组合语句。"否则"子句都是以关键字 else 开始的。

练习 1-15:使用 if-else 条件组合。

在本练习中将学习如何使用具有两种选项的条件,其中一种选项跟在 if 语句之后,另一种选项跟在 else 语句之后。

①打开一个新的 Jupyter Notebook。

②使用以下代码,仅允许 18 岁以上的用户进入投票程序:

```
age = 20
if age < 18:
    print('You aren\'t old enough to vote.')
else:
    print('Welcome to our voting program.')
```

输出如下:

Welcome to our voting program.

现在运行以下代码,它是步骤②的替代方法:

```
if age >= 18:
    print('Welcome to our voting program.')
else:
    print('You aren\'t old enough to vote.')
```

输出如下:

Welcome to our voting program.

在本练习中,大家已经了解了如何运用 if-else 条件组合进行程序分支。

在 Python 中,同一个功能可以由多种不同的代码段来实现,我们有时很难对比哪一种写法更具优势。通常,我们倾向于认为更快的或者更具可读性的程序是更优秀的。

程序是由计算机运行、能够完成特定任务的一组指令,它可以是一行代码,也可以是数万行代码。读者将会在本书的各个章节中学习到编写 Python 程序的重要技能和方法。

1.9.4　elif 语法

elif 是 else if 的缩写,其单独使用时并没有任何意义,它只能出现于 if 和 else 语句之间。下面的一个例子可以帮助我们更加清楚地了解 elif 的用法。请将下面的代码段复制到 Jupyter Notebook 中并运行查看。

```
if age <= 10:
    print('Listen, learn, and have fun.')
elif age <= 19:
    print('Go fearlessly forward.')
elif age <= 29:
    print('Seize the day.')
elif age <= 39:
    print('Go for what you want.')
elif age <= 59:
    print('Stay physically fit and healthy.')
else:
    print('Each day is magical.')
```

输出如下：

Seize the day.

现在,让我们来分析以上代码：

第一行使用 if 语句检查 age 是否小于或等于 10。由于此条件判断为假,所以跳过缩进的代码,进入下一个分支。

下一个分支使用 elif 语句检查 age 是否小于或等于 19。此条件同样被判定为假,所以再次进入下一分支。

再下一个分支使用 elif 语句检查 age 是否小于或等于 29。因为 age = 20,所以此条件判断为真,将执行该 elif 语句下面的缩进代码,打印出其对应的语句。

之前已经有分支被执行,那么后面的分支将全部被跳过,无论是 elif 分支还是 else 分支都不会被检查执行。

如果所有的 if 分支或者 elif 分支均不为真,那么最后一个 else 分支将会被自动执行。

1.10 循 环

"写下前 100 个数字"这个看似简单的命令中隐含着几个假设:第一,学生知道从哪里开始,即从数字 1 开始;第二,学生知道在哪里结束,即到数字 100 结束;第三,学生知道数字每次增加 1。

在编程中,这组指令可以通过循环来执行。大多数循环都需要由以下 3 个关键部分组成：

① 循环开端;

② 循环末尾;

③ 循环中的数字增量。

Python 中有两种基本循环：while 循环和 for 循环。

1.10.1　while 循环

在一个 while 循环中，只要循环条件为真，循环中的代码段就会被不断重复执行。当循环条件为假时，while 循环就会停止运行。下面的 while 循环将会打印出前 10 个数字。

我们可以通过执行 10 次 print() 函数来打印前 10 个数字，但是使用 while 循环的效率会更高，并且打印数字的范围会更易于调整。通常，我们不推荐在编程时使用复制和粘贴命令。如果发现自己总是在进行复制和粘贴操作，就可能需要一种更有效的方法。让我们来看看以下示例代码：

```
i = 1
while i <= 10：
    print(i)
    i += 1
```

输出如下：

```
1
2
3
4
5
6
7
8
9
10
```

下面将详细讲解前面的代码块。

初始化变量：循环需要先将变量初始化。这个变量将在循环过程中不断变化。变量的命名可以由自己决定。一个比较常见的循环变量名是 i，因为它代表增量（incrementor），比如，i = 1。

设置 while 循环：while 循环是以 while 关键字开头的，关键字后面紧接着之前设置的变量，变量后面是变量需要满足的条件。一般来说，这个条件应有一些被打破的方式。如上面的例子，条件通常包括一个上限，计数超过这个上限时循环就被打破，但是循环也可以以其他方式（比如 i != 10）打破。这段代码是循环中最关键的部分，它可以用来设置循环预期运行的次数。比如，"while i <= 10："。

指令：循环中的指令包括冒号之后的所有缩进行。在这里，你可以打印任何内容、调用任何函数，也可以执行任意数量的代码，只要代码在语法上是正确的。只要上面的循环条件为真,循环中的指令就会一遍又一遍地重复运行。比如,"print(i)"。

增量:增量是这个示例的关键部分,如果没有它,前面的指令代码将永远不会停止执行,因为代码将永远打印 1,而 1 始终小于 10。这里使变量每次增加 1,但是也可以使变量每次增加 2、3 等。比如,"i += 1"。

现在,我们已经了解了代码各个部分的作用,现在来看看它们是如何协同工作的。

变量被初始化为 1;while 循环检查条件;1 小于或等于 10;程序打印输出 1;i 自身加上了 1;变量增加为 i = 2。

在冒号之后的所有缩进代码运行完毕后,循环返回到 while 关键字处再次执行。

while 循环检查条件;2 小于或等于 10;程序打印输出 2;i 自身加上了 1;变量增加为 i = 3。

while 循环检查条件;3 小于或等于 10;程序打印输出 3;i 自身加上了 1;变量增加为 i = 4。

while 循环检查条件;10 小于或等于 10;程序打印输出 10;i 自身加上了 1;变量增加为 i = 11。

while 循环检查条件;11 小于或等于 10 不成立;跳出循环并继续执行接下来没有被缩进的代码(循环之外的代码)。

1.10.2　无限循环

现在来看看无限循环。下面就是一个无限循环的代码示例:

```
x = 5
while x <= 20:
    print(x)
```

通常,Python 的运行速度非常快,如果出现运行时间比预期长很多的情况,就可能是出现了无限循环(死循环),就像上面的示例代码。开发人员应当正确设置所有的变量和条件,尽可能避免无限循环的情况。一个非常规范的 Python 代码示例如下:

```
i = 1
while i <= 20:
    print(2 * i)
    i += 1
```

1.10.3　break 关键字

break 是 Python 中专门为循环设计的一个关键字,如果将它放置在循环内部(通常放置在条件语句中),则运行到 break 时会立即终止循环。它与循环之前或者之后的内容都没有关系,break 被单独放置在一行,并且它能够打破循环。

现在来做一个练习,打印第一个大于 100 且能够被 17 整除的数字。

解决的思路是,从 101 开始计数,直到发现一个数字能够被 17 整除为止。假设并不知道应在什么数字上停止循环,这时 break 就派上用场了。break 将终止循环。我们可以将循环上限设置成一个很大的数字(我们知道符合要求的数字不会超过它,但是以防万一代码出现问题,我们仍能跳出循环),示例代码如下:

```
# Find first number greater than 100 and divisible by 17.
x = 100
    while x <= 1000:
        x += 1
        if x % 17 == 0:
            print ('', x, 'is the first number greater than 100 that is divisible by 17.')
            break
```

我们把"x += 1"作为迭代器放置在循环的开头,这就使得我们能够从 101 开始计数。实际上,该迭代器可以放置在循环中的任何位置,而且不影响最后的结果。

由于 101 不能被 17 整除,循环接着重复运行。下一个循环中 x = 102,由于 102 能够被 17 整除,所以 print()语句将被执行,然后到 break 跳出循环。

这是我们第一次使用双重缩进,由于 if 条件位于 while 循环之内,因此需要在 while 循环缩进的基础上再次进行缩进。

1.10.4 程 序

每个可以满足需求的、可以保存的可执行代码块都是计算机程序。接下来我们将编写一些非常有趣的程序。我们知道如何从用户那里获取输入的信息,如何将输入的信息转换为所需的类型,如何根据所需结果使用条件和循环来进行迭代,最后通过 print()函数来输出最终的处理结果。

在本书的后续部分,我们将详细介绍保存和测试程序的方法。现在,让我们看一些有趣的示例和练习。例如,在下面的练习中,我们将逐步构建一个程序来识别完全平方数(可以表示为某个整数平方的数字)。

练习 1-16:计算完全平方数。

本练习的目的是,提示用户输入一个数字,并判断它是否为完全平方数。

① 提示用户输入一个数字来查看是否为完全平方数,代码如下:

```
print('Enter a number to see if it\'s a perfect square.')
```

② 设置一个变量使其等于 input()。这里以输入"64"为例,代码如下:

```
number = input()
```

③ 确保用户输入了一个正整数(若是负数则取绝对值),代码如下:

```
number = abs(int(number))
```

④ 创建一个迭代变量,代码如下:

```
i = -1
```

⑤ 初始化一个布尔变量来标记给定数字是否为完全平方数,代码如下:

```
square = False
```

⑥ 初始化一个 while 循环,使 i 从 -1 递增到给出数字的平方根时跳出循环,代码如下:

```
while i <= number**(0.5):
```

⑦ 每次使 i 递增 1,代码如下:

```
i += 1
```

⑧ 检查迭代数的平方是否与用户的 number 相等,代码如下:

```
if i*i == number:
```

⑨ 标记这个数字是完全平方数,代码如下:

```
square = True
```

⑩ 使用跳出循环,代码如下:

```
break
```

⑪ 如果这个数是完全平方数(square 为真),则使用 print() 函数输出下面的结果:

```
if square:
    print('The square root of', number, 'is', i, '.')
```

⑫ 如果这个数字不是完全平方数,则输出下面的结果:

```
else:
    print('', number, 'is not a perfect square.')
```

输出如下:

```
The square root of 64 is 8.
```

在本练习中编写了一个程序来检查用户给出的数字是否为完全平方数。

在下一个练习中,我们将构建一个类似的程序,同样会接收用户的输入。我们需要帮助用户获得房地产尽可能低的报价,并做出接受或拒绝该报价的决定。

练习 1-17:房地产报价。

本练习的目的是,提示用户投标房屋,并且反馈给用户出价是否被接受以及出价为多少时被接受。

① 说明市场价格,代码如下:

```
print('A one bedroom in the Bay Area is listed at $599,000')
```

② 提示用户对房屋进行报价,代码如下:

```
print('Enter your first offer on the house.')
```

③ 将用户利用 input() 函数输入的内容赋给变量 offer,代码如下:

```
offer = abs(int(input()))
```

④ 提示用户输入他们对房子的最高报价,代码如下:

```
print('Enter your best offer on the house.')
```

⑤ 将用户利用 input() 函数输入的内容赋给变量 best,代码如下:

```
best = abs(int(input()))
```

⑥ 提示用户输入每次递增的量,代码如下:

```
print('How much more do you want to offer each time? ')
```

⑦ 将用户利用 input() 函数输入的内容赋给变量 increment,代码如下:

```
increment = abs(int(input()))
```

⑧ 将变量 offer_accepted 标记为 False,代码如下:

```
offer_accepted = False
```

⑨ 初始化 for 循环,从 offer 循环到 best,代码如下:

```
while offer <= best:
```

⑩ 如果变量 offer 的值大于 650 000,即报价被接受,用户就成功买到了这个房子,代码如下:

```
if offer >= 650000:
    offer_accepted = True
    print('Your offer of', offer, 'has been accepted! ')
    break
```

⑪ 如果变量 offer 的值没有超过 650 000,即报价未被接受,用户就没有买到这个房子,代码如下:

```
print('We\'re sorry, you\'re offer of', offer, 'has not been accepted.')
```

⑫ 使变量 offer 增加递增量 increment,代码如下:

```
offer += increment
```

1.10.5　for 循环

for 循环类似于 while 循环,但是它也有其独特的优点。例如,for 循环能够迭代字符串或其他对象。

练习 1-18：使用 for 循环。

在练习中，除了打印一系列数字之外，还将使用 for 循环打印字符串中的字符。

① 打印"Portland"中的所有字符：

```
for i in 'Portland':
    print(i)
```

输出如下：

```
P
o
r
t
l
a
n
d
```

通常，for 关键字与 in 关键字共同使用。这里变量 i 是泛型变量。短语"for i in"意味着 Python 会检查所跟随的内容并查看其各个组分。字符串是由字符组成的，因此 Python 将对每个字符执行相关操作。在上述例子的特定情况下，Python 将会根据 print(i) 指令打印出每个单独的字符。我们是否可以对一系列数字进行这样的操作呢？当然可以，Python 为我们提供了另外一个关键词 range，可以访问某个特定范围的数字。通常，range 需要对两个数字进行定义，即范围中的第一个数字和最后一个数字，这样 range 就会包括二者之间的所有数字。有趣的是，range 的输出包含第一个数字却不包含最后一个数字。我们稍后就会知道为什么了。

② 使用 rang 下限为 1、上限为 10 的方法，利用 print() 函数打印数字 1～9，代码如下：

```
for i in range(1,10):
    print(i)
```

输出如下：

```
1
2
3
4
5
6
7
8
9
```

③ 使用 range 时并没有输出 10。现在使用仅包含一个参数（上限值）10 的 range

来打印前 10 个数字,代码如下:

```
for i in range(10):
    print(i)
```

输出如下:

```
0
1
2
3
4
5
6
7
8
9
```

因此,range(10)会打印前 10 个数字,从 0 开始,到 9 结束。

④ 若使每一步的增量为 2,则可以通过添加第三个参数来实现。第三个参数是步长增量,按照想要的步长向上或者向下计数。使用步长增量输出 10 以内的所有奇数,代码如下:

```
for i in range(1, 11, 2):
    print(i)
```

输出如下:

```
1
3
5
7
9
```

同样,也可以使用负数作为步长,如下面的例子所示。

使用−1 作为步长增量从 3 倒数到 1,代码如下:

```
for i in range(3, 0, -1):
print(i)
```

输出如下:

```
3
2
1
```

当然,也可以使用嵌套循环,如下一个例子所示。

现在依次输出变量 name 中的每个字符,并重复输出三次,代码如下:

```
name = 'Corey'
for i in range(3):
    for i in name:
        print(i)
```

输出如下：

```
Corey
Corey
Corey
```

在本练习中，我们已经学会利用循环依次打印字符串中的单个字符，以及打印任意给定数量的整数。

1.10.6　continue 关键字

continue 是 Python 为循环设计的另一个关键字。当 Python 编译器执行到 continue 关键字时，它会跳过循环中后续代码的执行并直接返回循环的开头。continue 和 break 比较相似，因为它们都能中断循环体中代码的执行，但是 break 会终止循环，而 continue 则会返回循环的开头继续运行。

让我们在实践中学习 continue 的使用方法吧。以下代码会打印出所有两位数的质数：

```
for num in range(10,100):
    if num % 2 == 0:
        continue
    if num % 3 == 0:
        continue
    if num % 5 == 0:
        continue
    if num % 7 == 0:
        continue
    print(num)
```

输出如下：

```
11
13
17
19
23
29
31
37
41
```

43

47

53

59

61

67

71

73

79

83

89

97

让我们从代码的开头开始看。第一个被检查的数字是 10,第一个判断检查 10 能否被 2 整除。我们发现 10 确实能被 2 整除,于是进入第一个 if 语句下的代码块,到达 continue 关键字所在的代码行。编译器执行 continue 回到了循环的开头。

下一个被检查的数字是 11。因为 2、3、5、7 都不能整除 11,所以到达最后一行输出数字 11。

1.11　总　结

本章介绍了数学运算、字符串串联及方法、常规 Python 类型、变量、条件和循环等内容,结合这些元素,我们就可以编写真正有价值的程序了。

此外,我们一直在学习 Python 语法,现在已经了解了一些最常见的错误,并且开始逐步认识到缩进的重要性;我们还学习了如何利用一些重要的关键字,比如 range、in、if、True 和 False。

现在我们已经拥有了 Python 程序员所需的关键基本技能。尽管还有许多需要学习的内容,但是我们已经有了一个坚实的基础,能够更轻松地学习接下来的技术和知识。

接下来,我们将了解一些重要的 Python 类型,如列表、字典、元组和集。

第 2 章　Python 结构

在本章结束时,读者应能做到以下事情:

- 解释不同类型的 Python 数据结构;
- 创建列表、字典和集合,并描述它们之间的差异;
- 创建矩阵并能够操作整个矩阵或单个单元格;
- 调用 zip()函数来创建不同的 Python 结构;
- 查找可以用于列表、字典和集合的方法;
- 使用最常见的列表、字典以及集合的方法编写程序;
- 在不同 Python 结构之间进行转换。

在本章中,我们将了解 Python 的数据结构,其是用于存储和检索数据的基本元素。

2.1　概　述

在第 1 章中,我们学习了 Python 编程语言以及字符串、整数型等元素的基本知识,学习了使用条件、循环等控制 Python 的程序流程,现在应该已经能够非常熟练地利用这些知识来编写 Python 程序了。

在本章中,我们将介绍如何使用数据结构来存储更复杂的数据类型,这些数据结构将有助于对来自现实世界的真实数据进行建模。

在编程语言中,数据结构是指可以将某些数据放置在一起的实例,这意味着它们可以用来存储相关数据的集合。

例如,我们可以使用列表来存储当天的待办事项。下面的示例展示了列表的编码方式:

```
todo = ["pick up laundry", "buy Groceries", "pay electric bills"]
```

我们还可以用字典对象存储更复杂的信息,例如邮件列表中订阅者的详细信息。下面是一个字典的示例代码,看不懂没有关系,我们将在本章后面介绍字典的相关内容:

```
User = {
    "first_name": "Jack",
    "last_name":"White",
```

```
    "age": 41,
    "email": "jack.white@gmail.com"
}
```

Python 中有 4 种类型的数据结构：列表、元组、字典和集，这些数据结构定义了数据与可执行操作之间的关系。它们是组织和存储数据的方法，可以提供非常高效的访问方式。

2.2 列　表

让我们看一下 Python 中的第一种数据结构类型：列表。

列表是 Python 的一种存储类型，可以同时存储多个数据。Python 列表通常可以比作其他编程语言中的数组，但是 Python 列表实际上具有更多的功能。

Python 列表是被包含在方括号"[ ]"中的。列表中的每个元素都有其各自不同的位置和索引。与其他很多编程语言一样，列表第一项的索引为 0，第二项的索引为 1，以此类推。这个特点与编译器内部对列表的实现方式有关，因此在为列表或其他可迭代对象编写基于索引的操作时，请务必注意这一点。

让我们通过下面的练习来了解列表的不同使用方法吧。

练习 2 - 1：使用 Python 列表。

在本练习中，我们将学习如何通过编码、创建列表以及添加项目来处理 Python 列表。这个功能非常有用，比如当需要记录购物车中的所有商品时，就可以使用列表。

① 打开一个新的 Jupyter Notebook。

② 输入以下代码段：

```
shopping = ["bread","milk", "eggs"]
print(shopping)
```

输出如下：

```
['bread', 'milk', 'eggs']
```

我们创建了一个名为 shopping 的列表，并向其中添加了我们购买的商品（bread，milk，eggs）。

由于列表是 Python 中一种可迭代的类型，因此可以使用 for 循环来迭代列表中的所有元素。

③ 输入并执行下面给出的 for 循环代码并观察输出：

```
for item in shopping:
    print(item)
```

输出如下：

bread milk eggs

④ 使用混合类型的数据作为列表的内容,将下面的代码输入到新的代码单元中:

```
mixed = [365, "days", True]
print(mixed)
```

输出如下:

```
[365, 'days', True]
```

这两行代码能够被成功执行。你可能会好奇,能否在一个列表中存储多个列表呢?答案是肯定的,这样的列表称为嵌套列表,它可以用来表达复杂的数据结构,我们将在后续内容中对其进行介绍。

在练习 2-1 中,我们已经初步了解了基本的 Python 列表。在本章的后续部分,我们将深入学习 Python 提供的其他类型的列表。

事实上,大多数数据都是以表格的形式存储的,即具有行和列,而不是一维线性列表。这种表格称为矩阵或者二维数组。Python 以及其他大多数编程语言并不提供内置的表结构,这是因为表结构不是编程语言应该实现的。实际上,表结构只是一种呈现数据的方式。

我们可以使用嵌套列表来实现表结构。例如,可以使用列表存储如表 2-1 所列的水果订单。

表 2-1　水果订单

苹果/个	香蕉/个	橘子/个
1	2	3
4	5	6

在数学上,可以使用一个 2×3 维矩阵(2 行×3 列)来呈现表 2-1 所列的信息,如下:

$$\begin{bmatrix} 1 & 2 & 3 \\ 4 & 5 & 6 \end{bmatrix}$$

练习 2-2:使用嵌套列表存储矩阵数据。

在本练习中,我们将了解如何使用嵌套列表来存储数值以及如何采用多种方法来访问嵌套列表。

① 打开一个新的 Jupyter Notebook。

② 在一个新的代码单元中输入下面的代码:

```
m = [[1, 2, 3], [4, 5, 6]]
```

我们可以将矩阵存储为列表中的一系列列表,即嵌套列表。

③ 使用 print() 函数打印列表 m。

```
print(m[1][1])
```

现在，我们可以使用变量的 [row][column] 表示法来访问列表中的元素，输出如下：

```
5
```

打印的是第 2 行、第 2 列的值。记住，我们在程序中使用的是从零开始的索引。

④ 使用变量 i 和 j 作为索引来访问嵌套列表中的每个元素，代码如下：

```
for i in range(len(m)):
    for j in range(len(m[i])):
        print(m[i][j])
```

前面的代码使用了两次 for 循环进行迭代。在外部循环（使用变量 i）中，我们迭代矩阵 m 的每一行，而在内部循环（使用变量 j）中，我们迭代当前行的每一列。最后，我们将元素按照顺序打印在对应的位置。

输出如下：

```
1
2
3
4
5
6
```

⑤ 使用两次 for…in 循环语句来打印矩阵中的所有元素，代码如下：

```
for row in m:
    for col in row:
        print(col)
```

注意：步骤④中的代码使用 for 循环遍历了行和列，但使用时需要知道行和列的数量，而步骤⑤中使用的表示方法并不要求我们事先了解矩阵的维度。

输出如下：

```
1
2
3
4
5
6
```

在本练习结束时，我们已经了解到存储为矩阵的嵌套列表的工作原理，还学习了从嵌套列表中访问值的不同方式。

2.3 矩阵运算

让我们继续了解嵌套列表(矩阵)的一些基本运算。首先,让我们看看如何在 Python 中使两个矩阵相加。矩阵加法要求两个矩阵具有相同的维度,得到的结果也具有相同的维度。

在接下来的练习中,我们将使用矩阵 X 和 Y,如下:

$$X = \begin{bmatrix} 1 & 2 & 3 \\ 4 & 5 & 6 \\ 7 & 8 & 9 \end{bmatrix}, \quad Y = \begin{bmatrix} 10 & 11 & 12 \\ 13 & 14 & 15 \\ 16 & 17 & 18 \end{bmatrix}$$

练习 2-3:进行矩阵运算(加减法)。

让我们学习一下如何使用 Python 使矩阵 X 和 Y 相加或相减。以下步骤将帮助我们完成这个练习。

① 打开一个新的 Jupyter Notebook。

② 创建嵌套列表 X 和 Y 来存储数据,代码如下:

```
X = [[1,2,3],[4,5,6],[7,8,9]]
Y = [[10,11,12],[13,14,15],[16,17,18]]
```

③ 初始化一个名为 result 的 3×3 维零矩阵,代码如下:

```
# Initialize a result placeholder
result = [[0,0,0],
          [0,0,0],
          [0,0,0]]
```

④ 通过循环遍历矩阵来实现矩阵加法,代码如下:

```
# iterate through rows
for i in range(len(X)):
# iterate through columns
    for j in range(len(X[0])):
        result[i][j] = X[i][j] + Y[i][j]
print(result)
```

这里将使用在 2.2 节中学到的嵌套列表的方法。首先迭代矩阵 X 中的行,然后迭代当前行的每一列。注意,不需要再次迭代矩阵 Y,因为这两个矩阵的维度是相同的。与数学中的矩阵加法相同,相加结果(result)中特定行(由 i 表示)和特定列(由 j 表示)的数值等于矩阵 X 和矩阵 Y 中对应行和列的数值之和。

输出如下:

[[11, 13, 15], [17, 19, 21], [23, 25, 27]]

⑤ 我们还可以使用同样的方法,通过不同的运算符使两个矩阵相减,其背后的原理与步骤④完全相同,唯一的区别就是此次做的是减法。让我们使用下面的代码来尝试矩阵减法。

```
X = [[10,11,12],[13,14,15],[16,17,18]]
Y = [[1,2,3],[4,5,6],[7,8,9]]
# Initialize a result placeholder
result = [[0,0,0],
          [0,0,0],
          [0,0,0]]
# iterate through rows
for i in range(len(X)):
# iterate through columns
    for j in range(len(X[0])):
        result[i][j] = X[i][j] - Y[i][j]
print(result)
```

输出如下:

[[9, 9, 9], [9, 9, 9], [9, 9, 9]]

让我们看一下如何使用嵌套列表对矩阵 $X = \begin{bmatrix} 1 & 2 \\ 4 & 5 \\ 3 & 6 \end{bmatrix}$ 和矩阵 $Y = \begin{bmatrix} 1 & 2 & 3 & 4 \\ 5 & 6 & 7 & 8 \end{bmatrix}$ 执行矩阵乘法。

矩阵乘法要求第一个矩阵(X)中的列数必须等于第二个矩阵(Y)中的行数,最后结果的行数与第一个矩阵相同,列数与第二个矩阵相同。以上面的矩阵 X 和 Y 相乘为例,最终的结果矩阵将是一个 3×4 维矩阵。

练习 2-4:进行矩阵运算(乘法)。

在本练习中,我们的最终目的是使 X 和 Y 两个矩阵相乘并得到一个结果矩阵。下面的步骤将帮助我们完成这个练习。

① 打开一个新的 Jupyter Notebook。

② 创建嵌套列表 X 和 Y,用来存储矩阵 X 和 Y 的值,代码如下:

```
X = [[1, 2], [4, 5], [3, 6]]
Y = [[1,2,3,4],[5,6,7,8]]
```

③ 创建一个 3×4 维零矩阵来存储结果矩阵,代码如下:

```
result = [[0, 0, 0, 0], [0, 0, 0, 0], [0, 0, 0, 0]]
```

④ 用代码实现矩阵乘法并计算结果,代码如下:

```
# iterating by row of X
```

```
for i in range(len(X)):
    # iterating by column by
    Y for j in range(len(Y[0])):
        # iterating by rows of Y
        for k inrange(len(Y)):
            result[i][j] += X[i][k] * Y[k][j]
```

读者可能会注意到,此算法与练习 2 - 3 中所使用的不同,这是因为我们还需要迭代第二个矩阵 Y 的行。前面我们也提到过,相乘的两个矩阵具有不同的形式。

⑤ 使用 print()函数打印最终结果,代码如下:

```
for r in result: print(r)
```

输出如下:

```
[11, 14, 17, 20]
[29, 38, 47, 56]
[33, 42, 51, 60]
```

2.4　使用列表

前面我们提到过,列表是一种序列类型,因此它支持所有的序列操作和方法。

列表是我们可以使用的最佳数据类型之一。Python 提供了一组列表方法来帮助我们存储和检索数据,以便后期维护、更新和提取数据。作为程序开发人员,将会经常执行这些操作,包括切片、排序、追加、搜索、插入和删除等操作。

学习的最佳方式是在实践中运用,让我们通过下面的练习来了解这些方便的列表方法。

练习 2 - 5:基本的列表操作。

在本练习中,我们将使用列表的基本函数来检查列表的大小、组合列表以及复制列表,具体的步骤如下:

① 打开一个新的 Jupyter Notebook。

② 输入下列代码:

```
shopping = ["bread","milk", "eggs"]
print(len(shopping))
```

③ 使用 len()函数得到列表的长度,输出如下:

```
3
```

④ 使用"+"运算符串联两个列表,代码如下:

```
list1 = [1,2,3]
```

```
list2 = [4,5,6]
final_list = list1 + list2
print(final_list)
```

输出如下：

```
[1, 2, 3, 4, 5, 6]
```

正如我们所看到的，列表还支持许多与字符串相同的操作，这里展示了列表的串联操作，它能够将两个或多个列表串联在一起。

⑤ 使用"＊"运算符用来重复列表中的元素，代码如下：

```
list3 = ['oi']
print(list3 * 3)
```

上述代码会使"oi"这个元素重复 3 次，输出如下：

```
['oi', 'oi', 'oi']
```

现在，我们已经完成了这个练习。本练习的目的是让大家熟悉 Python 中进行列表交互的常见操作。

与其他编程语言一样，在 Python 中，我们可以使用索引来访问列表中的元素。让我们接着在前面的 Jupyter Notebook 中完成下面的练习。

练习 2-6：访问购物清单数据中的某个项目。

在本练习中，我们将了解如何访问列表中的某个项目。下列步骤将帮助我们完成这个练习。

① 打开一个新的 Jupyter Notebook。

② 在一个新的代码单元中输入下面的代码：

```
shopping = ["bread","milk", "eggs"]
print(shopping[1])
```

输出如下：

```
milk
```

这里打印出了 shopping 列表中索引为 1 的位置的值 milk。实际上，打印出来的是列表中的第二项，因为列表的索引是从 0 开始的。

③ 访问 milk 元素所在的位置并将其值替换为 banana，代码如下：

```
shopping[1] = "banana"
print(shopping)
```

输出如下：

```
['bread', 'banana', 'eggs']
```

④ 在新的代码单元中输入下面的代码并观察输出：

```
print(shopping[-1])
```

输出如下：

```
eggs
```

这是列表中的最后一项。

到目前为止，我们学到的更多的是访问元素的传统方式，Python 列表还支持强大的综合索引，称为切片。它采用 list[i:j] 的格式，其中 i 是起始元素的索引，j 是终止元素的索引（终止元素不包含在切片内），两者之间用冒号 ":" 分隔。

⑤ 输入以下代码以尝试不同的切片类型：

```
print(shopping[0:2])
```

这里打印第一个和第二个元素，输出如下：

```
['bread', 'banana']
```

现在，从列表的开头开始打印到第三个元素，代码如下：

```
print(shopping[:3])
```

输出如下：

```
['bread', 'banana', 'eggs']
```

相似的，你可以从列表的第二个元素开始打印到列表末尾，代码如下：

```
print(shopping[1:])
```

输出如下：

```
['banana','eggs']
```

在实际应用中，我们一般并不会事先知道用户希望存储哪些数据，这些数据通常只会在程序运行时给出。因此，我们需要向列表添加项目。下面将介绍向列表追加项目以及插入项目的各种方法。

练习 2-7：向购物清单中添加商品。

append 方法是将新元素添加到列表末尾的最简单的方法。在本练习中，我们将使用此方法将商品添加到 shopping 列表中。下述步骤将帮助我们完成本练习。

① 在一个新的代码单元中输入下列代码，使用 append 方法在 shopping 列表末尾添加一个新元素 apple：

```
shopping = ["bread","milk", "eggs"]
shopping.append("apple")
print(shopping)
```

输出如下：

```
['bread', 'milk', 'eggs', 'apple']
```

我们在不知道元素总数时通常使用 append 方法来构建列表。我们可以从一个空列表开始，逐项添加元素来生成最终想要的列表。

② 创建一个名为 shopping 的空列表，然后不断向这个列表依次添加元素，代码如下：

```
shopping = []
shopping.append('bread')
shopping.append('milk')
shopping.append('eggs')
shopping.append('apple')
print(shopping)
```

输出如下：

```
['bread', 'milk', 'eggs', 'apple']
```

通过这样的方式就可以初始化一个空列表，然后动态扩展列表，最终得到一个与第一步结果完全相同的列表。这个特点与某些编程语言很不同，某些编程语言会要求在变量声明阶段就固定数组大小。

③ 使用 insert 方法向 shopping 列表添加元素，代码如下：

```
shopping.insert(2, 'ham')
print(shopping)
```

输出如下：

```
['bread', 'milk', 'ham', 'eggs', 'apple']
```

这一步我们采用 insert 方法将元素添加到列表中。insert 方法需要将位置索引作为参数来指引新元素插入的位置。位置索引是一个从零开始的数值，用来指示元素在列表中的位置。我们使用上面的代码在第三个位置（位置索引为 2）插入了元素 ham。

我们可以看到，元素 ham 最终被插入到第三个位置，原先第三个及以后的元素依次向后移动了一个位置。

2.5 字典的键和值

Python 字典是一个无序的集合，需要用大括号括起来，并且具有键和值。

你可能已经注意到 Python 字典和 JSON 之间存在一定的相似性。尽管我们可以将 JSON 直接加载到 Python 中，但是 Python 字典是一个完整的、包含算法的数据结构，而 JSON 只是一个格式与字典类似的纯字符串。

Python 字典类似于键值对，只需要将键映射到关联的值上。字典与列表也有一定的相似性，它们都具有以下属性：

① 都可以用于存储值；

② 都可以直接改变其中的值，并且可以按需扩展和收缩；

③ 都可以进行嵌套：字典可以包含另一个字典，列表可以包含另一个列表，列表也可以包含字典，反之亦然。

列表和字典之间的主要区别是元素的访问方式。列表元素通过其位置索引进行访问，位置索引是类似于[0,1,2,…]的纯数字；而字典元素是通过键访问的，键可以在编程时进行定义。因此，字典是表示集合的更好的选择，尤其是当集合中的元素带有标记时，使用带有助记键的字典就更加合适了。

例如，一个数据库等效于一个列表，并且该数据库列表中包含一个可以用字典表示的记录。记录中有很多存储对应值的字段，并且这些字段都具有能够映射到值的唯一键，但是需要我们记住一些 Python 字典的使用规则，如下：

① 键必须是唯一的——不允许出现重复的键；

② 键必须是不可变的——它们可以是字符串、数字或者元组。

练习 2-8：使用字典存储电影记录。

在本练习中，我们将使用字典来存储电影记录，以及尝试使用键来访问字典中的信息。下述步骤将帮助我们完成本练习。

① 打开一个 Jupyter Notebook。

② 在一个空白代码单元中输入以下代码：

```
movie = {
    "title": "The Godfather",
    "director": "Francis Ford Coppola",
    "year": 1972,
    "rating": 9.2
}
```

这里创建了一个电影字典，其中包含一些详细内容，比如 title、director、year 以及 rating。

③ 使用键来访问字典中的信息。例如，我们可以使用"'year'"这个键来了解电影的首次上映时间，代码如下：

```
print(movie['year'])
```

输出如下：

```
1972
```

④ 现在更新字典的值，代码如下：

```
movie['rating'] = (movie['rating'] + 9.3)/2
print(movie['rating'])
```

输出如下：

```
9.25
```

正如我们所看到的，字典的值可以直接更新。

⑤ 从头开始构建一个名为 movie 的字典，然后通过键值赋值依次扩展该字典的每个部分，代码如下：

```
movie = {}
movie['title'] = "The Godfather"
movie['director'] = "Francis Ford Coppola"
movie['year'] = 1972
movie['rating'] = 9.2
```

大家可能已经注意到，与列表相似，字典的大小也是可以灵活变化的。

⑥ 在字典中存储列表以及在字典中存储字典，代码如下：

```
movie['actors'] = ['Marlon Brando', 'Al Pacino', 'James Caan']
movie['other_details'] = {
    'runtime': 175,
    'language': 'English'
}
print(movie)
```

至此，我们可以看到在列表和字典中实现嵌套是多么容易。通过创造性地组合列表和字典，我们可以直接轻松地存储真实世界中的复杂信息和模型结构，这是 Python 等脚本语言的主要优点之一。

有时，我们需要从多个列表中获取信息，比如，可能有一个列表用于存储产品名称，另外一个列表用于存储这些产品的数量，此时就可以使用 zip() 方法来组合列表。

zip() 方法能够将具有相同数量元素的多个集合（列表）组合成一个对象。接下来让我们在下面的练习中尝试一下。

练习 2 - 9：使用 zip() 函数操作字典。

在本练习中，我们将深入研究字典的结构，但是我们会更侧重于通过组合不同类型的数据结构来对字典进行操作。我们将使用 zip() 函数来操作前面用于储存购物清单的字典。以下步骤将帮助我们了解 zip() 函数。

① 打开一个新的 Jupyter Notebook。

② 创建一个新的代码单元并输入以下代码：

```
items = ['apple', 'orange', 'banana']
quantity = [5,3,2]
```

这里创建了 items（商品）列表和 quantity（数量）列表。同时，我们还为这些列表分配了对应的值。

③ 使用 zip() 函数将两个列表结合起来生成一个元组列表，代码如下：

```
orders = zip(items,quantity)
```

```
print(orders)
```

下面的输出生成了一个 zip 对象：

```
〈zip object at 0x0000000005BF1088〉
```

④ 输入下面的代码将 zip 对象转换为列表：

```
orders = zip(items,quantity) print(list(orders))
```

输出如下：

```
[('apple', 5), ('orange', 3), ('banana', 2)]
```

⑤ 将 zip 对象转换为元组，代码如下：

```
orders = zip(items,quantity)
print(tuple(orders))
```

输出如下：

```
(('apple', 5), ('orange', 3), ('banana', 2))
```

⑥ 将 zip 对象转换为字典，代码如下：

```
orders = zip(items,quantity)
print(dict(orders))
```

输出如下：

```
{'apple': 5, 'orange': 3, 'banana': 2}
```

你是否发现，我们每次都输入了"orders = zip(items,quantity)"这样一行代码？在本练习中，zip 对象实际上就是一个迭代器，因此，一旦执行了 zip 对象向列表、元组或字典的转换，它里面的所有元素都将被完全迭代，转换成对应结构，所以每次都需要重新生成 zip 对象进行试验。

2.6 字典方法

前面我们已经学习了字典的基本知识以及应该在什么时候使用字典，现在将学习一些其他的字典方法。首先让我们通过练习来了解如何使用字典方法访问字典的值以及其他相关操作

练习 2-10：使用字典方法访问字典。

在本练习中，我们将学习如何使用字典方法访问字典。本练习的目的是通过字典方法访问字典，并打印出字典中所有键的值。

① 打开一个新的 Jupyter Notebook。

② 在新的代码单元中输入以下代码：

```
orders = {'apple':5, 'orange':3, 'banana':2}
print(orders.values())
print(list(orders.values()))
```

输出如下：

```
dict_values([5, 3, 2])
[5, 3, 2]
```

这段代码中使用 values()方法返回了一个可迭代对象。为了更加方便地使用其中的值，我们将它们直接转换成列表。

③ 使用 keys()方法获取字典中的键列表，代码如下：

```
print(list(orders.keys()))
```

输出如下：

```
['apple', 'orange', 'banana']
```

④ 由于我们无法直接对字典进行迭代，因此需要先使用 items()方法将字典转化为元组列表，然后迭代生成的列表来访问字典中的元素。下面的代码段就采用了这种方法。

```
for tuple in list(orders.items()): print(tuple)
```

输出如下：

```
('apple', 5)
('orange', 3)
('banana', 2)
```

在本练习中，首先创建了一个字典，接着列出了字典中所有的键，最后在步骤④中将字典转换为元组列表之后迭代其中的元素。

2.7 元　组

元组对象与列表类似，但是元组生成之后不能进行修改。元组是不可变序列，这意味着元组在初始化之后就无法修改其中的值了，因此，我们使用元组来表示元素的固定集合。

练习 2 - 11：在我们的购物清单中探索元组属性。

在本练习中，我们将了解元组的不同属性。

① 打开一个 Jupyter Notebook。

② 在新的代码单元中输入以下代码初始化一个名为 t 的新元组：

```
t = ('bread', 'milk', 'eggs') print(len(t))
```

输出如下：

```
3
```

③ 输入以下代码行观察产生的错误：

```
t.append('apple') t[2] = 'apple'
```

输出如图 2-1 所示。

```
--------------------------------------------------------------------------
AttributeError                                Traceback (most recent call last)
<ipython-input-2-30ec3c1f0495> in <module>
----> 1 t.append('apple')
      2 #t[2]='apple'

AttributeError: 'tuple' object has no attribute 'append'
```

图 2-1 修改元组对象的值时发生错误

解决这个问题的唯一方法就是将现有元组与新元素串联来创建新元组。

④ 使用以下代码将元素 apple 和 orange 添加到元组 t 中，这将会产生一个新的元组。注意，现有的元组 t 并不会被改变。

```
print(t + ('apple', 'orange'))
print(t)
```

输出如下：

```
('bread', 'milk', 'eggs', 'apple', 'orange')
('bread', 'milk', 'eggs')
```

⑤ 在新的代码单元中输入以下语句并观察输出：

```
t_mixed = 'apple', True, 3
print(t_mixed)
t_shopping = ('apple',3), ('orange',2), ('banana',5)
print(t_shopping)
```

就像列表和字典一样，元组同样支持混合类型和嵌套。我们还可以不使用括号来声明元组，正如在步骤⑤中输入的代码那样。

输出如下：

```
('apple', True, 3)
(('apple', 3), ('orange', 2), ('banana', 5))
```

2.8　集　合

到目前为止,本章已经介绍了列表、字典和元组,接下来让我们来看看集合 ,这是另一种类型的 Python 数据结构。

集合作为数据结构是 Python 集合类型中相对较新的新增内容,其是支持模拟数学集合运算的唯一、不可变对象的集合。由于集合不允许出现重复值,因此可以使用它们有效地防止出现重复值。

集合是对象(称为成员或元素) 的集合。例如,可以将集合 A 定义为 1 到 10 之间的偶数,那么它将包含{2,4,6,8,10};将集合 B 定义为 1 到 10 之间的奇数,那么它将包含{1,3,5,7,9}。在下面的练习中,我们将尝试使用 Python 中的集合。

练习 2－12:使用 Python 的集合。

在本练习中,我们将了解 Python 中的集合,集合是对象的集合。

① 打开一个 Jupyter Notebook。

② 使用下列代码初始化集合,可以通过传入一个列表来初始化一个集合。

```
s1 = set([1,2,3,4,5,6])
print(s1)
s2 = set([1,2,2,3,4,4,5,6,6])
print(s2)
s3 = set([3,4,5,6,6,6,1,1,2])
print(s3)
```

输出如下:

```
{1, 2, 3, 4, 5, 6}
{1, 2, 3, 4, 5, 6}
{1, 2, 3, 4, 5, 6}
```

我们可以看到,集合中的元素都是唯一的,并且其中的元素顺序与原始输入不同(具体顺序与元素的 Hash 值有关),因此最后的集合中并不会保留重复项以及原始输入的特征。

③ 在新的代码单元中输入以下代码:

```
s4 = {"apple", "orange", "banana"}
print(s4)
```

注意:也可以使用大括号初始化集合。

输出如下:

```
{'apple', 'orange', 'banana'}
```

④ 集合是可变的,输入以下代码来查看如何向集合中添加新元素:

```
s4.add('pineapple')
print(s4)
```

输出如下：

```
{'apple', 'orange', 'pineapple', 'banana'}
```

在本练习中，我们了解到如何在 Python 中引入集合，接下来将深入学习 Python 的集合运算。

集合支持常见的数学运算，比如并集运算和交集运算。并集（union）运算能够返回一个包含 A 和 B 中所有元素的集（新的集中所有元素都是唯一的），如图 2-2 所示；而交集（intersect）运算会返回一个仅包含同时存在于 A 和 B 两个集中的元素的新集，如图 2-3 所示。

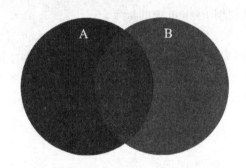

A ∪ B

图 2-2 并集运算

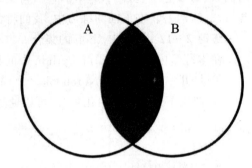

A ∩ B

图 2-3 交集运算

练习 2-13：实现集运算。

在本练习中，我们将实现并集运算。

① 打开一个新的 Jupyter Notebook。

② 在一个新的代码单元中输入下面的代码，初始化两个新集：

```
s5 = {1,2,3,4}
s6 = {3,4,5,6}
```

③ 使用"|"运算符或 union()方法进行并集运算，代码如下：

```
print(s5 | s6)
print(s5.union(s6))
```

输出如下：

```
{1,2,3,4,5,6}
{1,2,3,4,5,6}
```

④ 使用"&"运算符或 intersection()方法进行交集运算,代码如下:

```
print(s5 & s6)
print(s5.intersection(s6))
```

输出如下:

```
{3,4}
{3,4}
```

⑤ 使用"−"运算符或差分方法求两个集合的差集,代码如下:

```
print(s5 − s6)
print(s5.difference(s6))
```

输出如下:

```
{1,2}
{1,2}
```

⑥ 使用"<="运算符或 issubset()方法检查一个集合是否是另一个集的子集,代码如下:

```
print(s5 <= s6)
print(s5.issubset(s6))
s7 = {1,2,3}
s8 = {1,2,3,4,5}
print(s7 <= s8)
print(s7.issubset(s8))
```

输出如下:

```
False
False
True
True
```

前两行代码返回了 False,因为 s5 不是 s6 的子集;而后两行代码返回了 True,因为 s7 是 s8 的子集。请注意,"<="运算符是用来检查是否为子集的。除此之外,还可以使用"<="检查一个集合是否为另一个集合的真子集。真子集的定义与子集相似,但是并不包含两个集合相同的情况。接下来让我们尝试使用代码来判断真子集。

⑦ 通过以下代码检查 s7 是否为 s8 的真子集,并检查一个集合是否为本身的真子集。

```
print(s7 < s8)
s9 = {1,2,3}
s10 = {1,2,3}
print(s9 < s10)
```

```
print(s9 < s9)
```

输出如下：

```
True
False
False
```

我们可以看到，s7 是 s8 的真子集，因为除了 s7 中的所有元素之外，s8 中还有其他元素。但是，s9 不是 s10 的真子集，因为它们是相同的。因此，集合不能是其本身的真子集。

⑧ 现在使用"＞＝"运算符或 issuperset() 方法检查一个集合是否为另一个集合的超集。在新的代码单元中输入以下代码：

```
print(s8 >= s7)
print(s8.issuperset(s7))
print(s8 > s7)
print(s8 > s8)
```

输出如下：

```
True
True
True
False
```

前三行代码都返回了 True，因为 s8 是 s7 的超集，同时也是 s7 的真超集；而最后一行代码返回了 False，因为集合不是其本身的真超集。

简而言之，在完成本练习后，我们了解到 Python 中的集合对于防止出现重复值非常有用，同时还可以进行一些常见的集合运算，比如并集运算和交集运算等。

2.9 选择数据类型

到目前为止，我们已经了解了 Python 中的大多数常见数据结构。大家可能会感到困惑，应在什么时候选用什么样的数据类型呢？

当我们选用某一类型时，我们应知道这一类型的独特属性。比如，列表可以帮助我们存储多个对象并保存它们之间的顺序，字典可以存储独特的键值对映射，而元组中的元素是不可变的，"集"中存储的元素都是唯一的。为特定数据选用正确的类型意味着能够提高效率或安全性。

对某些数据使用不恰当的数据类型，在大多数情况下都会导致代码的运行效率降低，有时甚至会导致最坏的结果——数据丢失。

2.10 总 结

Python 数据结构包括列表、元组、字典和集合。Python 提供这些结构可以方便开发人员更好地编写代码。本章介绍了列表（Python 中存储多个对象的重要数据类型之一）以及其他数据类型（比如字典、元组和集合），每种数据类型都有助于我们更加有效地存储和检索数据。

接下来，我们将学习如何使用函数编写遵循 DRY（don't repeat yourself，不重复）原则的、易于理解的模块化代码。

第 3 章　Python 程序、算法和函数

在本章结束时，读者应能做到以下事情：
- 在命令行中编写和执行 Python 脚本；
- 编写和导入 Python 模块；
- 使用文档注释为代码添加文档；
- 在 Python 中实现基本算法，包括冒泡排序和二分法搜索；
- 使用迭代、递归和动态编程算法编写函数；
- 将代码模块化使其结构更加清晰，更加易读；
- 能够熟练使用帮助函数和匿名函数。

通过编写更加强大、更加简洁的代码，本章将帮助读者深入理解优秀的算法和函数。

3.1　概　述

前两章重点介绍了基本的 Python 语法和数据类型。本章将使用之前学过的知识探索更加抽象的概念，探讨一些用于解决计算机科学中一些典型问题的基本算法。例如，考虑如何对整数列表进行排序，如超市可以对客户消费进行排序，深入了解每位客户的消费额。

在本章中，我们还将了解 Python 中一些以简洁但可读的方式表达代码的优秀典范。我们将讨论作为一个优秀程序员应有的习惯，以及通过不重复编写代码来确保自己所编写的代码是可维护的方法。这样，即使 IT 领域的需求在不断变化，我们也可以确保无需将自己的所有代码进行不必要的返工。

之前我们一直在 Python shell 中运行简单的代码，现在我们将开始编写 Python 脚本和模块，这将使我们能够更加灵活地编写清晰、强大而又方便重复使用的代码。

3.2　Python 脚本和模块

到目前为止，我们一直在交互式 Python 控制台或 Jupyter Notebook 中执行代码，并且大部分 Python 代码都存储在以 .py 为扩展名的文本文件中，而这些文件实际上是纯文本文件，我们可以使用任何文本编辑器对其进行编辑。程序员通常使用文本

编辑器(如 Notepad++)或集成开发环境(IDE,比如 Jupyter 或 PyCharm)来编辑这些文件。

3.2.1 简 介

通常,独立的 .py 文件也被称为"脚本"或"模块"。脚本被设计为可执行的文件,通常需要在命令行中执行;而模块通常会在需要时引入到代码或者交互式的 Python shell 中。注意,二者之间并没有很大的区别,我们可以直接把模块作为脚本执行,也可以将脚本作为模块引入其他代码中。

练习 3-1:编写并执行第一个脚本。

在本练习中,我们将创建一个名为 my_script.py 的脚本,然后在命令行中执行它。这里将计算 3 个数字的阶乘之和。

① 使用自己喜欢的文本编辑器,创建一个名为 my_script.py 的新文件,也可以在 Jupyter Notebook 中通过选择 New│Text File 菜单项来创建新文件。

② 引入 math 函数库,代码如下:

```
import math
```

③ 假设有一个数字列表,想要计算该列表中数字的阶乘之和。回想学过的数学知识,一个数的阶乘是小于或等于该数字的所有正整数的乘积。

例如,5 的阶乘可以这样计算:$5! = 5×4×3×2×1 = 120$。接下来将计算 5、7 和 11 这三个数字的阶乘之和,代码如下:

```
numbers = [5, 7, 11]
```

④ 使用 math.factorial 函数,计算并输出 result 值,代码如下:

```
result = sum([math.factorial(n) for n in numbers])
print(result)
```

⑤ 保存文件。

⑥ 打开一个终端或者 Jupyter Notebook 并确保当前目录中包含 my_script.py 文件。我们可以在终端中运行 dir 命令来查看文件列表中是否存在 my_script.py 文件。如果没有,则可以使用 cd 命令将当前地址定位到该文件所在的文件夹。

⑦ 运行 python my_script.py 文件以执行脚本,输出如下:

```
39921960
```

在本练习中,我们在终端或 Jupyter Notebook 中导航到了正确的目录,成功编写了一个脚本并执行得到结果。

练习 3-2:编写并导入模块。

在本练习中,我们将完成与练习 3-1 中相同的任务,即计算 3 个数字的阶乘之和。但是,这次将创建一个名为 my_module.py 的模块,并将其导入 Python shell 中运行。

① 使用自己最喜欢的文本编辑器,创建一个名为 my_module. py 的新文件;也可以在 Jupyter 中选择 New ｜ Text File 菜单项来创建。

② 添加一个函数来打印练习 3-1 中的计算结果。我们将在接下来的章节中了解有关此函数表示法的更多相关信息。代码如下:

```
import math
def compute(numbers):
    return([math. factorial(n) for n in numbers])
```

③ 保存文件。

④ 打开一个 Python shell 或者 Jupyter Notebook 来执行以下命令:

```
from my_module import compute compute([5, 7, 11])
```

输出如下:

```
[120, 5040, 39916800]
```

在本练习中,我们创建了一个名为 my_module. py 的模块并在 Jupyter Notebook 或 Python shell 中导入以获得预期的输出。

在 Ubuntu 系统下 Python 脚本的第一行通常如下:

```
#! /usr/bin/env python
```

这是一些额外的提示,如果你使用的是 Windows 操作系统,那么可以忽略这部分内容。但是,这些内容是值得我们去了解的。上面一行代码指定计算机使用位于此路径下的程序来运行脚本。在前面的示例中,我们必须告诉命令提示符使用 Python 来执行我们的 my_script. py 脚本。但是,在 Unix 系统(比如 Ubuntu 或 macOS X)中,如果脚本具有"♯!"声明,就无需另外告诉系统要使用 Python 来执行脚本。例如,在 Ubuntu 系统中,可以按照如图 3-1 所示的那样简单地运行 Python 脚本。

图 3-1　在 Ubuntu 系统中运行脚本

文档注释是作为脚本、函数或类中的第一条语句出现的字符串。文档注释已经成为对象的一个特殊属性,可以通过__doc__方法进行访问。文档注释用于存储描述性信息,以向用户解释代码的用途以及使用方法等高级信息。

练习 3-3:向 my_module. py 中添加文档注释。

在本练习中,我们将扩展在练习 3-2 中编写的 my_module. py 模块,给它添加一个文档注释。

① 在 Jupyter 或其他文本编辑器中打开 my_module. py,向脚本添加文档注释(将下面一行添加在代码开头的第一行):

```
""" This script computes the factorial for a list of numbers"""
```

② 在 my_module.py 文件所在的目录下打开 Python 命令行。

③ 引入 my_module 模块，代码如下：

```
import my_module
```

④ 使用 help 方法查看 my_module 脚本中的文档注释。help()函数可以用于获取有关 Python 模块、函数或类中的任何可用信息；也可以在没有任何参数的条件下调用它来获取交互式的提示。下面来查看 my_module 脚本中的文档注释，代码如下：

```
help(my_module)
```

输出如下：

```
Help on module my module:
NAME
    my_module – This script computes the factorial for a list of numbers
FUNCTIONs
    compute(numbers)
```

⑤ 也可以通过浏览 my_module 模块的 __doc__ 属性来查看文档注释，代码如下：

```
my_module._doc_
```

输出如下：

```
'This script computes the factorial for a list of numbers
```

3.2.2 import 指令

在可选的“♯!”语句和文档注释之后，Python 文件通常会从其他库导入类、模块和函数。例如，计算 exp(2)的值，可从标准库中导入 math 模块（第 6 章将介绍更多有关标准库的信息），代码如下：

```
import math
math.exp(2)
```

输出如下：

```
7.38905609893065
```

在前面的示例中，我们导入了 math 模块，并调用了模块中的 exp 函数；或者，我们也可以只导入 math 模块的一个函数，代码如下：

```
from math import exp
exp(2)
```

输出如下：

```
7.38905609893065
```

注意：这里还有第三种导入方式，但不必要时请尽可能避免这种方式，代码如下：

```
from math import *
exp(2)
```

输出如下：

```
7.38905609893065
```

import * 语法会直接导入模块中的所有内容，但这是不可取的，因为这会导致代码引用太多的对象，从而增大发生对象名称冲突的风险。如果同时使用了多个 import * 语句，就可能很难对某个被使用的对象或函数进行溯源。

我们还可以在 import 语句中对导入的模块或函数进行重命名，代码如下：

```
from math import exp as exponential
exponential(2)
```

输出如下：

```
7.38905609893065
```

该方法在发现对象的名称太复杂或者可读性太低时非常有帮助；或者在遇到同时需要使用两个名称相同的模块时，也可以使用该方法。

练习 3 - 4：读取系统日期。

在本练习中，我们将编写一个脚本，通过导入 datetime 模块将当前系统日期打印到控制台。

① 在 Python 终端中创建一个名为 today.py 的新脚本。

② 在脚本中添加一段文档注释：

```
"""This script prints the current systemdate. """
```

③ 导入 datetime 模块，代码如下：

```
import datetime
```

④ 使用 datetime.date 的 now()属性打印当前日期，代码如下：

```
print(datetime.date)
```

⑤ 在命令行中运行脚本，结果如图 3 - 2 所示。

图 3 - 2 命令输出

在本练习中，我们已经能够编写一个脚本，并利用 datetime 模块打印日期。由此可以看到，模块对编写脚本来说是非常有帮助的。

3.2.3　" if __name__ == "__main__" "语句

在 Python 脚本中,我们经常会看到这条神秘的语句。这里不会深入讨论这条语句的内涵,但是它确实是非常值得我们去了解的。当我们既希望能够将代码作为脚本直接执行,又希望能够将它作为普通的模块被其他脚本导入时,就可以使用这条语句。

例如,计算从 1 到 10 的和。如果从命令行直接执行函数,我们希望能够将结果打印到命令行中,但是,也希望能够将其导入其他代码中进行计算。

我们可能会写出类似以下代码:

```
result = 0
for n in range(1, 11): # Recall that this loops through 1 to 10, not including 11
    result += n
    print(result)
```

如果在命令行中执行上述脚本,它将正常输出 55。然而,如果尝试在 Python 控制台中导入上述脚本来获得计算结果,则其输出结果并不是我们所希望的。我们导入上述脚本只是想要计算的结果值,并不想要它进行输出,代码如下:

```
from sum_to_10 import result
```

输出如下:

```
55
```

为了避免这一点,我们可以只在__name__属性为"'__main__'"时调用 print()函数,代码如下:

```
result = 0
for n in range(1, 11): # Recall that this loops through 1 to 10, not including 11
    result += n
if __name__ == '__main__':
    print(result)
```

在命令行中执行时,Python 解释器会将__ name__变量设置为字符串"'__main__'",这样当到达脚本末尾时将会打印结果。但是,当在其他脚本中引入脚本中的 result 对象时,print 语句将永远不会被执行,代码如下:

```
from sum_to_10 import result
result * 2
110
```

3.3　Python 算法

算法是一系列可以执行特定任务或计算的指令。这里以制作蛋糕的步骤为例来理解算法。例如,预热烤箱,将 125 g 糖和 100 g 黄油混合搅拌,然后加入鸡蛋和其他成分。同样,数学中的简单计算也是算法。例如,计算圆的周长时,需要将半径乘以 2π。这是一个非常简短的算法,但是算法绝不止于此。

算法最开始通常是在"伪代码"中定义,这是一种记录计算机需要执行的步骤的方法,不需要任何特定的语言编码。在阅读伪代码中表达的逻辑时,读者不需要任何技术背景。例如,你有一个正数列表,想要找到该列表中的最大值,那么表示该算法的伪代码如下:

① 将变量 maximum 设置为 0。

② 对于列表中的每一个数字,依次检查该数字是否大于 maximum,如果大于,则将 maximum 更新为该数字。

③ 现在 maximum 就等于列表中的最大值。

伪代码很有用,因为它允许我们使用比编程语言更加通用的格式来表现代码的逻辑。程序员通常会在编写代码之前用伪代码理清思路和逻辑。

练习 3 - 5:最大值。

在本练习中,我们将利用上面伪代码的思路来寻找一个正数列表中的最大值。

① 创建一个正数列表,代码如下:

```
l = [4, 2, 7, 3]
```

② 将变量 maximum 赋值为 0,代码如下:

```
maximum = 0
```

③ 将列表中的每个数字依次与 maximum 进行比较和赋值,代码如下:

```
for number in l:
    if number > maximum:
        maximum = number
```

④ 检查结果,代码如下:

```
print(maximum)
```

输出如下:

```
7
```

3.3.1 时间复杂度

到目前为止,我们已经习惯了利用所编程序能够瞬间得到答案的情况。计算机的运算速度非常快,循环执行 10 次迭代和 1 000 次迭代之间的差异对我们来说可能并不重要。但是,随着问题变得越发复杂,现有算法很快就会变得效率低下。在度量复杂性时,我们更感兴趣的是执行算法的时间随问题规模大小的变化。如果问题规模的大小是原来的 10 倍,那么算法执行所花的时间是原来的 10 倍、100 倍,还是 1 000 倍呢?问题规模的大小和算法执行时间的关系被称为算法的时间复杂度。

当然,我们可以简单地在用同一算法解决不同规模的问题时进行计时来直观地总结二者的关系。这种方法通常用于算法非常复杂,且问题规模与时间之间的关系无法进行理论计算的情况。但是,这种方法不是很完美,因为程序执行时实际花费的时间与可用内存、处理器、硬盘速度以及当前运行的其他进程等众多软硬件因素有关。因此,这种方法计算出的时间复杂度只是一个经验近似值,并且可能因为计算机的不同而有所差别。

实际上,我们只需要计算执行算法所需要的操作数。计算结果通常用大 O 表示法来表示。例如,O(n) 表示对于规模为 n 的问题,所执行的操作数与 n 成正比。这意味着,问题所需的实际操作数可以表示为 $\alpha \times n \times \beta$,其中 α 和 β 都是常量。也可以理解成,执行此算法需要的操作数随问题规模线性增长:

任何复杂度都可以用 $\alpha \times n \times \beta$ 的线性函数表示,O(n) 为时间复杂度。

其他常见的时间复杂度还包括:

- O(1):常数时间。这种情况下,无论问题的规模是大还是小,算法执行的时间总是相同的。例如,访问数组指定索引处的元素。
- $O(n^2)$:平方时间。这种情况下,算法执行使用的时间与问题规模大小的平方成正比。例如,冒泡排序算法(将在练习 3 – 6 中介绍)。
- O(log n):对数时间。这种情况下,算法执行所花费的时间与问题规模大小的自然对数成正比。例如,二分法查找(将在练习 3 – 8 中介绍)。

3.3.2　查找最大值的时间复杂度

在前面的练习中,我们查找了给定正数列表的最大值。现在,让我们使用大 O 表示法来表达这个算法的时间复杂度:

① 算法从设置变量 maximum = 0 开始。这是执行的第一步:total_steps = 1。

② 对于大小为 n 的列表,我们将遍历每个数字并执行以下操作:

- 检查这个数字是否大于变量 maximum;
- 如果大于,则将 maximum 赋值为这个数字。

③ 对于一个数字,程序有时执行一步,有时执行两步(如果这个数字大于变量 maximum)。我们并不关心对于每个数字程序执行了多少步,我们只关心这些步数的平均值,我们将其称为 α。也就是说,平均每个数字需要程序执行 α 步,其中 α 是 1 或者 2。

④ "total_steps ＝Ha * n"是一个线性函数,因此时间复杂度是 O(n)。

3.3.3　排序算法

计算机科学课程中最常讨论的算法系列就是排序算法。排序算法非常有用,比如一个数值列表,想要对其进行排序以得到一个有序的列表。这个问题经常出现在我们的数据驱动的世界中,比如:

● 对于一个联系人数据库,希望能够按字母顺序对联系人进行排序;

● 希望从一个班中找出五名成绩最好的学生;

● 对于一堆保险单,希望查看哪些保险单有最新的索赔申请。

任何排序算法的输出都必须满足以下两个条件:

① 它必须按照非递减顺序排列。也就是说,每个元素都必须大于或等于它之前的元素。

② 序列的内容不能发生改变。也就是说,只能对元素进行排序,而不能进行修改。

图 3-3 所示是我们希望排序算法实现的效果。

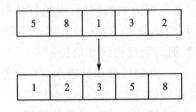

图 3-3 简单排序

执行此类操作的一种排序算法称为冒泡排序,解释如下:

① 从这个列表的前两个元素开始,如果第一个元素大于第二个元素,则交换元素的位置。如图 3-4 所示,我们保持两个元素的位置不变,因为 5<8。

② 继续对下一对元素进行同样的操作。这里,我们交换 8 和 1 的位置,如图 3-5 所示。

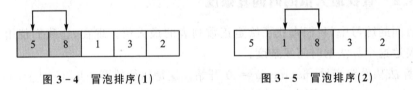

图 3-4 冒泡排序(1)   图 3-5 冒泡排序(2)

③ 继续对下一对元素进行同样的操作,交换 8 和 3 的位置,因为 8>3,如图 3-6 所示。

④ 对最后一对元素进行同样的操作,再次交换元素的位置,因为 8>2,如图 3-7 所示。

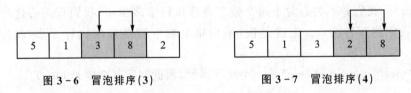

图 3-6 冒泡排序(3)   图 3-7 冒泡排序(4)

⑤ 返回列表的开头并重复前面的过程。

⑥ 继续对列表进行循环直到其中的元素无需进行任何交换。

练习 3-6:在 Python 中使用冒泡排序算法。

在本练习中,我们将在 Python 中使用冒泡排序算法对一系列数字进行排序。

① 创建一个数字列表,代码如下:

```
l = [5, 8, 1, 3, 2]
```

② 创建一个标记变量,帮助判断何时可以停止循环数组,代码如下:

```
still_swapping = True
```

③ 使用嵌套循环重复遍历每个数字并将其与后一个数字进行对比,代码如下:

```
while still_swapping:
    still_swapping = False
    for i in range(len(l) - 1):
        if l[i] > l[i + 1]:
            l[i], l[i + 1] = l[i + 1], l[i]
            still_swapping = True
```

④ 检查结果,代码如下:

```
l
```

输出如下:

```
[1, 2, 3, 5, 8]
```

冒泡排序是一种非常简单但效率不高的排序算法。其时间复杂度为 $O(n^2)$,这意味着算法所需的步骤数与列表大小的平方成正比。

3.3.4　查找算法

另一类重要的算法是查找算法。在一个数据量呈指数级增长的世界里,这些算法对我们的日常生活产生了巨大影响。简单地想象一下谷歌的体量,就会明白查找算法的重要性和复杂度。当然,每当我们拿起手机或打开笔记本电脑时都会遇到这些算法的需求:

- 查找联系人以发送一条短信;
- 在计算机中查找某个应用;
- 查找一封包含飞机行程表的电子邮件。

对于这些示例,我们可以使用最简单的搜索形式,即线性搜索。其将简单地循环所有可能的结果,并检查它们是否符合搜索的条件。比如,假如在搜索联系人列表,就会逐个查看每个联系人,并检查该联系人是否满足搜索条件,如果符合,则返回查找到的联系人的位置。这是一个简单但效率不高的算法,它的时间复杂度是 $O(n)$。

练习 3-7:Python 中的线性搜索。

在本练习中,我们将以数字列表为例,在 Python 中实现线性搜索算法。

① 创建一个数字列表,代码如下:

```
l = [5, 8, 1, 3, 2]
```

② 声明一个 search_for 变量以存储要查找的数值,代码如下:

```
search_for = 8
```

③ 创建一个默认值为−1 的 result 变量。如果搜索失败,则在算法执行结束时,该变量的值将仍保持为−1,代码如下:

```
result = -1
```

④ 遍历整个列表,如果找到与查找的值相同的元素,则将当前位置赋值给 result 变量并退出循环,代码如下:

```
for i in range(len(l)):
    if search_for == l[i]:
        result = i
        break
```

⑤ 检查 result 变量,代码如下:

```
print(result)
```

输出如下:

```
1
```

另一种常见的排序算法称为二分法查找。二分法查找就是算法需要通过已经排序的数组来查找目标值的位置。假设在图 3-8 中查找数字 11 的位置,二分法查找算法可以这样解释:

2	3	5	8	11	12	18

图 3-8 简单的搜索算法

① 取列表的中点。如果中点处的值小于目标值,则舍弃列表的左半部分,否则舍弃右半部分。在这个列表中,目标值 11 大于中点处的值 8,因此可以将搜索范围缩小到列表的右侧(因为已知列表已排序),如图 3-9 所示。

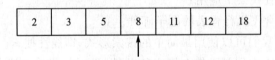

图 3-9 在中点"8"处拆分列表

注意:如果列表有偶数个数字,那么取两个中间数字之一进行比较即可,这并不影响搜索结果。

② 对列表右侧重复上述过程,选择剩余列表的中点,由于目标值 11 小于中点值 12,因此舍弃剩余列表的右侧,如图 3-10 所示。

③ 最后只剩下了要查找的数字,如图 3-11 所示。

图 3 - 10 在剩余列表的中点拆分列表

图 3 - 11 找到结果

练习 3 - 8：在 Python 中使用二分法查找算法。

在本练习中，我们将用 Python 实现二分法查找算法。

① 创建一个数字列表，代码如下：

```
l = [2, 3, 5, 8, 11, 12, 18]
```

② 声明要搜索的值并将其赋值给 search_for 变量，代码如下：

```
search_for = 11
```

③ 创建两个变量，分别用来表示我们感兴趣的子列表的开始和结束位置。在一开始，它们分别表示整个列表的开始和结束位置，代码如下：

```
slice_start = 0
slice_end = len(l) - 1
```

④ 添加一个变量来判断搜索是否成功，代码如下：

```
found = False
```

⑤ 查找列表的中点并检查该元素的值是大于还是小于目标值。根据比较的结果，更新子列表开始和结束的位置，代码如下：

```
while slice_start <= slice_end and not found:
    location = (slice_start + slice_end) // 2
    if l[location] == search_for:
        found = True
    else:
        if search_for < l[location]:
            slice_end = location - 1
        else:
            slice_start = location + 1
```

⑥ 检查结果，代码如下：

```
print(found)
print(location)
```

输出如下：

```
True
4
```

3.4　函数基础

函数是指一段可重用的，仅在调用时执行的代码。函数可以有输入参数，而且通常会返回输出。例如，在 Python shell 中可以定义以下函数，该函数需要输入两个参数，并且最终返回二者之和，代码如下：

```
def add_up(x, y)：
    return x + y
add_up(1, 3)
```

输出如下：

```
4
```

练习 3-9：在 Python shell 中定义和调用函数。

在本练习中，我们将创建一个函数，它将返回列表中的第二个元素（如果存在）。

① 在 Python shell 中定义函数。注意，输入时缩进需要与下面的代码严格相同。

```
def get_second_element(mylist)：、
    if len(mylist) > 1：
        return mylist[1]
    else：
        return 'List was too small'
```

这里可以调用 print() 函数将提示打印到标准输出。

② 尝试对一个整数列表调用此函数，代码如下：

```
get_second_element([1, 2, 3])
```

输出如下：

```
2
```

③ 尝试对只含一个元素的列表调用此函数，代码如下：

```
get_second_element([1])
```

输出如下：

```
List was too small
```

在 Python shell 中定义函数可能有些困难，因为 Python shell 没有针对编辑多行代码块的情况进行优化。因此,最好在 Python 脚本中定义函数。

练习 3-10:在 Python 脚本中定义和调用函数。

在本练习中,我们将在一个名为 multiply.py 的 Python 脚本中定义和调用函数,并在命令行中执行该脚本。

① 使用文本编辑器创建一个名为 multiply.py 的新文件并输入以下内容保存。

```
def list_product(my_list):
    result = 1
    for number in my_list:
        result = result * number
    return result
print(list_product([2, 3]))
print(list_product([2, 10,15]))
```

② 使用命令提示符执行此脚本,并确保命令提示符的当前路径中包含 multiply.py 文件,如图 3-12 所示。

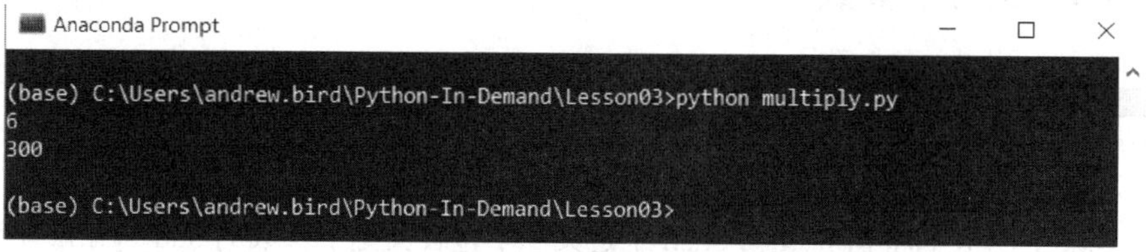

图 3-12 运行命令

练习 3-11:在 Python shell 中导入并调用函数。

在本练习中,我们将导入并调用定义在 multiply.py 文件中的 list_product 函数。

① 在 Python shell 中导入 list_product 函数,代码如下:

```
from multiply import list_product
```

输出如下:

```
6
300
```

一个意想不到的情况是,multiply.py 文件中后面的 print 语句也被执行了。若要避免这种情况,则可以为 print 语句添加"if __name__ == '__main__'"的判断。

② 对一个新的数字列表调用此函数,代码如下:

```
list_product([-1, 2, 3])
```

输出如下:

```
- 6
```

现在,我们已经完成了本练习,知道了如何导入和调用函数,并在本练习中导入和使用了练习 3-10 中的 mwltiply.py 文件中的函数。

3.4.1 位置参数

上述示例中都使用了位置参数。在下面的示例中,函数具有两个位置参数 x 和 y,在调用此函数时,传递的第一个值将分配给 x,第二个值将分配给 y,代码如下:

```python
def add_up(x, y):
    return x + y
```

也可以声明不需要任何参数的函数,代码如下:

```python
from datetime import datetime
def get_the_time():
    return datetime.now()
print(get_the_time())
```

3.4.2 关键字参数

关键字参数(也称作命名参数)是函数的可选输入,这些参数具有默认值,这些默认值会在调用函数未指定关键字参数时使用。

练习 3-12:定义带有关键字参数的函数。

在本练习中,我们将在 Python shell 中定义一个包含关键字参数的 add_suffix()函数。

① 在 Python shell 中,定义 add_suffix()函数,代码如下:

```python
def add_suffix(suffix = '.com'):
    return 'google' + suffix
```

② 直接调用 add_suffix()函数,不声明 suffix 参数的值,代码如下:

```python
add_suffix()
```

输出如下:

```python
'google.com'
```

③ 指定 suffix 参数来调用函数,代码如下:

```python
add_suffix('.co.uk')
```

输出如下:

```python
'google.co.uk'
```

练习 3-13:使用位置参数和关键字参数定义函数。

在本练习中,我们将在 Python shell 中定义一个既包含位置参数又包含关键字参数的 convert_usd_to_aud()函数。

① 在 Python shell 中定义 convert_usd_to_aud()函数,代码如下:

```
def convert_usd_to_aud(amount, rate = 0.75):
    return amount / rate
```

② 在不指定 rate 参数的情况下调用 convert_usd_to_aud() 函数,代码如下:

```
convert_usd_to_aud(100)
```

输出如下:

```
133.33333333333334
```

③ 指定 rate 参数来调用 convert_usd_to_aud() 函数,代码如下:

```
convert_usd_to_aud(100; rate = 0.78)
```

输出如下:

```
128.2051282051282
```

注意:通常只对调用函数时必须提供的输入使用位置参数,对可选的输入使用关键字参数。

有时我们会看到函数接收了一个神秘的参数" * * kwargs",这个参数允许函数在调用时接收任何关键字参数,并且能够从一个名为 kwargs 的字典中访问这些参数。通常,当我们希望将参数从一个函数传递给其他函数时,会使用这个方法。

练习 3 - 14:使用" * * kwargs"参数。

在本练习中,我们将编写一个 Python 脚本来将一些关键字参数通过 convert_and_sum_list() 函数传递给 convert_usd_to_aud() 函数。

① 使用文本编辑器创建一个名为 conversion. py 的文件。

② 输入练习 3 - 13 中定义的 convert_usd_to_aud() 函数,代码如下:

```
defconvert_usd_to_aud(amount, rate = 0.75):
    return amount / rate
```

③ 创建一个新的 convert_and_sum_list() 函数,该函数将获取一系列金额,将其转换为 AUD 并最终返回金额总数,代码如下:

```
def convert_and_sum_list(usd_list, rate = 0.75):
    total = 0
    for amount in usd_list:
        total += convert_usd_to_aud(amount, rate = rate)
        return total
print(convert_and_sum_list([1, 3]))
```

④ 在命令提示符中执行脚本,如图 3 - 13 所示。

注意:convert_and_sum_list() 函数不需要 rate 参数,它只是简单地将这个参数传递给 convert_usd_to_aud() 函数。想象一下,假如有 10 个(而不是一个)参数需要传递,就不能采取这种方法,因为会产生许多不必要的变量,此时就可以使用 kwargs。

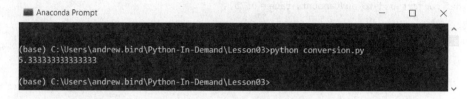

图 3 - 13　将 USD 列表转换为 AUD

⑤ 向 conversion.py 文件添加下列函数,代码如下:

```
def convert_and_sum_list_kwargs(usd_list, ** kwargs):
    total = 0
    for amount in usd_list:
        total += convert_usd_to_aud(amount, ** kwargs) return total
print(convert_and_sum_list_kwargs([1, 3], rate = 0.8))
```

⑥ 在命令提示符中执行此脚本,如图 3 - 14 所示。

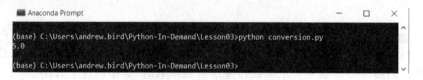

图 3 - 14　通过指定 kwargs 的值更改结果

3.5　迭代函数

在第 1 章中,我们介绍了 Python 中循环迭代对象的方法。作为复习,在下面的示例中,我们将执行 5 次迭代,并且依次打印变量 i,代码如下:

```
for i in range(5):
    print(i)
```

输出如下:

```
0
1
2
3
4
```

for 循环也可以放在函数中。

练习 3 - 15:含有 for 循环的简单函数。

在本练习中,我们将创建一个 sum_first_n()函数来计算前 n 个整数之和。例如,如果传递参数 n=3 给函数,那么该函数将返回 1 + 2 + 3 的值 6。

78

① 在 Python shell 中输入以下函数定义。注意,输入时缩进需要与下列代码严格符合。

```python
def sum_first_n(n):
    result = 0
    for i in range(n):
        result += i + 1
    return result
```

② 用一个数字测试 sum_first_n()函数,代码如下:

```python
sum_first_n(100)
```

输出如下:

```
5050
```

我们可以在循环迭代的任何地方退出函数。例如,可能希望在函数满足特定条件之后返回一个值。

练习 3 - 16:在 for 循环中退出函数。

在本练习中,我们将创建一个函数,该函数将检查某个数字 x 是否为质数(注意,这里介绍的是一个效率较低的方法)。函数将通过循环遍历从 2 到 x 的所有数字来检查 x 能否被其整除,进而判断 x 是否为质数。如果发现能够整除的数字,迭代将停止并返回 False,因为此时已经可以判断 x 不是质数。

① 在 Python shell 中输入以下函数的定义。注意,输入时代码缩进需要严格与下列代码相同。

```python
def is_prime(x):
    for i in range(2, x):
        if (x % i) == 0:
        return False
return True
```

② 用一些数字测试上述函数,代码如下:

```python
is_prime(7)
```

输出如下:

```
True
is_prime(1000)
```

输出如下:

```
False
```

恭喜你完成本练习! 在本练习中,我们成功地实现了一个通过循环迭代数字来检查 x 是否为质数的函数。如果 x 在循环中被某个整数整除,那么函数将退出循环并返回 False。

3.6 递归函数

如果一个函数调用了其自身,那么这个函数就被称为递归函数。它与循环有一些相似之处,但是它允许我们编写比循环更优雅、更简洁的函数。

可以想象,调用自身的函数可能会导致无限循环(死循环)。实际上,我们确实可以编写一个无限递归函数,该函数将永远不会自行停止,代码如下:

```
def print_the_next_number(start):
    print(start + 1)
    return print_the_next_number(start + 1)
print_the_next_number(5)
```

输出如下:

```
6
7
8
9
10
11
```

注意:上面的输出经过了缩减,因为该函数依次会输出无穷个整数。

如果在 Python shell 中运行上面的代码,它会一直打印整数直到用户强行中断解释器的运行(按下 Ctrl + C 快捷键)。现在就让我们对前面的代码进行分析,以了解它为何会产生这样的结果。函数会执行以下步骤:

① 函数调用 start=5;
② 将 6 输出到控制台,即 5+1=6;
③ 再次调用源程序,这次调用参数 start=6;
④ 功能再次启动,这次输出 7,即 6+1=7。

终止情况

为了避免陷入无限循环,递归函数通常会有一个终止情况,比如递归链断开的地方。在前面的示例中,可以在参数 start 大于或等于 7 时跳出递归:

```
def print_the_next_number(start):
    print(start + 1)
    if start >= 7:
        return "I'm bored"
    return print_the_next_number(start + 1)
```

```
print_the_next_number(5)
```

输出如下：

```
6
7
8
"I'm bored"
```

练习 3 - 17：递归倒数。

在本练习中，我们将创建一个 countdown()函数，该函数将从整数 n 使用递归倒数到 0。

① 在 Jupyter Notebook 中输入以下函数定义。注意，输入的代码缩进需要与下列代码严格相同。

```
def countdown(n):
    if n == 0:
        print('liftoff!')
    else:
        print(n)
        return countdown(n - 1)
```

② 测试函数，代码如下：

```
countdown(3)
```

输出如下：

```
3
2
1
liftoff!
```

练习 3 - 18：使用迭代和递归计算阶乘。

在本练习中，我们将创建一个 factorial_iterative()函数，然后在该函数中分别使用迭代和递归两种方法来计算阶乘。比如，5 的阶乘：5! ＝ 5×4×3×2×1 ＝ 120。

① 在 Jupyter Notebook 中输入下列函数来使用迭代方法计算阶乘。

```
def factorial_iterative(n):
    result = 1
    for i in range(n):
        result *= i + 1
    return result
```

② 测试函数，代码如下：

```
factorial_iterative(5):
```

输出如下：

120

注意：我们还可以这样表示：n! ＝ n×(n−1)!，例如 5! ＝ 5×4!。这意味着可以使用递归编写如下函数：

```
def factorial_recursive(n):
    if n == 1:
        return 1
else:
    return n * factorial_recursive(n - 1)
```

继续测试函数，代码如下：

```
factorial_recursive(5):
```

输出如下：

120

3.7 动态编程

前面计算斐波那契数列的递归算法可能看起来很优雅，但这并不意味着它的效率很高。例如，当计算序列中第四个数的值时，它会计算第二个和第三个数的值。同样的，当计算序列中第三个数的值时，它会计算第一个和第二个数的值。这并不是我们希望看到的，因为在计算第四个数时，需要计算第二个和第三个数的值，而计算第三个数的值时，同样会计算第二个数的值，这样就产生了重复和浪费。动态编程将帮助我们解决这个问题，它可以帮助我们将问题分解成若干个互不重复的子问题，因此我们永远不会在一次运行中执行两次完全相同的运算。

练习 3－19：对整数求和。

在本练习中，我们将编写一个 sum_to_n()函数来计算从 1 到 n 的整数之和并将结果存储在字典中。之后，函数将使用存储的结果来减少之后计算的迭代步骤。例如，如果已知 1 到 5 的整数之和为 15，那么应能使用此结果计算当 n 为 6 时的结果。

① 创建一个名为 dynamic.py 的 Python 文件。

② 编写一个 sum_to_n()函数，并将 result 的初始值赋为 0，然后准备一个空字典用来存储结果，代码如下：

```
stored_results = {}
def sum_to_n(n): result = 0
```

③ 添加一个计算前 n 个整数之和的循环函数，然后将结果存储到字典中，代码如下：

```
stored_results = {}
def sum_to_n(n):
    result = 0
    for i in reversed(range(n)):
        result += i + 1
    stored_results[n] = result
    return result
```

④ 通过在每次循环中检查之前是否已计算此数字来进一步扩展函数,如果之前已经计算过,则直接使用之前存储的结果并跳出循环,代码如下:

```
stored_results = {}
def sum_to_n(n):
    result = 0
    for i in reversed(range(n)):
        if i + 1 in stored_results:
            print ('Stopping sum at % s because we have previously computed it' % str(i +
                1))
            result += stored_results[i + 1]
            break
        else:
            result += i + 1
            stored_results[n] = result
            return result
```

⑤ 在 Python shell 中测试函数,代码如下:

sum_to_n(5)

输出如下:

15

在 Python shell 中测试函数,代码如下:

sum_to_n(6)

输出如下:

Stopping sum at 5 because we have previously computed it 21

在本练习中,我们能够使用动态编程来减少代码计算的步骤,并加速代码的运行。我们将每次从 1 到 n 求和的计算结果存储到字典中,以便能够在之后数字的计算中使用,使得它们能够以较少的迭代次数给出答案。

测量代码运行时间

代码效率的一个度量方式是计算机执行它的实际时间。在本章给出的几个示例中,代码的执行速度都太快,使得我们难以衡量不同算法之间的差异。在 Python 中有几个方法可以测量代码的运行时间,这里将重点使用标准库中的 time 模块来执行这项操作。

练习 3-20:测量代码运行时间。

在本练习中,我们将计算执行之前练习中编写的函数所花的时间。

① 打开之前创建的 dynamic. py 文件,在文件开头导入以下模块:

```
import time
```

② 修改函数,保存计算开始的时间,将计算结束后的时间与开始时间相减得到计算过程经过的时间并输出,代码如下:

```
stored_results = {}
def sum_to_n(n):
    start_time = time.perf_counter()
        result = 0
        for i in reversed(range(n)):
            if i + 1 in stored_results:
                print ('Stopping sum at % s because we have previously computed it' %
                    str(i + 1))
                result += stored_results[i + 1]
                break
            else:
                result += i + 1
        stored_results[n] = result
        print(time.perf_counter() - start_time, "seconds")
```

③ 打开 Python shell,导入新函数,并尝试运行较大参数的示例,代码如下:

```
sum_to_n(1000000)
```

输出如下:

```
6.17615495599999775 seconds 500990599008
```

④ 在 Python shell 中再次执行相同的命令,代码如下:

```
sum_to_n(1000000)
```

输出如下:

```
Stopping sum at 1000000
because we have previously computed it
3.6922999981925386e - 05 seconds 509000500909
```

注意:在前面的示例中,函数可以通过在字典中查找计算过的数值来帮助减少计算步骤,以便更快地返回结果。

3.8 辅助函数

我们可能经常遇到多个函数中使用同一段代码进行计算的情况,这时就可以通过定义辅助函数,将通用代码放入其中,从而避免对代码进行多次重复。例如,我们需要在几个不同的地方打印代码的运行时间,代码如下:

```python
import time
def do_things():
    start_time = time.perf_counter()
    for i in range(10):
        y = i ** 100
        print(time.perf_counter() - start_time, "seconds elapsed")
        x = 10 ** 2
        print(time.perf_counter() - start_time, "seconds elapsed") return x
do_things()
```

输出如下:

```
2.4620000012021137e-06 seconds elapsed
6.030800000189629e-05 seconds elapsed
8.65640000000667e-05 seconds elapsed
0.00010789800000310379 seconds elapsed
0.00012594900000095777 seconds elapsed
0.0002756930000025193 seconds elapsed
0.00030112900000034415 seconds elapsed
0.00032656500000172173 seconds elapsed
0.0003499490000002936 seconds elapsed
0.0003708730000138157 seconds elapsed
0.0003934370000031606 seconds elapsed
100
```

print 语句在前面的代码中重复使用了两次,可以将这条语句封装为辅助函数,代码如下:

```python
import time
def print_time_elapsed(start_time):
    print(time.perf_counter() - start_time, "seconds elapsed")
def do_things():
    start_time = time.perf_counter()
    for i in range(10):
        y = i ** 100
        print_time_elapsed(start_time)
```

```
x = 10 ** 2
print_time_elapsed(start_time)
return x
```

3.9 变量范围

变量仅可以在定义变量的区域中使用,这个区域称为变量的使用范围。变量在代码中的使用范围取决于变量的定义方式和定义位置。这里,我们将讨论 Python 中变量的意义、函数内外定义变量的差异,以及如何使用全局变量关键字 global 和非本地变量关键字 nonlocal 来覆盖这些默认范围的设定。

3.9.1 变 量

变量是计算机内存中特定位置的对象与名称的映射。例如,如果设置 x = 5,那么 x 就是变量名,其值 5 存储在内存中。Python 使用命名空间跟踪变量名 x 和变量值地址之间的映射。命名空间(name space)可以视为字典,变量名作为字典的键,内存中的地址作为字典的值。

注意:当一个变量被赋值给另一个变量时,这仅仅意味着它们指向相同的值,而不表示当更新其中一个变量的值时,另一个变量的值也随之改变,代码如下:

```
x = 2
y = x
x = 4
print("x = " + str(x))
```

输出如下:

```
x = 4
```

再如,

```
print("y = " + str(y))
```

输出如下:

```
y = 2
```

在此示例中,x 和 y 一开始都被初始化为整数 2。注意,这里的代码"y = x"相当于"y = 2"。当 x 的值被更新时,它就被指向了内存中的另外一个不同位置,而 y 仍指向内存中整数 2 的位置。

3.9.2 变量定义

当在脚本开头定义变量时,该变量将是一个全局变量,可以在脚本中的任何地方访

问,包括在函数中也可以访问:

```
x = 5
def do_things():
    print(x)
do_things()
```

运行以上代码,输出如下:

```
5
```

然而,如果在函数中定义了一个变量,那么就只能在该函数中访问它,代码如下:

```
def my_func():
    y = 5
    return 2
my_func()
```

输出如下:

```
2
```

现在,输入变量 y 并观察输出:

```
y
```

输出如图 3 - 15 所示。

```
----------------------------------------------------------------
NameError                              Traceback (most recent call last)
<ipython-input-2-80d732a03aaf> in <module>
      4
      5 my_func()
----> 6 y

NameError: name 'y' is not defined
```

图 3 - 15　未定义变量

注意:如果在函数中定义了一个与全局变量同名的变量,那么该变量值将随着访问变量位置的改变而改变。在下面的示例中,x 作为一个全局变量被定义为 3。然而,它在函数中被定义为 5,当在这个函数中访问变量 x 时,你会发现变量值为 5。而在这个函数以外访问这个变量时,它会取全局变量 x 的值为 3:

```
x = 3
def my_func():
    x = 5
    print(x)
my_func()
```

输出如下:

```
5
```

现在,输入变量 y 并观察输出:

```
y
```

输出如下:

```
3
```

这意味着在更新全局变量时需要格外小心。例如,下面的赋值为什么失败呢?让我们来看一下。

```
score = 0
def update_score(new_score):
    score = new_score
update_score(100)
print(score)
```

输出如下:

```
0
```

在函数中,score 变量的值确实被更新为 100 了,然而,此时更新的变量只是该函数的局部变量,在该函数的外面,score 作为全局变量的值仍为 0。这时,我们就可以使用关键字 global 在函数内部访问全局变量。

3.9.3　关键字 global

关键字 global 只是用来告诉 Python 在函数中使用已经定义的全局变量,而不是默认使用局部变量。现在修改之前的示例,代码如下:

```
score = 0
def update_score(new_score):
    global score
score = new_score
print(score)
```

输出如下:

```
0
```

```
update_score(100)
```

现在,打印变量 score,代码如下:

```
print(score)
```

输出如下:

```
100
```

3.9.4　关键字 nonlocal

关键字 nonlocal 的工作方式与关键字 global 相似，但是它不是在本地定义变量，而是直接使用已经定义好的变量。注意，它会首先查看最近的封闭范围中是否有可用的同名变量，而不是直接使用全局变量。

比如，考虑以下代码：

```
x = 4
def myfunc():
    x = 3
    def inner():
        nonlocal x
        print(x)
    inner()
myfunc()
```

输出如下：

```
3
```

在此示例中，inner() 函数会使用 myfunc() 函数中定义的 x，而不是全局变量 x。如果使用的是 global x，那么最后输出的结果将是 4。

3.10　匿名函数

匿名函数是小型的、不需要函数名的函数，可以在简单的单行语句中定义：

```
lambda arguments : expression
```

例如，下面的函数将返回两个数值之和：

```
def add_up(x, y):
    return x + y
print(add_up(2, 5))
7
```

此函数可以等效地使用匿名函数，编写如下：

```
add_up = lambda x, y: x + y
print(add_up(2, 5))
```

输出如下：

```
7
```

注意：匿名函数的主要限制是它只能包含单个表达式。也就是说，我们需要编写只需一行代码就能计算出值的表达式。这使得匿名函数仅能在函数计算极其简单的情况下使用。

练习 3-21：取出列表中的第一项。

在本练习中，我们将编写一个匿名函数来获取列表中的第一个元素，然后将该匿名函数赋值给 first_item，并用一个具有三个元素的列表进行测试。

① 利用 lambda 关键字创建匿名函数，代码如下：

```
first_item = lambda my_list: my_list[0]
```

② 测试函数，代码如下：

```
first_item(['cat', 'dog', 'mouse'])
```

输出如下：

```
'cat'
```

匿名函数可以将自定义函数映射到一个变量中，因此我们可以快速定义函数，而无需给其分配变量名（匿名函数的函数名统一为<lambda>，只有用 def 定义的函数才有函数名）。接下来的内容将介绍匿名函数的一些常用方法。

3.10.1 映 射

映射是 Python 中的一个特殊函数，它能够将给定函数依次应用于列表中的所有项。例如，有一个姓名列表，想要从中获取姓名的平均字符数：

```
names = ['Magda', 'Jose', 'Anne']
```

对于列表中的每个姓名，我们都希望对其应用 len() 函数来返回其字符串中的字符数。我们可以利用循环迭代每个姓名，并依次将其长度添加到列表中，代码如下：

```
lengths = []
for name in names:
lengths.append(len(name))
```

还可以使用 map() 函数：

```
lengths = list(map(len, names))
```

第一个参数是要应用的函数，第二个参数是一个可迭代对象（这里是姓名列表）。注意，map() 函数会返回一个生成器对象，而不是一个列表，在使用时需要将其转换为列表。

最后，求列表中所有长度的平均值：

```
sum(lengths) / len(lengths)
4.33333333333
```

练习 3 - 22：映射 Logistic 函数。

在本练习中，我们将使用映射函数将匿名函数（包含 Logistic 函数）应用到一个整数列上。

Logistic 函数通常在处理二元的响应变量时用于预测建模，其定义如下：

$$f(x) = \frac{1}{1 + e^{-x}}$$

① 由于我们需要使用指数函数，因此首先引入 math 模块，代码如下：

```
import math
```

② 创建一个整数列，代码如下：

```
nums = [-3, -5, 1, 4]
```

③ 使用 map() 函数将匿名函数（包含 Logistic 函数）映射到整数列表中，代码如下：

```
list(map(lambda x: 1 / (1 + math.exp(-x)), nums))
```

输出如下：

```
[0.04742587317756678,
0.0066928509242848554,
0.7310585786300049,
0.9820137900379085]
```

在本练习中，我们使用 map() 函数将一个包含 Logistic 函数的匿名函数映射到一个整数列表中并进行输出。

3.10.2　用匿名函数进行筛选

filter() 函数也是一个特殊函数，它与 map() 函数相似，都以函数和可迭代对象（比如列表）作为输入。但是，它只返回函数返回值为 True 的元素。

练习 3 - 23：使用匿名函数进行筛选。

现在有一个包含 1 000 以下自然数的列表，我们想要筛选出其中是 3 的倍数或 7 的倍数的自然数，并最后输出它们的和。

在本练习中，我们将计算出 1 000 以下所有是 3 的倍数或 7 的倍数的自然数之和。

① 创建一个从 0 到 999 的整数列表，代码如下：

```
nums = list(range(1000))
```

② 使用 lambda 函数过滤能够被 3 或 7 整除的数字，代码如下：

```
filtered = filter(lambda x: x % 3 == 0 or x % 7 == 0, nums)
```

回想一下，"%"运算符将返回两个数相除的余数，因此"x % 3 == 0"表示检查 x 除以 3 的余数是否为 0。

③ 使用 sum( )函数对筛选结果列表中的所有元素求和,代码如下:

```
sum(filtered)
```

输出如下:

```
214216
```

恭喜你成功完成本练习!在本练习中,我们将匿名函数作为筛选器函数的参数,对
1 000 以下的自然数进行筛选,并对筛选的结果进行求和输出。

3.10.3　用匿名函数进行排序

另外一个经常使用匿名函数的就是 sorted( )函数,此函数以可迭代对象(比如列
表)为第二个参数,并根据第一个参数中的函数对它们进行排序。

例如,有一个姓名列表,希望它们可以按照姓名长度进行排序,代码如下:

```
names = ['Ming', 'Jennifer', 'Andrew', 'Boris']
sorted(names,key = lambda x : len(x))
```

输出如下:

```
['Ming','Boris','Andrew','Jennifer']
```

3.11　总　结

本章介绍了 Python 中的一些基本工具,可以用其巩固之前所学的知识;介绍了如
何编写脚本和模块,而不是只在 Python shell 中执行简单命令;介绍了函数的定义以及
几种常用的函数编写方式;介绍了基础计算机科学中经常讨论的常见算法,包括冒泡排
序算法和二分法查找算法;还介绍了 DRY 原则的重要性,了解函数如何帮助我们遵循
DRY 原则,以及如何使用辅助函数来简洁地表达代码逻辑。

下一章将介绍 Python 工具集中的实用工具,包括如何读取和写入文件以及如何
绘制数据可视化图形等。

第4章　Python 扩展、文件和绘图

在本章结束时,读者应能做到以下事情:
- 使用 Python 读取和写入文件;
- 使用防错性编程技术(比如断言)来调试代码;
- 以防错性思维处理异常、断言和测试;
- 使用 Python 创建及绘制图形作为输出。

本章将介绍 Python 的基本输入/输出(I/O)操作,以及如何使用 matplotlib 和 seaborn 函数库生成可视化效果。

4.1　概　述

第3章介绍了 Python 程序的基础知识,并学习了如何编写算法、函数和程序,本章将介绍文件操作。对于 Python 开发人员来说,文件操作对编写 Python 脚本至关重要,尤其是当我们需要分析和处理大量文件时,例如在数据科学中。在主营数据科学的公司中,通常不能直接访问存储在本地服务器或云服务器上的数据库,而是通过接收文本格式的文件来访问。例如,通过存储表格数据的 CSV 文件、存储非格式化数据(例如患者日志、新闻文章、用户评论等)的 TXT 文件等来访问。

本章还将介绍错误处理,这可以防止程序崩溃,在遇到意外情况时可以尽量恢复正常运行。另外,还将介绍异常。异常是编程语言中用于处理运行时发生的错误的特殊对象,其可以处理程序崩溃的情况和问题,使得程序在遇到错误数据或者意外的用户行为时不至于产生太严重的后果。

4.2　读取文件

虽然 MySQL 和 PostgreSQL 之类的数据库很流行,并且在很多网络应用程序中广泛使用,但仍有大量数据使用文本格式进行存储和交换。常用格式(比如逗号分隔符文件(CSV)、JavaScript 对象表示法(JSON)以及纯文本)可以用来存储类似于天气数据、流量数据和传感器示数等信息。让我们通过下面的练习来尝试使用 Python 从文件中读取文本吧。

练习 4-1:使用 Python 读取文本文件。

在本练习中,我们将从网上下载示例数据文件,然后使用 Python 读取其中的数据并输出。

① 打开一个新的 Jupyter Notebook。

② 现在从网络上下载一份文本数据文件并将其命名为 pg37431. txt,记录它存放的位置。

③ 单击 Jupyter Notebook 中右上角的 Upload 按钮,选择本地文件夹中的 pg37431. txt 文件,然后再次单击 Upload 按钮,将其保存在 Jupyter Notebook 运行的文件夹下。

④ 使用 Python 代码提取文件的内容。打开一个新的 Jupyter Notebook,然后在新的代码单元中输入以下内容。我们将在此步骤中使用 open()函数,后续内容将详细介绍该函数。

```
f = open('pg37431.txt') text = f.read() print(text)
```

输出如下:

PRIDE AND PREJUDICE

A PLAY

[Illustration: "Mr. Darcy, I have never desired your good opinion, and you have certainly bestowed it most unwillingly._"]

PRIDE AND PREJUDICE

A PLAY

FOUNDED ON JANE AUSTEN'S NOVEL

⑤ 在一个新的代码单元中只输入"text",不使用 print 命令,输出如图 4-1 所示。

```
Out[6]:  '\ufeffThe Project Gutenberg EBook of Pride and Prejudice, a play, by \nMary Keith Medbery Mackaye\n\nThis eBook is f
or the use of anyone anywhere at no cost and with\nalmost no restrictions whatsoever.  You may copy it, give it away
or\nre-use it under the terms of the Project Gutenberg License included\nwith this eBook or online at www.gutenberg.o
rg\n\n\nTitle: Pride and Prejudice, a play\nAuthor: Mary Keith Medbery Mackaye\n\nRelease Date: September 15, 2011
[EBook #37431]\n\nLanguage: English\n\n\n*** START OF THIS PROJECT GUTENBERG EBOOK PRIDE AND PREJUDICE, A PLAY ***\n
\n\n\nProduced by Chuck Greif and the Online Distributed\nProofreading Team at http://www.pgdp.net (This book was\n
produced from scanned images of public domain material\nfrom the Internet Archive.)\n\n\n\n\n\n\n_PRIDE AND PREJU
DICE_\n\n_A PLAY_\n\n[Illustration: "_Mr. Darcy, I have never desired your good opinion, and\nyou have certainly best
owed it most unwillingly._"]\n\n\n\n_PRIDE AND PREJUDICE_\n\n_A PLAY_\n\n_FOUNDED ON JANE AUSTEN\'S\nNOVEL_\n\n_BY_
\n\n_MRS. STEELE MACKAYE_\n\n[Illustration: colophon]\n_NEW YORK_\n_DUFFIELD AND COMPANY_\n_1906_\n\n
COPYRIGHT, 1906, BY DUFFIELD & COMPANY.\n\n                    Published September, 1906.\n\n
------\n\n            SPECIAL COPYRIGHT NOTICE.\n\n     This play is fully protected by copyright, all r
equirements of the\n     law having been complied with. Performances may be given only with\n     the written permiss
ion of Duffield & Company, agents for Mrs.\n     Steele Mackaye, owner of the acting rights.\n\n     Extract from the
law relating to copyright:\n\n     "SEC. 4996. Any person publicly performing or representing any\n     dramatic or m
usical composition for which a copyright has been\n     obtained, without the consent of the proprietor of said drama
tic or\n     musical composition or his heirs or assigns, shall be liable for\n     damages therefor, such damages in
all cases to be assessed at such\n     sum not less than one hundred dollars for the first and fifty\n     dollars fo
r every subsequent performance as to the Court shall\n     appear just. If the unlawful performance and representatio
```

图 4-1 text 命令输出的实际内容

由图 4-1 可以看出,上面两条语句的输出并不相同,后面一条语句的输出中包含了大量的控制字符。使用 print 命令可以帮助我们翻译控制字符,而直接使用变量 text 只会显示其实际内容,不会翻译控制字符。

接下来,让我们看一下本练习中使用的 open()函数,该函数会打开文件让我们进行访问。open()函数需要一个参数,该参数是要打开的文件名。如果提供的文件名中没有包含完整路径，则 Python 将在运行脚本的目录下查找该文件。在上述例子中，Python 会查找 Jupyter Notebook 启动目录下的所有文件。open()函数会返回一个对象，我们将这个对象存储为 f(这里代表"file"，文件)，然后使用 read()函数读取其中的内容。那么我们是否需要在使用之后关闭该文件呢？这需要根据实际情况来判断。通常，当调用 read()函数时，我们假定 Python 会在程序退出时或在资源回收时自动执行此操作。但是，程序有可能会意外终止，此时文件可能永远不会关闭，而未正确关闭文件可能会导致数据丢失或损坏。但是，在程序中过早调用 close()函数来关闭文件也会引发很多错误。知道应该在什么时候关闭文件并不是一件很容易的事情。接下来我们将介绍一种结构，如果在这种结构中打开文件，那么 Python 就会帮助我们在合适的时候自动关闭文件。

尽管当今现实世界中的大多数数据都是以数据库的形式储存的，并且视频、音频和图像等内容都有着各自的专有格式进行存储，但是文本格式依旧非常重要，因为我们可以在任何操作系统中交换和打开它们，而无需任何特殊的解析器。在实际应用中，我们常使用文本记录正在不断生成的信息，比如 IT 领域的服务器日志。

4.3　写入文件

现在我们已经学会了如何读取文件的内容，接下来将学习如何将内容写入文件。将内容写入文件是在数据库中存储内容、将数据写入特定文件以及将数据保存到硬盘上的最简单的方法，这样，即使关闭终端或者包含程序输出的 Jupyter Notebook，我们仍然可以访问和使用输出内容。这使得我们可以用 4.2 节中介绍的 read()方法重新读取数据。

我们仍然会使用 open()方法来写入文件，但是此时它需要一个额外的参数来判断我们想要以何种方式访问和写入该文件。

例如，考虑下面所示代码：

```
f = open("log.txt","w + ")
```

上面这行代码允许我们以参数 w+(可读/写模式)打开文件，该模式支持读取和写入，也就是说，我们可以更新该文件的内容。Python 中的其他读/写模式还包括：

- R:默认模式，以只读模式打开文件。
- W:写入模式，这样会打开一个文件进行写入。如果文件不存在，则程序会创建一个新文件；如果文件已经存在，则会覆盖之前的文件。
- X:创建一个新文件，如果文件已经存在则操作失败。
- A:追加模式，如果文件不存在，则程序会创建一个新文件。
- B:以二进制模式打开文件。

现在让我们通过练习来学习如何将内容写入文件。

练习 4-2： 向文本文件写入日期和时间。

在本练习中，我们将向文件写入内容。创建一个日志 log 文件，该文件会每秒记录一次计数器的值。

① 打开一个新的 Jupyter Notebook。

② 在一个新的代码单元中输入以下代码：

```
f = open('log.txt', 'w')
```

上面这行代码表示，我们将以写入模式打开 log.txt 文件来写入内容。

③ 在下一个代码单元中输入以下内容：

```
from datetime import datetime
import time
for i in range(0,10):
    print(datetime.now().strftime('%Y%m%d_%H:%M:%S - '),i)
    f.write(datetime.now().strftime('%Y%m%d_%H:%M:%S - '))
    time.sleep(1)
    f.write(str(i))
    f.write("\n")
f.close()
```

在此代码块中，首先导入了 Python 提供的 datetime 和 time 模块；接着使用 for 循环来不断打印年月日时分秒；还使用 write() 在每次循环时向文件写入新的内容，并且在每次循环的最后都会在文件中输出当前的变量 i 以及一个换行符。输出如下：

```
20190420_23:47:08 - 0
20190420_23:47:09 - 1
20190420_23:47:10 - 2
20190420_23:47:11 - 3
20190420_23:47:12 - 4
20190420_23:47:13 - 5
20190420_23:47:14 - 6
20190420_23:47:15 - 7
20190420_23:47:16 - 8
20190420_23:47:17 - 9
```

④ 返回 Jupyter Notebook 主页，可以使用 Windows 资源管理器（Windows Explorer）或者 Finder（如果使用的是 MacOS）来浏览 Jupyter Notebook 的文件夹，此时将会在该文件夹中看到刚才创建的 log 文件，如图 4-2 所示。

⑤ 在 Jupyter Notebook 或者自己喜欢的文本编辑器（比如 Visual Studio 和 Notepad++）中打开该文件，将会看到如图 4-3 所示的内容。

恭喜你成功创建了你的第一个文本文件。本练习中所使用的示例在数据科学处理任务中很常见，例如，记录传感器的读数和长时间运行的过程。

末尾的 close() 方法可以确保程序正确地关闭文件，并将缓存区的所有内容写入该文件。

📁 .ipynb_checkpoints	7/26/2019 9:00 AM	File folder	
📄 Exercise03.ipynb	7/26/2019 9:01 AM	IPYNB File	1 KB
📄 log	7/26/2019 9:03 AM	Text Document	1 KB

图 4 - 2   log 文件

图 4 - 3   添加到日志文件

4.4 准备调试(防错性代码)

在编程领域中,bug 指的是阻止代码或程序正常运行得到正确结果的缺陷和问题。调试是发现和解决这些缺陷的过程。调试方法包括交互式调试、单元测试、集成测试以及其他类型的监视和分析实践。

防错性程序设计是一种可确保程序在出现意外的情况下继续运行的一种调试方法。当我们要求程序具有高可靠性时,防错性程序设计就非常有用了。通常,我们通过练习防错性程序设计来提高软件及源代码的质量,并增强代码的可读性及可理解性。

我们可以使用预测的方式,预先处理异常输入或者错误的用户操作,这样可以减少程序崩溃的风险。编写防错性代码时,需要了解的第一件事就是如何编写断言。Python 提供了一个内置的 assert 语句,可以在程序中使用 assertion 条件。assert 语句假定条件始终为真,如果判定为假,则会引发 AssertionError 消息并终止程序。

下面的代码展示了使用 assert 的最简单的形式:

```
x = 2
assert x < 1, "Invalid value"
```

此处,由于 2 不小于 1,因此语句判断为假,引发 AssertionError 消息,如图 4 - 4 所示。

```
---------------------------------------------------------------------------
AssertionError                              Traceback (most recent call last)
<ipython-input-14-3a9a99a5e24a> in <module>
      1 x = 2
----> 2 assert x < 1, "Invalid value"

AssertionError: Invalid value
```

图 4-4　引发 AssertionError 消息

注意：我们也可以编写不带有可选错误信息的 assert 函数。

接下来，让我们通过练习来观察 assert 的用法。假设要计算某个学期学生的平均分数，因此需要编写一个函数来计算平均值，并且希望确保调用该函数的用户确实输入了成绩。让我们在下面的练习中探讨如何实现这一点吧。

练习 4-3：使用断言处理不正确的参数。

在本练习中，我们将在函数中使用断言来检查是否输入了不正确的参数。

① 继续使用之前打开的 Jupyter Notebook。

② 在新的代码单元中输入以下代码：

```python
def avg(marks):
assert len(marks) != 0
    return round(sum(marks)/len(marks), 2)
```

这里，我们创建了一个 avg()函数来计算给定列表中的平均值，并使用断言语句来检查是否存在会引发断言错误输出的不正确数据输入。

③ 在新的代码单元中输入以下代码：

```python
sem1_marks = [62, 65, 75]
print("Average marks for semester 1:",avg(sem1_marks))
```

在此代码段中，我们提供了一个列表，并用 avg()函数计算平均成绩。

输出如下：

```
Average marks for semester 1: 67.33
```

④ 向函数输入空列表来测试 assert 语句是否能够正常使用。在新的代码单元中输入以下代码：

```python
ranks = []
print("Average of marks for semester 1:",avg(ranks))
```

输出如图 4-5 所示。

让我们来看看这里发生了什么。第一次我们提供了三个成绩，"len(marks)!=0"语句返回"true"，因此没有引发 AssertionError 消息；而在下一个代码单元中，我们输入了一个空列表，它引发了 AssertionError 消息。

在本练习中，我们已经使用 AssertionError 消息来抛出异常，以防程序发生错误或者输入不被允许的数据。这一点被证明是非常有用的。在现实世界中，数据很有可能

```
-----------------------------------------------------------------
AssertionError                           Traceback (most recent call last)
<ipython-input-21-cec864bd4977> in <module>
      1 ranks = []
----> 2 print("Average of mark1:",avg(ranks))
      3

<ipython-input-18-5b6c83fe5ee4> in avg(marks)
      1 def avg(marks):
----> 2     assert len(marks) != 0
      3     return round(sum(marks)/len(marks), 2)

AssertionError:
```

图 4-5　AssertionError 消息的输出

以不正确的格式输入,此时使用断言就可以调试这些不正确的数据。

注意:虽然 assert 表现得像是一个用于检查或者验证数据的工具,但它实际上并不是。Python 中的断言功能可以全局禁用,以取消所有的断言语句。不要使用 assert 来检查函数参数是否包含无效值或者意外值,因为这可能会导致 bug 和安全漏洞。其根本原因是 Python 的 assert 语句是一个调试工具,不能用于处理运行时发生的错误。

使用断言的目的是让我们更快地检测 bug,程序应当只有在出现错误时才引发 AssertionError 消息。在 4.5 节中,我们将介绍绘图函数,以便使用 Python 提供可视化输出。

4.5　绘　图

与机器不同,人类理解纯文本数据的能力是非常糟糕的。因此,我们发展了各种可视化技术,来帮助人类理解不同的数据集。我们可以绘制各种图形,但每种图形都有自己的优缺点。

每种类型的图表都只适用于特定情境,它们不应混合在一起。例如,营销中为了表达客户减少的细节,就可以使用散点图。散点图适用于可视化具有数值的分类数据集,我们将在下面的练习中进一步探讨这一点。

为了最好地呈现我们的数据,我们应为正确的数据选用正确的图形。在以下练习中,我们将介绍各种图形及其适合的不同场景,还将演示如何避免绘制带有误差的图表。

让我们通过下面的练习绘制每种图形,并观察这些图形中的变化吧。

练习 4-4:绘制点图以研究冰淇淋销量与温度之间的关系。

在本练习中,我们将利用冰淇淋公司的样本数据输出散点图,以研究冰淇淋在不同温度下的销售增长情况。

① 打开一个新的 Jupyter Notebook。

② 输入以下代码,导入 matplotlib、seaborn 以及 NumPy 函数库,并将其重命名以

方便使用。

```
import matplotlib.pyplot as plt
import seaborn as sns
import numpy as np
```

③ 按照以下代码输入数据集：

```
temperature = [14.2, 16.4, 11.9, 12.5, 18.9, 22.1, 19.4, 23.1, 25.4, 18.1,
22.6, 17.2]
sales = [215.20, 325.00, 185.20, 330.20, 418.60, 520.25, 412.20, 614.60,
544.80, 421.40, 445.50,408.10]
```

④ 使用 scatter()方法将上述列表绘制为散点图，代码如下：

```
plt.scatter(temperature, sales, color = 'red')
plt.show()
```

输出如图 4-6 所示。

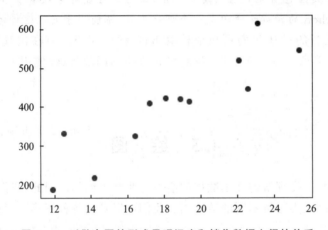

图 4-6　以散点图的形式呈现温度和销售数据之间的关系

　　我们绘制出的散点图在我们的眼中看起来似乎不错，但是看到该图表的其他人并不能理解这张图意味着什么。在继续介绍绘制其他图形的方法之前，首先要了解如何编辑图形以使其包含有助于读者理解的其他信息。

　　⑤ 这里打算使用 title 命令向图形添加标题，然后依次添加 x 轴（横轴）和 y 轴（纵轴）标签。因此，在 plt.show()命令之前添加以下内容：

```
plt.title('Ice - cream sales versus Temperature')
plt.xlabel('Sales')
plt.ylabel('Temperature')
plt.scatter(temperature, sales, color = 'red')
plt.show()
```

输出如图 4-7 所示。

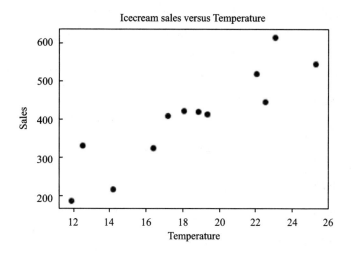

图 4 - 7 销售与温度的最新散点图

这样的图表就更易于理解了。

在本练习中,我们使用冰淇淋销量与温度的示例数据集,绘制了便于其他用户理解的散点图。

但是,如果我们的数据集是基于时间的,又该怎么办呢？这时通常会使用折线图。折线图的应用包括心电图、人口随时间增长曲线、股票走势图等。通过创建折线图,能够使用户了解数据的时间趋势或者季节特征。

在接下来的练习中,我们将利用相关数据输出折线图,它会显示时间(天数)与价格的关系。这里将以股票价格的变化为例。

练习 4 - 5：绘制折线图显示股票价格的增长趋势。

在本练习中,我们将展示一家知名公司的股价变化,绘制股票价格随时间变化的折线图。

① 打开一个新的 Jupyter Notebook。

② 在新的代码单元中输入以下代码来初始化数据列表：

```
stock_price = [190.64, 190.09, 192.25, 191.79, 194.45, 196.45, 196.45,
196.42, 200.32, 200.32, 200.85, 199.2, 199.2, 199.2, 199.46, 201.46,
197.54, 201.12, 203.12, 203.12, 203.12, 202.83, 202.83, 203.36, 206.83,
204.9, 204.9, 204.9, 204.4, 204.06]
```

③ 使用以下代码绘制带有图表标题以及坐标轴配置的折线图：

```
import matplotlib.pyplot as plt
plt.plot(stock_price)
plt.title('Opening Stock Prices')
plt.xlabel('Days')
plt.ylabel('$ USD')
plt.show()
```

在前面的代码段中,我们为图表添加了标题,将标签"Days"添加到 x 轴,并将标签"＄USD"添加到 y 轴。执行该代码段,输出如图 4 - 8 所示。

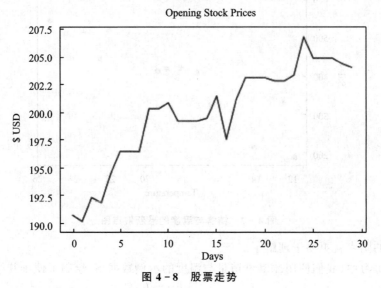

图 4 - 8　股票走势

通常,坐标轴会从 0 开始,但是对于这种表示天数的情况,则必须从 1 开始。因此,让我们来解决这个问题。

④ 通过创建一个 1 到 30 的整数列(表示四月的天数)来解决上述问题,代码如下:

```
t = list(range(1, 31))
```

⑤ 将其与数据共同绘制。我们还可以使用 xticks 方法定义 x 轴上显示的数字,代码如下:

```
plt.plot(t, stock_price, marker = '.', color = 'red') plt.xticks([1, 8, 15, 22, 28])
```

修改后的完整代码如下:

```
stock_price = [190.64, 190.09, 192.25, 191.79, 194.45, 196.45, 196.45,
196.42, 200.32, 200.32, 200.85, 199.2, 199.2, 199.2, 199.46, 201.46,
197.54, 201.12, 203.12, 203.12, 203.12, 202.83, 202.83, 203.36, 206.83,
204.9, 204.9, 204.9, 204.4, 204.06]
t = list(range(1, 31))
import matplotlib.pyplot as plt
plt.title('Opening StockPrices')
plt.xlabel('Days')
plt.ylabel('＄ USD')
plt.plot(t,stock_price, marker = '.', color = 'red')
plt.xticks([1, 8, 15, 22, 28])
plt.show()
```

输出如图 4 - 9 所示。

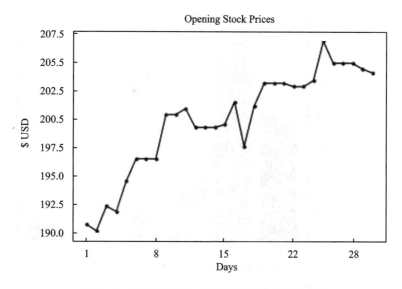

图 4-9 自定义线条、标记和日期范围的折线图

在本练习中,我们学习了如何生成与时间相关的折线图。在练习 4-6 中,我们将学习如何绘制条形图,这是能够显示分类数据的另一个有用的可视化图形。

练习 4-6: 绘制成绩等级的条形图。

条形图是一种非常简单的图表类型,它非常适合可视化不同类别中的项目数量。当最终输出本练习的结果时,你可能会认为直方图和条形图是一样的。事实并非如此,直方图和条形图之间的主要区别是,直方图中相邻列之间没有空格,而条形图中相邻列之间是分开的。接下来让我们看看如何绘制条形图。

在本练习中,我们将绘制学生成绩等级及其数量的条形图并将其输出。

① 打开一个新的 Jupyter Notebook。

② 在新的代码单元中输入以下代码以初始化数据集:

```
grades = ['A', 'B', 'C', 'D', 'E', 'F']
students_count = [20, 30, 10, 5, 8, 2]
```

③ 使用数据集绘制条形图,并使用 color 命令自定义条形图的颜色:

```
import matplotlib.pyplot as plt
plt.bar(grades, students_count, color = ['green', 'gray', 'gray', 'gray', 'gray', 'red'])
```

执行代码单元,输出如图 4-10 所示。

这里定义了两个列表,其中,grades 列表存储所有的成绩等级,之后作为 x 轴使用;students_count 列表存储各个等级的学生数量。然后使用 plt 绘图引擎以及 bar 命令绘制了一幅条形图。

④ 输入以下代码,将图表标题和坐标轴标签添加到图表中。最后同样使用 show() 命令来显示图表。

```
Out[5]: <BarContainer object of 6 artists>
```

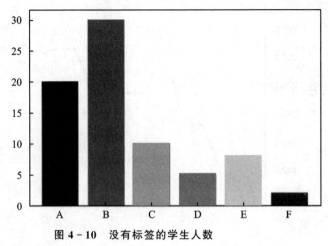

图 4 - 10　没有标签的学生人数

```
plt.title('Grades Bar Plot for Biology Class')
plt.xlabel('Grade')
plt.ylabel('Num Students')
plt.bar(grades, students_count, color = ['green', 'gray', 'gray', 'gray', 'gray', 'red'])
plt.show()
```

执行代码单元,得到的条形图如图 4 - 11 所示。

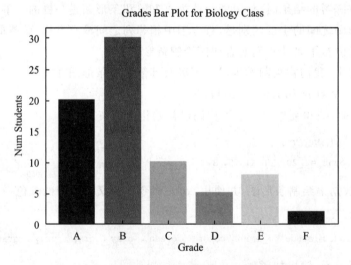

图 4 - 11　带标签输出年级和学生人数的条形图

有时使用水平条形图可以更好地表现二者之间的关系,此时要做的就是将 bar 命令修改为 barh 命令。

⑤ 在新的代码单元中输入以下代码并观察输出:

```
plt.barh(grades, students_count, color = ['green', 'gray', 'gray', 'gray', 'gray', 'red'])
```

输出如图 4 - 12 所示。

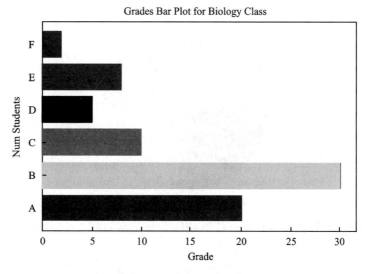

图 4 - 12 水平条形图

在本练习中,我们了解了如何将数据列表绘制成条形图,包括垂直条形图和水平条形图,今后具体使用哪种条形图主要取决于实际的使用情况。

在下面的练习中,将学习绘制饼图。饼图适用于可视化百分比或分数数据,例如统计人群中选择同意和不同意的百分比,某个项目的预算分配等。

练习 4 - 7:使用饼图比较社长的竞选投票。

在本练习中,我们将绘制一个饼图,介绍三位候选人在社团社长竞选中的得票数。

① 打开一个新的 Jupyter Notebook 文件。

② 在新的代码单元中输入以下代码初始化数据。

```
# Plotting
labels = ['Monica', 'Adrian', 'Jared']
num = [230, 100, 98]  # Note that this does not need to be percentages
```

③ 使用 pie()方法绘制饼图,并使用 colors 参数设置饼图颜色,代码如下:

```
import matplotlib.pyplot as plt
plt.pie(num, labels = labels, autopct = '% 1.1f % % ', colors = ['lightblue', 'lightgreen', 'yellow'])
```

④ 使用 title()方法向饼图添加标题,代码如下:

```
plt.title('Voting Results: Club President', fontdict = {'fontsize': 20})
plt.pie(num, labels = labels, autopct = '% 1.1f % % ', colors = ['lightblue', 'lightgreen', 'yellow'])
plt.show()
```

输出如图 4 - 13 所示。

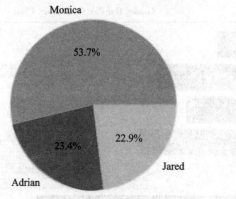

图 4 - 13　饼　图

通过完成本练习,我们现在已经能够使用数据生成饼图。许多组织在整理数据时非常喜欢使用饼图进行可视化展示。

在练习 4 - 8 中,我们将实现热力图(heatmap)可视化。热力图可以用于显示两个分类属性之间的相关关系。例如,三个不同班级中通过考试的学生人数(两个属性分别为班级和成绩等级)。让我们通过练习来了解如何绘制热力图可视化效果图吧。

练习 4 - 8:生成热力图以使学生成绩可视化。

在本练习中,我们将生成一张热力图。

① 打开一个新的 Jupyter Notebook。

② 定义一个 heatmap()函数并输入以下代码:

```
def heatmap(data, row_labels, col_labels, ax = None, cbar_kw = {}, cbarlabel = "",
** kwargs):
    if not ax:
    ax = plt.gca()
    im = ax.imshow(data, ** kwargs)
```

③ 使用 colorbar 方法添加颜色栏,代码如下:

```
cbar = ax.figure.colorbar(im, ax = ax, ** cbar_kw)
cbar.ax.set_ylabel(cbarlabel, rotation = - 90, va = "bottom")
```

④ 通过 ticks 相关的方法显示所有刻度,并标记其各自的便签,代码如下:

```
ax.set_xticks(np.arange(data.shape[1]))
ax.set_yticks(np.arange(data.shape[0]))
ax.set_xticklabels(col_labels)
ax.set_yticklabels(row_labels)
```

⑤ 配置横轴,使标签显示在图像上方,代码如下:

```
ax.tick_params(top = True, bottom = False,labeltop = True, labelbottom = False)
```

⑥ 旋转横轴的标签并设置其为右对齐，代码如下：

```
plt.setp(ax.get_xticklabels(), rotation = - 30, ha = "right", rotation_mode = "anchor")
```

⑦ 关闭 spine 参数并为图像创建白色网格，代码如下：

```
for edge, spine in ax.spines.items():
    spine.set_visible(False)
ax.set_xticks(np.arange(data.shape[1] + 1) - .5, minor = True)
ax.set_yticks(np.arange(data.shape[0] + 1) - .5, minor = True)
ax.grid(which = "minor", color = "w", linestyle = '-', linewidth = 3)
ax.tick_params(which = "minor", bottom = False, left = False)
```

⑧ 返回热力图，代码如下：

```
return im, cbar
```

这是我们直接从 matplotlib 文档中获取的代码。heatmap() 函数能够帮助我们生成热力图。

⑨ 执行之前的代码单元，然后在下一个代码单元中输入并执行以下代码。这里定义了一个 NumPy 数组来存储数据，并使用前面定义的函数绘制热力图，代码如下：

```
import numpy as np
import matplotlib.pyplot as
plt data = np.array([
    [30, 20, 10,],
    [10, 40, 15],
    [12, 10, 20]
])
im, cbar = heatmap(data, ['Class - 1', 'Class - 2', 'Class - 3'], ['A', 'B', 'C'], cmap = 'YlGn',
cbarlabel = 'Number of Students')
```

你会意识到，热力图相当简单，它不会提供任何文本信息来帮助读者理解。现在，让我们继续进行这个练习，并添加一个函数，帮助我们对热力图进行注释。

⑩ 在新的代码单元中输入并执行以下代码：

```
def annotate_heatmap(im, data = None, valfmt = "{x:.2f}", textcolors = ["black","white"],
threshold = None, ** textkw):
    import matplotlib
    If not isinstance(data,(list, np.ndarray)):
        data = im.get_array()
    if threshold is not None:
        threshold = im.norm(threshold)
    else:
        threshold = im.norm(data.max())/2.
    kw = dict(horizontalalignment = "center", verticalalignment = "center")
    kw.update(textkw)
```

```
if is instance(valfmt, str):
    valfmt = matplotlib.ticker.StrMethodFormatter(valfmt)
    texts = []
for i inrange(data.shape[0]):
    for j in range(data.shape[1]):
        kw.update(color = textcolors[im.norm(data[i, j]) > threshold])
    text = im.axes.text(j, i, valfmt(data[i, j], None), ** kw)
    texts.append(text)
    return texts
```

⑪ 在新的代码单元中输入并执行下述代码：

```
im, cbar = heatmap(data,['Class-1', 'Class-2', 'Class-3'], ['A', 'B', 'C'], cmap = 'YlGn',
cbarlabel = 'Number of Students')
texts = annotate_heatmap(im, valfmt = "{x}")
```

这会为热力图添加注释并得到如图 4 - 14 所示的输出图形。

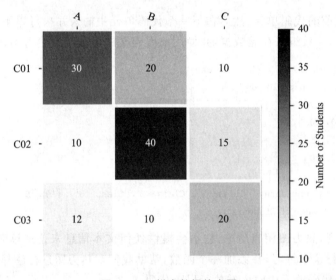

图 4 - 14　样本数据热力图

注意：必须使用 np. array 将数据放在一个 NumPy 数组中，因为后面会调用 NumPy 数组的方法。

接下来，我们可以使用 heatmap()方法绘制热力图。我们向函数传递了数据（data），行（row）标签"['Class-1', 'Class-2', 'Class-3']"，列（column）标签"['A', 'B', 'C']"；向参数 cmap 传递"'YlGn'"，意思是我们想要为较小的值使用黄色，为较大的值使用绿色；还向参数 cbarlabel 传递了字符串"Number of Students"来告诉读者我们所绘制的值代表学生人数；最后，为热力图添加了数据注释（30，20，10，…）。

到目前为止，我们已经学会了如何使用热力图和条形图来可视化离散分类变量。但是，如果想要可视化一个连续变量，又该怎么做呢？比如，不想绘制学生的成绩等级，而是想要得到学生的分数分布。对于这种类型的数据,我们可以使用密度图,这将在练习 4 - 9 中介绍。

练习 4 - 9:生成密度图以可视化学生分数。

在本练习中,我们将由示例数据列表生成密度图。

① 从之前打开的 Jupyter Notebook 开始。

② 在新的代码单元中输入以下代码来设置数据以及初始化图像:

```
import seaborn as sns
data = [90, 80,50, 42, 89, 78, 34, 70, 67, 73, 74, 80, 60, 90, 90]
sns.distplot(data)
```

这里导入了 seaborn 模块(将在本练习的后面对此进行详细说明),然后创建了一个列表来存储数据。sns.displot()函数可以将数据绘制为密度图。

③ 配置图像标题和坐标轴标签,代码如下:

```
import matplotlib.pyplot as plt
plt.title('Density Plot')
plt.xlabel('Score')
plt.ylabel('Density')
sns.distplot(data)
plt.show()
```

输出如图 4 - 15 所示。

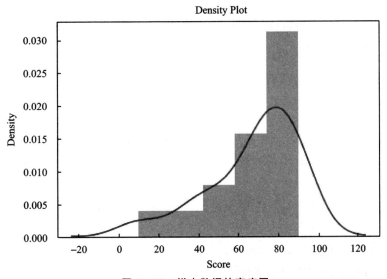

图 4 - 15 样本数据的密度图

本练习中,我们使用了 seaborn 函数库,这是一个基于 matplotlib 函数库的数据可视化库。它提供了一个高级接口,用来绘制吸引人的可视化图表,并且支持绘制 matplotlib 函数库中没有的图表类型。例如,这里使用 seaborn 函数库来绘制密度图,是因为 matplotlib 不支持绘制密度图。

在本练习中,我们能够使用输入的数据来实现并输出密度图。

如果使用 matplotlib 来执行此操作,则需要编写一个单独的函数来计算密度。为了简化操作,建议使用 seaborn 函数库来创建密度图。图表中的线是用核密度估计(Kernel Density Estimation,KDE)绘制的。KDE 会估计随机变量的概率密度函数,在本练习中,会计算学生成绩的概率密度。

有时需要在一张图中同时显示多个图表以便于比较,或者扩展图像内容的深度。例如,在选举中,我们需要一个图表来显示支持率,需要另一个图表来显示实际选票。接下来让我们通过示例来查看如何通过 matplotlib 使用子图吧。

请执行以下代码初始化图形和两个子图对象:

```
import matplotlib.pyplot as plt
# Split the figure into 2
subplots fig = plt.figure(figsize=(8,4))
ax1 = fig.add_subplot(121) # 121 means split into 1 row , 2 columns, and put in 1st part.
ax2 = fig.add_subplot(122) # 122 means split into 1 row , 2 columns, and put in 2nd part.
```

下面的代码将绘制第一个子图(饼图):

```
labels = ['Adrian', 'Monica', 'Jared']
num = [230, 100, 98]
ax1.pie(num, labels=labels, autopct='%1.1f%%', colors=['lightblue', 'lightgreen', 'yellow'])
ax1.set_title('Pie Chart (Subplot 1)')
```

现在,绘制第二个子图(条形图):

```
# Plot Bar Chart (Subplot 2)
labels = ['Adrian', 'Monica', 'Jared']
num = [230, 100, 98]
plt.bar(labels, num, color=['lightblue', 'lightgreen', 'yellow'])
ax2.set_title('Bar Chart (Subplot 2)')
ax2.set_xlabel('Candidate')
ax2.set_ylabel('Votes')
fig.suptitle('Voting Results', size=14)
```

以上代码的输出如图 4-16 所示。

练习 4-10:生成 3D 正弦曲线。

matplotlib 支持 3D 绘图,在本练习中,我们将使用示例数据绘制 3D 正弦曲线。

① 打开一个新的 Jupyter Notebook。
② 在新的代码单元中输入以下代码并执行:

```
from mpl_toolkits.mplot3d import Axes3D
```

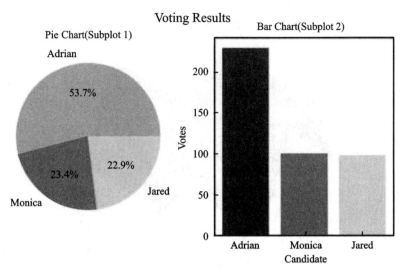

图 4 - 16　饼图和条形图

```
import numpy as np
import matplotlib.pyplot as plt
import seaborn as sns
X = np.linspace(0, 10, 50)
Y = np.linspace(0, 10, 50)
X, Y = np.meshgrid(X, Y)
Z = (np.sin(X))
# Setup axis
fig = plt.figure(figsize = (7,5))
ax = fig.add_subplot(111, projection = '3d')
```

首先,导入 mplot3d 软件包,该软件包通过提供能够创建 3D 场景的 2D 投影的坐标轴对象来支持 3D 绘图;其次,初始化数据并设置绘图坐标轴。

③ 使用 plot_surface()函数绘制 3D 曲面图,同时配置标题和坐标轴标签等属性,代码如下:

```
ax.plot_surface(X, Y, Z)
# Add title and axes labels ax.set_title("Demo of 3D Plot", size = 13)
ax.set_xlabel('X')
ax.set_ylabel('Y')
ax.set_zlabel('Z')
```

执行代码单元,输出如图 4 - 17 所示。

在本练习中,我们成功地实现了 matplotlib 提供的一个非常有趣的功能——3D 绘图,这是 Python 可视化中的一个附加功能。

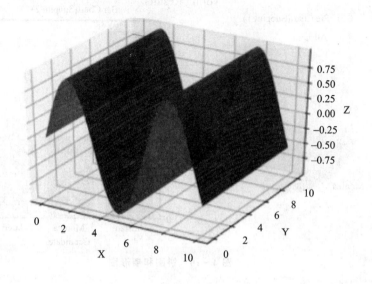

图 4 - 17　用 matplotlib 绘制 3D 图形

4.6　总　结

本章首先研究了如何使用 Python 读取和写入文件;然后在防错性编程中尝试使用了断言语句,这是调试代码的一种方式;最后了解了如何使用不同的图形和图表来将数据可视化的方法。其中,我们讨论了每种图表适用的场景,并且在练习中一一进行了尝试和学习,另外还讨论了如何避免绘制可能具有误导性的图表。

在第 5 章中,我们将学习如何使用 Python 面向对象编程(Object - Oriented Programming,OOP),这将包括创建类、实例,使用继承父类属性的 write 子类,以及使用方法和属性扩展功能。

第 5 章　类和方法

在本章结束时,读者应能做到以下事情:

- 使用类和实例属性来区分属性;
- 使用实例方法执行基于对象实例属性的计算;
- 使用静态方法编写小型工具函数来重构类中的代码以避免重复;
- 使用属性设置工具来处理值的分配,并通过计算进行验证;
- 创建从其他类继承方法和属性的类。

本章将介绍面向对象编程中最核心的概念之一——类,并帮助读者使用类来编写代码。

5.1　概　述

第 4 章已经开始从编写简单的基础代码,逐渐过渡到编写防错性代码并预测潜在的问题。

本章将介绍面向对象编程:类。类中包含我们需要使用的所有对象的定义。在 OOP 中处理的所有对象都由代码中或 Python 库中的类定义。到目前为止,我们一直在使用这些功能,但是尚未讨论如何扩展和自定义对象的行为。本章将从读者熟悉的对象开始,介绍类的概念并构建这些对象。

5.2　类和对象

类是面向对象编程语言(如 Python)的基础。类只是创建对象的模板,会定义对象可能具有的各种属性,并指定可以使用对象执行的事项。到目前为止,我们一直依赖于 Python 标准库或 Python 编程语言本身定义的类。这里首先研究一些我们已经使用过的类,这些操作都可以在 Python shell 或 Jupyter Notebook 中执行。

在 Python 控制台中创建一个名为 x 的整数变量,代码如下:

```
> > > x = 10
> > > x 10
```

通过调用 type()函数可以查看变量 x 是从哪个类创建的,代码如下:

```
> > > type(x)
⟨class 'int'⟩
```

整数类(x)不仅可以用来存储单个数字,还具有其他属性,例如:

```
> > > x.bit_length()
4
```

因此,即使是 Python 中最简单的对象(比如字符串)也有许多有趣的属性和方法,可以用来检索有关对象的信息或对对象执行某些计算。如果要自定义这些方法的行为,甚至想要创建一种全新的类,那么就需要开始编写自己的类。例如,你需要的不是字符串对象,而是一个 name 对象,它的主要属性是字符串,但是包含能将名称转化为其他语言的方法。下面的练习将教你如何实现。

练习 5 - 1:字符串。

到目前为止,许多示例和练习都涉及了字符串的使用。在本练习中,我们将重心从字符串对象存储的文本,转移到字符串类中可用的其他属性和方法。

本练习的目的是展示我们熟悉的字符串对象中具有的、我们之前可能不知道的许多其他方法和属性。本练习可以在 Jupyter Notebook 中执行。

① 定义一个新字符串,代码如下:

```
my_str = 'hello World! '
```

② 检查这个对象的类,代码如下:

```
type(my_str)
```

输出如下:

```
str
```

③ 查看 str 类的文档注释,代码如下:

```
print(my_str._doc_)
```

④ 查看字符串 my_str 的完整属性和方法列表,代码如下:

```
my_str._dir_()
```

在本练习中,我们了解了 Python 中字符串对象的各种属性。此处的目的是为了说明我们一直在使用的东西,不仅代表简单的数据类型,而且还具有更加复杂的定义的对象。现在,我们将创建类的模板来构建我们自己的自定义对象。

5.3   定义类

内置类和从 Python 包导入的类很多时候足以满足我们的需要。但是,我们偶尔也会需要创建一种新的对象类型,因为标准库没有我们需要的属性/方法的对象。回想一下,类就像是一个能够创建新对象的模板。

例如,创建一个名为 Australian 的新类,代码如下:

```
> > > class Australian():
        is_human = True
        enjoys_sport = True
```

现在,我们有一个能够用于创建 Australian 对象(或者澳大利亚人)的新模板。我们的代码假定所有新创建的澳大利亚人都是人类,并且喜欢运动。

首先创建一个 Australian 对象,代码如下:

```
> > > john = Australian()
```

检查这个对象的类,代码如下:

```
> > > type(john)
〈class '__main__.Australian'〉
```

查看 John 的一些属性,代码如下:

```
> > > john.is_human
True
> > > john.enjoys_sport
True
```

这里的 is_human 和 enjoys_sport 属性称为类属性。类属性在同一类的对象中都是相同的,不会发生改变。例如,创建另一个 Australian 对象,代码如下:

```
> > > ming = Australian()
```

练习 5 - 2:创建一个 Pet 类。

本练习的目的是创建我们的第一个类。我们将创建一个名为 Pet 的、具有类属性和文档注释的新类,还将创建这个类的实例。

① 定义一个带有两个类属性和文档注释的、名为 Pet 的类,代码如下:

```
class Pet():
is_human = False
owner = 'Ming'
```

② 创建一个此类的实例,代码如下:

```
chubbles = Pet()
```

③ 检查新宠物 chubbles 的 is_human 属性,代码如下:

```
chubbles.is_human
```

输出如下:

False

④ 检查宠物的主人并查看注释文档，代码如下：

```
chubbles.owner print(chubbles._doc_)
```

输出如下：

```
'Ming'
```

5.4　init 方法

在练习 5 - 2 中，我们通过下面的代码使用自定义的 Pet 类创建了一个名为 chubbles 的 Pet 对象：

```
chubbles = Pet()
```

现在，我们将探讨用这种方式从类创建对象时发生的更多细节。

Python 有一个名为 init 的特殊方法，当从类模板初始化对象时会自动调用此方法。例如，在练习 5 - 2 的基础上，假设想要指定宠物的高度，就可以通过添加一个 init 方法来实现，代码如下：

```
class Pet():
    Def init (self, height):
        self.height = height
    is_human = False
    owner = Ming'
```

在上述代码中，init 方法定义了 height 并将其指定为新对象的属性。我们可以进行如下测试：

```
chubbles = Pet(height = 5)
chubbles.height
out: 5
```

练习 5 - 3：创建一个 Circle 类。

本练习的目的是学会使用 init 方法。这里创建了一个名为 Circle 的新类，它包含一个 init 方法来允许我们指定新圆对象的半径和颜色，然后我们使用此类来创建两个圆。

① 创建一个 Circle 类，并在其中定义一个类属性 is_shape，代码如下：

```
class Circle():
is_shape = True
```

② 向 Circle 类添加 init 方法，该方法将允许我们指定圆的半径和颜色，代码如下：

```
class Circle():
    is_shape = True
    def init (self, radius, color):
        self.radius = radius
        self.color = color
```

③ 使用不同的半径和颜色初始化两个新的 Circle 对象,代码如下:

```
first_circle = Circle(2, 'blue')
second_circle = Circle(3, 'red')
```

5.5　关键字参数

函数可以接受两种类型的参数:位置参数和关键字参数。回想一下,位置参数在参数列表的最前面,在调用函数时必须指定参数的值,而关键字参数则是可选的。

到目前为止,本章中的示例都只包含位置参数。但是,我们有时可能希望为实例属性提供默认值,例如,在前面的示例中可以为 color 设置默认值,代码如下:

```
class Circle():
    is_shape = True
    def init (self, radius, color = 'red'):
    self.radius = radius
    self.color = color
```

现在,如果初始化一个圆而不指定颜色,它将默认为红色,代码如下:

```
my_circle = Circle(23)
my_circle.color
```

输出如下:

```
'red'
```

练习 5 - 4:具有关键字参数的类。

我们创建了一个名为 Country 的类,并且在 init 方法中指定了三个可选的实例属性。

① 使用三个关键字参数创建 Country 类,以获取有关 Country 对象的详细信息,代码如下:

```
class Country():
    def init (self, name = 'Unspecified', population = None, size_kmsq = None):
        self.name = name self.
        population = population
        self.size_kmsq = size_kmsq
```

② 初始化一个新的 Country 对象,这里参数的顺序并不重要,因为我们使用的是关键字参数:

```
usa = Country(name = 'United States of America', size_kmsq = 9.8e6)
```

③ 使用 dict 方法查看 usa 对象的属性列表:

```
usa._dict
```

输出如下:

```
{'name': 'United States of America',
'population': None,
'size_kmsq': 9800000.0}
```

5.6　方　法

当我们开始编写自定义方法时,类的强大之处会越来越明显,我们将在以下部分讨论 3 种类型的方法,即

- 实例方法;
- 静态方法;
- 类方法。

5.6.1　实例方法

实例方法是我们最常使用的方法类型,它经常将 self 作为第一个位置参数。在 5.4 节中讨论的 init 方法就是实例方法的一个示例。

这里还有另外一个实例方法的示例,创建一个 Circle 类:

```
import math
class Circle():
    is_shape = True
    def init (self, radius, color = 'red'):
        self.radius = radius
        self.color = color
    def area(self):
        return math.pi * self.radius ** 2
```

area 方法将使用圆的半径属性通过以下公式计算圆的面积:

$$Area = \pi \times r^2$$

让我们测试一下 area 方法,代码如下:

```
circle = Circle(3)
circle.area()
```

输出如下：

28.274333882308138

正如你意识到的那样，self 代表方法中的实例（即对象），它始终是实例方法的第一个位置参数，Python 会将其自动传递给函数。因此，在前面的示例中，当我们调用 area 方法时，Python 会在后台将 Circle 对象作为第一个参数传递进去。这是非常有必要的，因为它允许我们在当前方法中访问对象的其他属性和方法。

注意：这使得我们在改变圆的半径时，area 方法也能随之改变。

例如，以之前定义的圆的对象为例，将半径从 3 更改为 2，代码如下：

```
circle.radius = 2
circle.area()
```

输出如下：

12.566370614359172

如果将 area 设置为 Circle 对象的属性，则需要在每次更改半径的同时手动更新它。因此，将其编写成一种运用半径计算面积的函数，可以使代码更加易于维护。

练习 5-5：将示例方法添加到类。

本练习将会创建我们的第一个示例方法并将其添加到类中。

① 从之前定义的 Pet 类开始，代码如下：

```
class Pet():
    def init (self, height):
        self.height = height
    is_human = False
    owner = 'Min'
```

添加一个新方法，检查宠物是否足够高，其中定义 Pet 至少应有 50 的高度才算作高，代码如下：

```
class Pet():
    def init (self, height):
        self.height = height
    is_human = False
    owner = 'Ming'
    def is_tall(self):
        return self.height >= 50
```

② 创建一个 Pet 对象并检查它是否足够高，代码如下：

```
bowser = Pet(40)
bowser.is_tall()
```

输出如下：

False

③ 假设 bowser 长大了,更新它的高度并再次检查其是否足够高,代码如下:

```
bowser.height = 60
bowser.is_tall()
```

输出如下:

```
True
```

1. 为实例方法添加参数

前面的示例展示了仅使用特殊位置参数 self 的实例方法。通常,还需要其他输入来处理方法中的计算。例如,在练习 5 - 5 中定义了"高"的概念:任何高度大于或等于 50 的宠物都属于"高"。但是,也可以通过参数向方法传递"高"的定义,代码如下:

```
class Pet():
    def init (self, height):
        self.height = height
    is_human = False
    owner = 'Ming'
    def is_tall(self, tall_if_at_least):
        return self.height >= tall_if_at_least
```

然后,可以创建一个宠物,并检查其高度是否超过指定的值,代码如下:

```
bowser = Pet(40)
bowser.is_tall(30)
```

输出如下:

```
True
```

现在将高度标准修改成 50,代码如下:

```
bowser.is_tall(50)
```

输出如下:

```
False
```

2. str 方法

与 init 方法相似,str 方法是我们需要了解的另一种特殊的实例方法,每当对象需要呈现为字符串时,都需要调用此方法。

例如,它是你将对象打印到控制台时显示的内容。这里以 Pet 类为例来尝试使用 str 方法。假设有一个 Pet 类,我们可以在其中为 Pet 实例分配高度和名称,代码如下:

```
class Pet():
    def init (self, height, name):
```

```
        self.height = height
        self.name = name
    is_human = False
    owner = 'Ming'
```

现在创建一个宠物对象并将其打印到命令行中：

```
my_pet = Pet(30, 'Chubster')
print(my_pet)
```

输出如下：

```
⟨__main_.pet object at 0x0000018E1BBA5630⟩
```

这样的表达并不是很方便,因此,需要添加一个 str 方法,代码如下：

```
class Pet():
    def init (self, height, name):
        self.height = height
        self.name = name
    is_human = False
    owner = 'Michael Smith'
    def str (self):
        return '% s (height: % s cm)' % (self.name, self.height)
```

与任何实例方法一样,str 方法将 self 作为第一个参数,以便访问 Pet 对象的其他属性和方法。这里创建另一个宠物对象并输出,代码如下：

```
my_other_pet = Pet(40, 'Rudolf')
print(my_other_pet)
```

输出如下：

```
Rudolf (height:40 cm)
```

这是 Pet 对象的一个更好的表示,其使得我们无需深入了解对象的各个属性,就可以快速检查对象的内容。它还可以帮助其他人更容易地将代码导入他们的工作中,更加轻松地理解各种对象的内容。

练习 5 - 6：向类中添加 str 方法。

在本练习中,我们将了解如何添加字符串方法,以便在将对象输出到命令行时能够为对象提供更有用的字符串表示形式。

① 打开之前定义的 Country 类,代码如下：

```
class Country():
    def init (self, name = 'Unspecified',population = None, size_kmsq = None):
        self.name = name
        self.population = population
```

```
        self.size_kmsq = size_kmsq
```

② 添加一个简单的字符串方法,返回国家的名称,代码如下:

```
def str (self):
    return self.name
```

③ 创建一个国家对象并测试字符串方法,代码如下:

```
chad = Country(name = 'Chad')
print(chad)
```

输出如下:

```
Chad
```

④ 尝试添加一个更加复杂的字符串方法,该方法将显示国家对象中的其他可用信息,代码如下:

```
def str (self):
    label = self.name
    if self.population:
        label = '% s, population: % s' % (label, self.population)
    if self.size_kmsq:
        label = '% s, size_kmsq: % s' % (label, self.size_kmsq)
    return label
```

⑤ 创建一个新的国家对象并测试字符串方法,代码如下:

```
chad = Country(name = 'Chad', population = 100)
print(chad)
```

输出如下:

```
Chad, population: 100
```

5.6.2　静态方法

静态方法与实例方法类似,只不过它们不是隐式地传递 self 参数。静态方法的使用频率不如实例方法,因此仅在这里进行简单介绍。静态方法通过使用@staticmethod 装饰器进行定义,装饰器允许我们改变函数和类的行为。

这里以 Pet 类为例,向其中添加静态方法,代码如下:

```
class Pet():
    def init (self, height):
        self.height = height
    is_human = False
    owner = 'Ming'
```

```
@staticmethod
def owned_by_Ming_family():
    return 'Ming' in Pet.owner
nibbles = Pet(100)
nibbles.owned_by_Ming_family()
```

输出如下：

```
True
```

装饰器是用@staticmethod 表示法添加到 Python 函数中的。从技术上讲，这实际上是将 owned_by_Ming_family 函数传递给更高阶函数来更改其行为。然而，就目前而言，我们只需要将其看作允许我们避免使用位置参数 self 的方法。此方法不应作为实例方法编写，因为它本身不依赖于 Pet 对象的任何属性。也就是说，对于所有从类创建的宠物，运行结果都是相同的（此处在内部代码中使用了 Pet 的点引用方法，因此这里的结果与类属性中的宠物主人有关）。当然，也可以将运行结果直接编写为类属性，比如"owned_by_Ming_family = True"。

通常情况下，我们倾向于避免编写一个程序，当发生一个更改时，需要同时修改两项或者更多属性的代码。例如将宠物主人修改为 Ming Xu，还需要记得将 owned_by_Ming_family 属性修改为 False。而通过上面的静态方法就可以避免这个问题，因为 owned_by_Ming_family 是当前主人的一个函数。

练习 5 - 7：使用静态方法重构实例方法。

静态方法用于存储与类相关的使用程序。在本练习中，我们将创建一个 Diary 类，并演示如何使用静态方法践行不重复（DRY）原则对我们的代码进行重构。

① 创建一个 Diary 类来存储两个日期，代码如下：

```
import datetime
class Diary():
    def init (self, birthday, christmas):
        self.birthday = birthday
        self.christmas = christmas
```

② 希望能够以自定义日期格式来查看日期，因此添加两个实例方法，以 dd - mm - yy 格式打印日期，代码如下：

```
def show_birthday(self):
    return self.birthday.strftime('%d- %b- %y')
def show_christmas(self):
    return self.christmas.strftime('%d- %b- %y')
```

③ 创建一个新的 Diary 对象并测试其中一个方法，代码如下：

```
my_diary = Diary(datetime.date(2020, 5, 14), datetime.date(2020, 12, 25))
my_diary.show_birthday()
```

输出如下：

```
'14 - May - 20'
```

④ 想象一下，我们有一个更加复杂的 Diary 类，需要在整个代码中以这种自定义方式格式化日期。"strftime('%d-%b-%y')"这一行代码将在整个代码中出现多次。如果要求在整个代码库中更新显示格式，那么就需要在很多地方修改代码，而现在可以创建一个 format_date 静态方法来存储这个显示格式，代码如下：

```python
class Diary():
    def init (self, birthday, christmas):
        self.birthday = birthday
        self.christmas = christmas
    @staticmethod
    def format_date(date):
        return date.strftime('%d- %b- %y')
    def show_birthday(self):
        return self.format_date(self.birthday)
    def show_christmas(self):
        return self.format_date(self.christmas)
```

现在，如果要求更新日期格式，就只需要修改代码中的一个位置。

5.6.3 类方法

我们接下来将讨论第三种方法——类方法。类方法与实例方法类似，只不过类方法本身会作为第一个位置参数 cls 进行传递，而实例方法是将实例对象作为第一个位置参数 self 进行传递。与静态方法一样，我们使用装饰器来声明一个类方法。

练习 5-8：使用类方法扩展类。

在本练习中，我们将以 Pet 类为例，介绍类方法的两种常见用途。

① 从之前定义的 Pet 类开始，代码如下：

```python
class Pet():
    def init (self, height):
        self.height = height
    is_human = False
    owner = 'Michael Smith'
```

② 添加一个类方法，返回宠物是否归 Smith 家族成员所有，代码如下：

```python
@classmethod
def owned_by_smith_family(cls):
    return 'Smith' in cls.owner
```

③ 假设想要一种方法来随机生成各种随机高度的宠物。比如，打算购买 100 只宠物，想知道它们的平均高度是多少。首先，导入 random 模块：

```
import random
```

④ 添加一个 0 到 100 之间的随机数并将其赋值给新宠物的 height 属性的方法,代码如下:

```
@classmethod
def create_random_height_pet(cls):
    height = random.randrange(0, 100)
    return cls(height)
```

⑤ 创建 5 个新的宠物对象,依次查看它们的高度,代码如下:

```
for i in range(5):
    pet = Pet.create_random_height_pet()
    print(pet.height)
```

输出如下:

```
99
61
26
92
53
```

5.7 属 性

通常使用属性来管理对象特征,这是面向对象编程的一个重要而又强大的功能,但是一开始可能很难掌握。比如,有一个具有 height 属性和 width 属性的对象,我们可能还希望此类对象具有一个 area 属性(可以通过 height 和 width 属性相乘得到),但又不想将面积存储为形状的属性,因为这样每当高度或宽度发生变化时,都需要对面积进行更新。在这种情况下,就需要使用 property(描述符)。

下面将首先研究 property 装饰器,然后讨论 setter 的用法。

5.7.1 property 装饰器

property 装饰器看起来与我们已经学习过的静态方法及类方法相似,它允许将方法作为对象的属性进行访问,而不需要调用带括号的函数。

这里以下述存储温度的类代码为例,来介绍 property 装饰器的使用方法,代码如下:

```
class Temperature():
    def init(self, celsius, fahrenheit):
        self.celsius = celsius
```

```
self.fahrenheit = fahrenheit
```

让我们创建一个新的温度，并检查 fahrenheit 属性，代码如下：

```
freezing = Temperature(0, 32)
freezing.fahrenheit
```

输出如下：

```
32
```

现在，假设决定将温度以摄氏度的单位进行存储，并且在必要时转换为华氏度，代码如下：

```
class Temperature():
    def init (self, celsius):
        self.celsius = celsius
    def fahrenheit(self):
        return self.celsius * 9 / 5 + 32
```

这样的操作更好，因为即使温度更新（仍以摄氏度为单位），也不必担心变量 fahrenheit 的更新，代码如下：

```
my_temp = Temperature(0)
print(my_temp.fahrenheit())
my_temp.celsius = -10
print(my_temp.fahrenheit())
```

输出如下：

```
32.0
14.0
```

在前面的代码中，调用 fahrenheit 方法时使用了括号，而之前将其作为属性访问时没有使用括号。但是，这样的代码如果被其他人或者在其他地方使用，就可能会产生一些问题，因为他们并不知道任何对 fahrenheit 的引用都必须使用括号。然而，我们可以将 fahrenheit 转变成一个描述符，因为这样它就允许我们像属性一样访问它了（尽管它是类的方法）。我们只需要添加 property 装饰器，代码如下：

```
class Temperature():
    def init (self, celsius):
        self.celsius = celsius
    @property
    def fahrenheit(self):
        returnself.celsius * 9 / 5 + 32
```

现在可以通过以下方式访问 fahrenheit 属性,代码如下:

```
freezing = Temperature(100)
freezing.fahrenheit\
```

输出如下:

```
212.0
```

练习 5-9:使用 property 装饰器实现输出全名。

本练习将使用 property 装饰器来添加对象属性。在本练习中,我们将创建一个 Person 类,并演示如何使用 property 装饰器来显示对象的全名。

① 创建一个具有两个实例属性(姓和名)的 Person 类,代码如下:

```
classPerson():
    def init (self, first_name, last_name):
        self.first_name = first_name
        self.last_name = last_name
```

② 使用@property 装饰器添加一个 full_name 属性,代码如下:

```
@property
def full_name(self):
    return '% s % s' % (self.first_name, self.last_name)
```

③ 创建 customer 对象并测试 full_name 属性,代码如下:

```
customer = Person('Mary', 'Lou') customer.full_name
```

输出如下:

```
'Mary Lou'
```

④ 假设其他人在使用你的代码,并且打算通过以下方式更新用户的姓名,代码如下:

```
customer.full_name = 'Mary Schmidt'
```

他们就会看到如图 5-1 所示的错误:

```
---------------------------------------------------------------------------
AttributeError                           Traceback (most recent call last)
<ipython-input-222-fef40f29f19e> in <module>
----> 1 customer.full_name = 'Mary Schmidt'

AttributeError: can't set attribute
```

图 5-1 属性输出错误

5.7.2 setter 方法

每当用户向属性赋值时,都会调用 setter 方法。这使得我们能够编写,用户无需考虑对象的哪些属性是实例属性,哪些属性是由函数计算得出的代码。下述代码将尝试向 full_name 属性添加 setter 方法:

```
class Person():
    def init (self, first_name, last_name):
        self.first_name = first_name
        self.last_name = last_name
    @property
    def full_name(self):
        return '%s %s' % (self.first_name, self.last_name)
        @full_name.setter
        def full_name(self, name):
            first, last = name.split(' ')
            self.first_name = first
            self.last_name = last
```

请注意以下细节：

- 装饰器应是方法名称后面接".setter"；
- 它应将用户赋的值作为单个参数（参数 self 之后的位置参数）读取；
- setter 方法的名称应与属性的名称相同。

现在，可以创建同一个用户，但是这次可以同时更新他们的名字和姓氏。例如，向 full_name 赋一个新值，代码如下：

```
customer = Person('Mary', 'Lou')
customer.full_name = 'Mary Schmidt'
customer.last_name
```

输出如下：

```
'Schmidt'
```

练习 5 - 10：编写 setter 方法。

本练习将使用 setter 方法来自定义处理属性接收到的值。这里允许用户直接为 fahrenheit 属性赋值，从而扩展 Temperature 类。

① 打开之前编写的 Temperature 类：

```
class Temperature():
    def init (self, celsius):
        self.celsius = celsius
    @property
def fahrenheit(self):
    return self.celsius * 9 / 5 + 32
```

② 添加一个@fahrenheit.setter 函数，该函数将华氏度转换为摄氏度并将其存储在 celsius 实例属性中，代码如下：

```
@fahrenheit.setter
def fahrenheit(self, value):
```

```
    self.celsius = (value - 32) * 5 / 9
```

③ 创建一个新的温度对象,并检查 fahrenheit 属性,代码如下:

```
temp = Temperature(5)
temp.fahrenheit
```

输出如下:

```
41.0
```

④ 更新 fahrenheit 属性并检查 celsius 属性,代码如下:

```
temp.fahrenheit = 32
temp.celsius
```

输出如下:

```
0.0
```

5.7.3 在 setter 方法中进行验证

setter 方法的另一个常见用法是防止用户输入不被允许的值。以前面的 Temperature 类为例,理论上的最低温度大约为 -460 华氏度。因此,禁止用户输入低于这个数字的温度是很合理的。我们可以在前面代码的基础上更新 setter 方法,代码如下:

```
@fahrenheit.setter
def fahrenheit(self, value):
    if value < -460:
        raise ValueError('Temperatures less than -460F are not possible')
    self.celsius = (value - 32) * 5 / 9
```

现在,如果用户尝试将温度更新为不被允许的值,将会引发异常,代码如下:

```
temp = Temperature(5)
temp.fahrenheit = -500
```

输出如图 5-2 所示。

```
-------------------------------------------------------------------
ValueError                                Traceback (most recent call last)
<ipython-input-112-a59047203345> in <module>
      1 temp = Temperature(5)
----> 2 temp.fahrenheit = -500

<ipython-input-108-256b69371a35> in fahrenheit(self, value)
     10     def fahrenheit(self, value):
     11         if value < -460:
---> 12             raise ValueError('Temperatures less than -460F are not poss
ible')
     13         self.celcius = (value - 32) * 5 / 9

ValueError: Temperatures less than -460F are not possible
```

图 5-2 setter 方法演示

5.8 继 承

类继承允许属性和方法从一个类传递到另一个类。例如,加入 Python 包中已经有一个可用的库,可以完成大部分的工作,但是我们还希望添加一个额外的方法或属性,使其更加适合自己的目标用途。我们可以通过继承类来实现添加其他属性或更改现有属性的目的,而无需重写整个类。

5.8.1 单继承

单继承(也称为子类)是指创建继承单个父类的属性和方法的子类。以前面的 Cat 类和 Dog 类为例,我们可以创建一个 Pet 类,它表示 Cat 类和 Dog 类的共同部分,代码如下:

```
class Pet():
    def init(self, name, weight):
        self.name = name
        self.weight = weight
```

现在可以创建 Pet 的子类——Cat 类和 Dog 类,代码如下:

```
class Cat(Pet):
    is_feline = True
class Dog(Pet):
    is_feline = False
```

检查代码是否产生了预期的结果,代码如下:

```
my_cat = Cat('Kibbles', 8)
my_cat.name
```

输出如下:

```
'Kibbles'
```

现在,init 方法中的逻辑只被声明了一次,Cat 类和 Dog 类只是从父类 Pet 类继承了 init 方法中的逻辑。现在,假如需要更改 init 方法中的逻辑,就不需要同时修改两个位置的代码,这使得代码更加易于维护。同样,将来创建不同类型的 Pet 子类也会更加容易。此外,如果希望根据品种的不同创建不同类型的 Dog 类,则还可以创建 Dog 子类的子类。

练习 5-11:从类继承。

本练习将尝试使用子类从父类继承方法和属性。在本练习中,我们将创建一个 Baby 类和一个 Adult 类,它们都是从 Person 类继承而来的。

① 从以下 Person 类的定义开始,该定义会在 init 函数中获取名字和姓氏作为输

入,代码如下:

```
class Person():
    def init (self, first_name, last_name):
        self.first_name = first_name
        self.last_name = last_name
```

② 创建一个从 Person 类继承而来的 Baby 类,并添加一个 speak 实例方法,代码如下:

```
class Baby(Person):
    def speak(self):
        print('Blah blah blah')
```

③ 通过同样的步骤创建一个 Adult 类,代码如下:

```
class Adult(Person):
    def speak(self):
        print('Hello, my name is %s' % self.first_name)
```

④ 创建一个 Baby 对象和一个 Adult 对象,并调用其中的 speak 方法,代码如下:

```
jess = Baby('Jessie', 'Mcdonald')
tom = Adult('Thomas', 'Smith')
jess.speak()
tom.speak()
```

输出如下:

```
Blah blahblah
Hello,my name is Thomas
```

5.8.2　从 Python 包创建子类

在前面的示例中,我们编写了自己的父类。但是,我们使用子类通常只是因为第三方软件包中已经存在了一个类,只是想添加一些自定义方法来扩展该类的功能。

例如,假设有一个整数类对象,我们希望可以轻松地检查它能否被另一个数字整除。此时,我们可以创建自己的整数类对象,并添加自定义方法,代码如下:

```
class MyInt(int):
def is_divisible_by(self, x):
    return self % x == 0
```

然后,用此类创建具有以下有用方法的整数类对象,代码如下:

```
a = MyInt(8)
a.is_divisible_by(2)
```

输出如下:

True

练习 5-12：创建类的子类。

本练习将展示如何从外部库中的类进行继承。在本练习中，我们将通过继承 date-time 模块来创建自己的自定义日期类。在这个自定义日期类中，我们会添加一个自定义方法，该方法允许我们将日期递增给定的天数。

① 导入 datetime 模块，代码如下：

```
import datetime
```

② 创建一个从 datetime.date 类继承的 MyDate 类，然后使用 timedelta 对象创建 add_days 实例方法来递增日期，代码如下：

```
class MyDate(datetime.date):
    def add days(self, n):
        return self + datetime.timedelta(n)
```

③ 使用 MyDate 类创建新对象，并尝试运行 add_days 方法，代码如下：

```
d = MyDate(2019, 12, 1)
print(d.add_days(40))
print(d.add_days(400))
```

输出如下：

```
2020 - 01 - 10
2021 - 01 - 04
```

在本练习中，我们学习了如何从外部库中的类继承子类。这通常很有用，因为外部库通常可以解决 90% 以上的问题，但是这些外部库很少能够完美地适用于我们的代码。

5.8.3 方法重写

有时我们继承类是为了更改类中的方法，而不仅仅是扩展方法。在子类上创建的自定义方法或属性能够覆盖从父类继承的方法或属性。

例如，假设下面的 Person 类是由一个第三方库提供的：

```
class Person():
    def init (self, first_name, last_name):
        self.first_name = first_name
        self.last_name = last_name
    @property
    def full_name(self):
        return '% s % s' % (self.first_name, self.last_name)
    @full_name.setter
    def full_name(self, name):
```

```
    first, last = name.split(' ')
    self.first_name = first self.last_name = last
```

或许我们平时可以使用此类,但是在遇到人员全名由三部分组成的情况时则会发生错误,代码如下:

```
my_person = Person('Mary', 'Smith')
my_person.full_name = 'Mary Anne Smith'
```

输出如图 5 - 3 所示。

```
--------------------------------------------------------------------
ValueError                              Traceback (most recent call last)
<ipython-input-146-9604ddbc3006> in <module>
      1 my_person = Person('Mary', 'Smith')
----> 2 my_person.full_name = 'Mary Anne Smith'

<ipython-input-142-a8f3417079a7> in full_name(self, name)
     10     @full_name.setter
     11     def full_name(self, name):
---> 12         first, last = name.split(' ')
     13         self.first_name = first
     14         self.last_name = last

ValueError: too many values to unpack (expected 2)
```

图 5 - 3 设置属性失败

假设在由三个或更多部分组成全名的情况下,希望将姓名的第一部分分配给 first_name 属性,其余部分分配给 last_name 属性,则可以创建 Person 的子类并重写方法。

① 创建从 Person 类继承的 BetterPerson 子类,代码如下:

```
class BetterPerson(Person):
```

② 添加合并姓和名的全名属性,代码如下:

```
@property
def full_name(self):
    return '%s %s' % (self.first_name, self.last_name)
```

③ 添加 full_name.setter 装饰器。首先将全名拆分为各个部分,然后将第一部分赋值给名,剩余部分赋值给姓。该代码能够处理姓名中存在两个及以上部分的情况,并且能够将除了名字之外的所有内容存放到姓氏中。

```
@full_name.setter
def full_name(self, name):
    names = name.split(' ')
    self.first_name = names[0]
    if len(names) > 2:
        self.last_name = ' '.join(names[1:])
    elif len(names) == 2:
```

```
        self.last_name = names[1]
```

④ 现在,创建一个 BetterPerson 示例,并对其中的方法进行测试,代码如下:

```
my_person = BetterPerson('Mary', 'Smith')
my_person.full_name = 'Mary Anne Smith'
print(my_person.first_name)
print(my_person.last_name)
```

输出如下:

```
Mary
Anne Smith
```

5.8.4 使用 super( )调用父方法

即使父类的方法几乎可以满足所有需求,但还是需要对其中的逻辑进行一个小小的修改。如果像之前那样的重写方法,则需要重新指定方法的所有逻辑,这很有可能会违反 DRY 原则。在构建应用程序时,我们会经常用到第三方库的代码,其中一些代码可能非常复杂。如果某个方法由 100 行代码组成,则不会为了修改其中某一行代码而将所有的代码都存储在自己的程序中。

例如,假设有如下的 Person 类:

```
class Person():
    def init (self, first_name, last_name):
        self.first_name = first_name
        self.last_name = last_name
    def speak(self):
        print('Hello, my name is % s' % self.first_name)
```

现在,假设想要创建一个子类,使 Person 中的 speak 方法打印更多的内容。一种可行的操作如下:

```
class TalkativePerson(Person): def speak(self):
    print('Hello, my name is % s' % self.first_name)
    print('It is a pleasure to meet you! ')
    john = TalkativePerson('John', 'Tomic')
    john.speak()
```

输出如下:

```
Hello, my name is John
It is a pleasure to meet you!
```

这种方法实现了我们所需要的效果,但是它并不理想,因为我们从 Person 类中复制了"Hello, my name is John"这一行。我们只是想为 TalkativePerson 添加更多的话,不需要改变他们自我介绍的方式。又或许,将来我们会更新 Person 类,稍稍改变自我介绍的方式,并且希望 TalkativePerson 类也能够同步这些改变。这时,super()方法就派上用场了。super()方法允许我们访问父类,而无需通过父类名显式引用。因此,在前面的示例中可以使用 super()方法,代码如下:

```
class TalkativePerson(Person):
    def speak(self):
        super().speak()
        print('It is a pleasure to meet you! ')
john = TalkativePerson('John', 'Tomic')
john.speak()
```

输出如下:

```
Hello, my name is John
It is a pleasure to meet you!
```

super()方法允许我们访问父类 Person,并调用了相应的 speak 方法。现在,Person 类中的 speak 方法进行任何更新后,都将反映在我们的 TalkativePerson 子类中。

练习 5 - 13:使用 super()重构方法。

本练习将重点介绍如何使用 super()重构方法。我们将创建之前 Diary 类的子类并演示如何使用 super()来修改类的行为,而无需重复不必要的代码。

① 导入 datetime 模块,代码如下:

```
import datetime
```

② 打开之前定义的 Diary 类,代码如下:

```
class Diary():
    def init (self, birthday, christmas):
        self.birthday = birthday
        self.christmas = christmas
    @staticmethod
    def format_date(date):
        return date.strftime('%d - %b - %y')
    def show_birthday(self):
        return self.format_date(self.birthday)
    def show_christmas(self):
        return self.format_date(self.christmas)
```

③ 假设我们对 format_date 方法中固定的时间格式感到不满,并且希望能够为每个 diary 对象单独设置格式。一个非常直观的方法是,直接复制整个类并进行修改。但是,在处理比较复杂的类时,这几乎从来都不是一个好的选择。因此,让我们来定义 Diary 类的子类,然后使用自定义的 date_format 字符串对其进行初始化,代码如下:

```
class CustomDiary(Diary):
    def __init__(self, birthday, christmas, date_format):
```

```
self.date_format = date_format
    super().__init__(birthday, christmas)
```

④ 我们还希望能够使用新的 date_format 属性来重构 format_date 方法，代码
如下：

```
def format_date(self, date):
    return date.strftime(self.date_format)
```

⑤ 当我们创建 diary 对象时，每个对象都可以有不同的日期表示形式，代码如下：

```
first_diary = CustomDiary(datetime.date(2018,1,1), datetime.date(2018,3,3),
'%d-%b-%Y')
second_diary = CustomDiary(datetime.date(2018,1,1), datetime.date(2018,3,3),
'%d/%m/%Y')
print(first_diary.show_birthday())
print(second_diary.show_christmas())
```

输出如下：

```
01-Jan-2018
03/03/2018
```

5.9 总 结

在本章中，我们学习了类的使用方法，类属性和实例对象的使用方法以及它们的区
别，并学习了如何在类定义中设置它们；讨论了各种类型的方法以及何时如何使用它
们；探讨了属性的概念，使用 Python 实现了 setter 方法；最后学习了如何通过单继承和
多重继承在类之间共享方法和属性。

第 6 章将介绍 Python 标准库以及我们可能会用到的各种工具，这些工具能够帮助
我们尽量减少使用第三方库。

第6章　标准库

在本章结束时,读者应能做到以下事情:

● 使用 Python 的标准库编写高效的代码;

● 使用多个标准库编写代码;

● 通过 OS 文件系统交互创建和操作文件;

● 高效计算时间和日期,避免陷入常见错误;

● 为应用程序添加日志,以方便将来进行故障排除。

本章将介绍 Python 标准库的重要内容,解释标准库中的导航,并简单介绍一些最常用的模块。

6.1　概　述

在之前的章节中,我们学习了如何创建自己的类来封装逻辑和数据,但通常我们不需要这样做,因为我们可以使用标准库的函数和类来完成大部分工作。

Python 标准库包含了一些模块,这些模块可以在任何 Python 代码或应用程序中调用。Python 在安装时会自动包含标准库,我们无需为标准库中定义的模块执行任何其他操作。

虽然很多其他常见语言都没有标准库,但是它们具有广泛的扩展工具和功能,Python 则更进一步,其将大量的基本工具和协议作为解释器默认安装的一部分内容。

标准库非常有用,它能够执行文件解压缩、与计算机上的其他进程和 OS 沟通、处理 HTML 甚至在屏幕上打印图形等任务。使用恰当的标准库模块,可以用简单的几行代码实现对音乐文件列表进行排序。

在本章中,我们将了解标准库的重要性,以及如何在代码中使用标准库,以更短的代码编写更快、更好的 Python 应用程序;还将浏览一些标准库模块,并从用户的角度详细介绍这些模块。

6.2　标准库的重要性

与其他编程语言不同,Python 标准库非常庞大,其包括可以连接套接字的模块,也就是说,它可以发送电子邮件,可以连接 SQLite,可以与本地模块一起使用,还可以编码和解码 JSON 以及 XML。

    Python 标准库还包含一些著名的模块,比如 turtle 和 tkinter。虽然大多数用户都可能不再使用这些模块来创建图形界面,但是它们在 Python 教学中却起到了非常重要的作用。

    Python 标准库甚至还包含一个 Python 集成的开发环境 IDLE,虽然现在并没有被广泛使用。Python 标准库还有其他软件包,它们或者被频繁使用,或者被外部工具替换。这些标准库可以分为高级模块、低级模块以及系统函数和解释器,如图 6-1 所示。

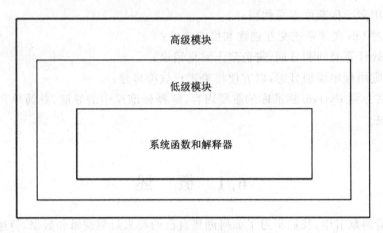

图 6-1　标准库包含关系

6.2.1　高级模块

    Python 标准库非常庞大和多样化,它为用户提供了一个工具包,能够用于编写大多数琐碎程序。用户可以打开解释器并运行以下代码,在屏幕上打印图形。注意,这里的代码带有">>>"符号,指的是直接在 Python 终端输入指令。

```
>>> from turtle import Turtle, done
>>> turtle = Turtle()
>>> turtle.right(180)
>>> turtle.forward(100)
>>> turtle.right(90)
>>> turtle.forward(50)
>>> done()
```

    这一段代码使用了 turtle 模块,可以用于在屏幕上打印输出。此输出类似于一只海龟跟随光标移动的轨迹。turtle 模块允许用户与光标进行交互,并随着光标的不断移动留下痕迹,因此它能够在屏幕上进行移动和打印。

    下面将对上述 turtle 模块的代码进行详细说明。

    ① 在屏幕中央创建了一只海龟;

② 向右旋转了 180°；

③ 向前移动 100 个像素点，并随着移动留下痕迹；

④ 向右旋转 90°；

⑤ 向前移动 50 个像素点；

⑥ 使用 done()结束程序。

上述代码的输出如图 6-2 所示。

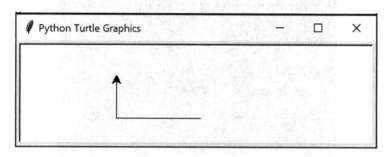

图 6-2　输出示例

上述 turtle 模块就是标准库中提供的高级模块之一，其他一些高级模块包括：

● Difflib：在两段文本之间逐行检查差异。

● Re：支持正则表达式。我们将在第 7 章中介绍。

● Sqlite3：创建 SQLite 数据库并进行交互。

● 多个数据压缩和存档模块，比如 gzip、zipfile 和 tarfile。

● XML、JSON、CSV 和配置解析器：用于与多种文件格式协作。

● 标准库中的事件调度程序。

● argparse：专门为创建命令行接口设计的强大模块。

现在，以另一个模块 argparse 为例，看看如何用它创建一个命令行接口。该接口可以显式返回传入的单词，并且还可以很方便地将它们的首字母大写。以下代码可以在 Python 终端中执行。

```
>>> import argparse
>>> parser = argparse.ArgumentParser()
>>> parser.add_argument("message", help = "Message to be echoed")
>>> parser.add_argument("-c", "--capitalize", action = "store_true")
>>> args = parser.parse_args()
>>> if args.capitalize:
        print(args.message.capitalize())
    else:
        print(args.message)
```

上述代码首先创建了一个 ArgumentParser 类的实例，它能够帮助我们创建带有命令行接口的应用程序。

然后，在第 3 和 4 行定义了两个参数：message 和 capitalize。

注意：capitalize 也可以通过 -c 来指定,我们将它的默认操作设置为 store_true,使其成为布尔标志选项。此时,我们可以调用 parse_args,它将获取在命令行中传递的参数,并对其进行验证,然后将其处理为 args 的属性。

最后,代码将获取输入的消息,并根据标志选择是否将消息的首字母大写。

现在将与 echo.py 文件进行交互,如图 6 - 3 所示。

```
mcorcherojim at PF11AY8S in ~
$ python3.7 echo.py --help
usage: echo.py [-h] [-c] message

positional arguments:
  message             Message to be echoed

optional arguments:
  -h, --help          show this help message and exit
  -c, --capitalize
mcorcherojim at PF11AY8S in ~
$ python3.7 echo.py hello --capitalize
Hello
```

图 6 - 3　文件交互示例

6.2.2　低级模块

标准库还包含很多用户很少直接进行交互的低级模块,例如不同的 Internet 协议模块、文本格式化模板、与 C 语言代码交互模块、测试模块以及服务 HTTP 站点的模块等。标准库附带这些低级模块以满足许多此类场景的用户需求。但是,我们通常会看到,Python 开发人员通常会使用基于标准库低级模块的第三方库,比如 jinja2、requests、flask、cython 和 cffi,因为它们提供了更好、更简单、更强大的接口。这并不是说不能使用 C API 或者 ctype 创建扩展,只是 cython(注意,这里不是 Cpython,二者并不相同)允许创建适用于某个平台或某台计算机的特有代码,而标准库会要求为最常见的情境编写和优化。

此外还有另一种类型的低级模块,它们扩展或者简化了语言,如下:

- Asyncio:用于编写异步代码;
- Typing:用于进行类型检查;
- Contextvar:用于根据上下文存储状态;
- Contextlib:协助创建上下文管理器;
- Doctest：用于验证文档和文档注释中代码示例的工具和语法;
- Pdb 和 bdb:用于链接调试工具。

还有一些类似于 dis、ast 和 code 的模块,允许开发人员检查、交互和操作 Python 解释器和运行时环境,但是大多数初学者和中级开发人员不需要使用这些模块。

6.2.3　了解标准库

即使暂时不知道标准库中各个模块的具体用法,了解标准库的内容对于中级/高级开发人员来说也是非常重要的。了解标准库中包含哪些内容,以及何时使用什么模块,可以帮助开发人员提高开发 Python 应用程序的速度和质量。

虽然其他语言的开发人员通常尝试从头开始自行实现所有内容,但是经验丰富的 Python 程序员总是会先询问自己:"我怎样才能使用标准库执行这个操作呢?"在代码中使用标准库会带来很多好处,这将在本章后续部分进行说明。

标准库会使代码更加简单、更加易于理解。通过使用类似 dataclass 模块,可以直接编写简单的代码,而无需自行实现数百行的代码,这样就减少了 bug 的产生。

dataclass 模块通过提供一个可以在类中使用的装饰器,允许我们用更简单的方式来创建语义类型,同时该装饰器将生成所有必需的样板文件。

练习 6 - 1: 使用 dataclass 模块。

在本练习中,我们将创建一个类来保存地理坐标点的数据。这是一个具有坐标 x 和 y 的简单结构。这些 x 和 y 坐标点可以被需要存储地理位置信息的开发人员使用。由于他们每天都需要使用这些坐标点,因此他们希望创建一个简单的结构函数,能够用来打印坐标点,显示它们的值,将它们转换为字典,保存到数据库中,以及与其他人共享。

本练习可以在 Jupyter Notebook 中执行。

① 导入 dataclass 模块,代码如下:

```
import dataclasses
```

这一行代码将 dataclasses 模块导入本地命名空间,使得我们可以在接下来的代码中使用该模块。

② 定义一个 dataclass,代码如下:

```
@dataclasses.dataclass class
Point:
    x: int
    y: int
```

使用上述 4 行代码定义了一个具有最常见方法的 dataclass 数据类。现在,让我们看看它的操作与标准类的有何不同。

③ 创建一个实例,这里是某个地理位置的坐标数据,代码如下:

```
p = Point(x = 10, y = 20)
print(p)
```

输出如下:

```
Point(x = 10, y = 20)
```

④ 将数据点与另一个 Point 对象进行对比,代码如下:

```
p2 = Point(x = 10, y = 20)
p == p2
```

输出如下：

```
True
```

⑤ 将数据序列化,代码如下：

```
dataclasses.asdict(p)
```

输出如下：

```
{'x': 10, 'y': 20}
```

dataclasses 模块是标准库的一部分,因此大多数有经验的用户都会了解到,使用 dataclass 装饰器创建的类和自行实现的类相比,使用模块创建的类更具有优势。具体数据类能做什么事情,可以查阅它的文档,或者用户也可以尝试自行实现其中的所有代码来进行理解。

此外,使用标准库提供的久经考验的代码也是编写高效、可靠的应用程序的关键。比如,Python 中的 sort 方法使用了著名的 timsort 排序算法。这是一种从归并排序和插入排序派生的混合稳定排序算法,通常会比用户临时实现的算法具有更好的性能和更少的 bug。

练习 6-2：扩展 echo.py。

之前已经创建了 capitalize 工具,现在我们可以在 Linux 系统中实现 echo 工具的增强版本,该版本可以用于一些内置 Python 的嵌入式系统。因此,这里将在之前代码的 capitalize 方法的基础上进行增强,使之具有更好的描述性,并且能够重复传入单词,以及允许其同时获取多个单词。

① 向 echo 命令添加描述内容。首先向 echo.py 脚本命令添加描述内容,可以将其作为参数传递给 ArgumentParser 类,代码如下：

```
parser = argparse.ArgumentParser(description = """
Prints out the words passed in, capitalizes them ifrequired and repeats them in as many
lines as requested.
""")
```

当用户错误地运行工具或者调用有关如何使用该工具的帮助时,上面作为 ArgumentParser 参数传入的描述内容将作为帮助信息显示。

② 配置参数来接收多个单词,允许程序同时接收多个单词。在添加位置参数时,可以使用 nargs 关键字参数来执行此操作,代码如下：

```
parser.add_argument("message", help = "Messages to be echoed", nargs = "+")
```

通过传递"nargs="+""参数,告诉 argparse 模块这里至少需要传入一个单词。我们还可以使用其他选项,比如"?"代表可选," * "代表 0 个及以上;还可以使用任何自然数来作为输入特定数量的参数。

③ 添加带有默认值的 repeat 标志。我们需要添加一个带有默认值的新选项,以控

制消息重复的次数，代码如下：

```
parser.add_argument(" -- repeat", type = int, default = 1)
```

这里将添加一个新选项 repeat，它允许我们传入一个整数（不传入则使用默认值）来控制消息重复的次数。

总之，代码的实现如下：

```
import argparse
parser = argparse.ArgumentParser(description = """
Prints out the words passed in, capitalizes them if required and repeat them in as many
lines as requested.
""")
parser.add_argument("message", help = "Messages to be echoed", nargs = " + ")
parser.add_argument(" - c", " -- capitalize", action = "store_true")
parser.add_argument(" -- repeat", type = int, default = 1)
args = parser.parse_args()
if args.capitalize:
    messages = [m.capitalize() for m in args.message]
else:
    messages = args.message
for _ in range(args.repeat):
    print(" ".join(messages))
```

上面创建了一个 CLI 应用程序，它允许使用直观的界面来回显消息。现在，我们就可以使用 argparse 模块创建任何 CLI 应用程序了。

通常，Python 标准库可以解决开发人员面对的最常见问题。通过了解 Python 中不同的模块，并且经常询问自己能否使用标准库，我们将能够编写更好的、更易于阅读的、测试良好且高效的 Python 代码。

6.3　日期和时间

很多程序都需要处理日期和时间，因此 Python 附带了多个模块来帮助用户有效地处理它们。最常见的是 datetime 模块。datetime 模包含 3 种类型，分别用于表示日期、时间和时间戳。此外，还有一些其他模块，比如 time 模块或 calendar 模块，可以用于某些特定用途和场景。

datetime.date 可以表示公元 1 年到公元 9999 年之间的任何日期。对于超出此范围的任何日期时间，我们需要使用更专业的库，比如 astropy 库。

我们可以通过传递年月日来创建 datetime.date 对象，也可以通过调用 datetime.date.today() 来获取今天的日期，代码如下：

```
import datetime
datetime.date.today()
```

输出如下：

```
datetime.date(2020,4,28)
```

时间的输出格式都是相似的，它可以包含小时、分钟、秒，甚至微秒。所有这些都是可选的，如果没有被提供，则会被初始化为 0。我们也可以使用 tzinfo 来创建这些属性，我们将在 datetime.datetime 部分了解有关这些属性的详细信息。

在 datetime 模块中，最常用的类可能就是 datetime.datetime 类了，它可以表示日期和时间的组合。实际上，它就是从 datetime.date 类继承的。但是，在开始探索 datetime 模块中的 datetime 类之前，我们需要更好地理解时间的概念以及了解如何表示时间。

我们通常可以表示两种类型的时间，分别是时间戳和实际时间，如下：

① 时间戳，可以看作是一个独立的时间点，它独立于任何人类的定义，是时间线上的一个确定点，与任何地理位置或国家无关。因此，它可以用于天文事件、日志记录和机器同步等用途。

② 实际时间，是指特定位置的真实时钟上的时间。这是人类使用的时间，它是由国家规定的"合法"时间，与时区相关。它可以用于会议、航班时刻表以及工作时间等。时间间隔可能随时因政府立法而改变。例如，某个遵守夏令时（DST）并相应地更改其标准时钟的国家/地区。

当使用实际时间时，只需要将 datetime.datetime 对象视为同一位置日期和时间的组合。但是，通常应向其中添加时区，以使其更加精确，并能够正确地进行时间比较和基本计算。处理时区的两个常用库是 pytz 和 dateutil。

使用实际时间时，必须使用 dateutil。Pytz 有一个时间模型，会导致没有经验的用户更容易犯错。要创建带有时区的 datetime 对象，只需要通过 tzinfo 参数传递时区即可，代码如下：

```
import datetime
from dateutil import tz
datetime.datetime(1989, 4, 24, 10, 11,tzinfo = tz.gettz("Europe/Madrid"))
```

这将创建一个带有时区信息的日期时间。

练习 6-3：比较跨时区的日期时间。

本练习将创建两个不同的日期时间，并在它们位于不同时区时进行比较。

① 导入 datetime 模块，以及 dateutil 中的 tz 模块，代码如下：

```
import datetime
from dateutil import tz
```

② 创建第一个 datetime 对象，它的时区为 Madrid，代码如下：

```
d1 = datetime.datetime(1989, 4, 24, hour = 11,
                       tzinfo = tz.gettz("Europe/Madrid"))
```

使用上述代码创建了一个日期时间：1989 年 4 月 24 日马德里时区上午 11 点。

③ 创建第二个 datetime 对象，它的时区为 Los_Angeles，代码如下：

```
d2 = datetime.datetime(1989, 4, 24, hour = 8,
                       tzinfo = tz.gettz("America/Los_Angeles"))
```

这将创建一个 datetime 对象，该对象比第一个对象似乎少了 3 个小时，而且它们具有不同的时区。

④ 对二者进行比较，代码如下：

```
print(d1.hour > d2.hour)
print(d1 > d2)
```

输出如下：

```
True
False
```

当我们比较两个日期时间对象时可以看到，即使第一个 datetime 对象的小时数值比第二个大（第一个数值为 11，第二个数值为 8），但是第一个对象时间并不比第二个对象大（靠后），这是因为二者的时区不同，洛杉矶的 8 点比新德里的 11 点要更靠后（更晚）。

⑤ 将 datetime 对象转换为其他时区。我们可以将日期时间从一个时区转换为另一个时区。现在对第二个 datetime 对象进行操作，将它的时区转换为新德里（Madrid）时区，代码如下：

```
d2_madrid
d2.astimezone(tz.gettz("Europe/Madrid"))
print(d2_madrid.hour)
```

输出如下：

```
17
```

这是下午 5 点！现在，很显然第二个对象的时间确实比第一个要晚。

有时，我们可能只需要处理与任何位置无关的时间戳。最简单的方法就是使用 UTC，并且以 0 为偏移量。UTC 是协调世界时，它提供了一个跨地区的协调时间的通用系统——也许你已经使用过它了，因为它是最通用的时间标准。在前面练习中看到的时区就是通过定义与 UTC 的偏移量来实现的，它使得库对应不同时区的时间。

要创建偏移量为 0 的日期时间（也称为 UTC 中的日期时间），可以使用 datetime.timezone.utc 作为 tzinfo 参数。这将表示时间轴上的某个特定点。使用 UTC，可以对时间安全地执行相加、相减和比较操作，而不会出现任何问题。相反，如果使用任何其他特定的时区，则应知道国家/地区可能会随时修改时间，从而导致计算错误。

恭喜你完成本练习！现在，你已经知道如何创建日期时间、比较时间以及如何对其进行跨时区转换。这是开发需要对时间进行处理的应用程序的通用练习。

练习 6-4：计算两个 datetime 对象之间的时间差值。

在本练习中，我们将令两个 datetime 对象相减，以计算两个时间戳之间的差值。

很多情况下，当使用日期时间时，实际上使用的是两个特定日期之间的时间差值。这里将计算出在我们公司里发生的两个重要事件之间相隔的时间，其中一个事件发生在 2019 年 2 月 25 日 10:50，另一个事件发生在 2019 年 2 月 26 日 11:20。这两个时间都是以 UTC 为基准的。此练习可以在 Jupyter Notebook 中执行。

① 导入 datetime 模块，代码如下：

```
import datetime as dt
```

通常，开发人员会将 datetime 模块导入为 dt。在很多代码中，这样做是为了区分 datetime 模块和 datetime 类。

② 创建两个 datetime 对象：两个日期，代码如下：

```
d1 = dt.datetime(2019, 2, 25, 10, 50,
                 tzinfo = dt.timezone.utc)
d2 = dt.datetime(2019, 2, 26, 11, 20,
                 tzinfo = dt.timezone.utc)
```

通过 dt.datetime 创建了两个 datetime 对象。

③ 用 d2 减去 d1。我们可以通过使两个日期时间相减获得时间差值，也可以通过使某个时间差值与日期时间相加获得新的日期时间。

使两个日期时间相加并没有实际意义，因此，相加操作将输出一个异常。这里，首先使两个日期时间相减来获取差值，代码如下：

```
d2 - d1
```

输出如下：

```
datetime.timedelta(days = 1, seconds = 1800)
```

由上述代码可以看到，两个日期时间之间的差值是一天又 1 800 s，我们可以通过调用返回的时间差值的 total_seconds 方法来将其转换为总秒数，代码如下：

```
td = d2 - d1
td.total_seconds()
```

输出如下：

```
88200.0
```

④ 我们经常需要以 JSON 或者其他不支持本地时间的格式发送 datetime 对象。一个序列化日期时间的常见方法是使用 ISO 8601 标准将其编码成标准字符串。我们可以通过使用 isoformat 来实现这一点，就是将一个 datetime 对象输出为一个字符串，该字符串会按照 formatisoformat 返回的字符串格式进行输出。该方法会将日期时间

对象序列化生成具有相同日期时间格式的字符串,代码如下:

```
d1 = dt.datetime.now(dt.timezone.utc)
d1.isoformat()
```

输出如下:

```
2019 - 04 - 21T12:38:49.117769 + 00:00
```

我们在处理时间时使用的另一个模块是 time 模块。在 time 模块中,可以通过 time.time 方法来获取 Unix 时间。它将返回从 1970 年 1 月 1 日午夜以来经过的秒数(不考虑闰秒),因此这个时间被称为 Unix 时间或者 POXIS 时间。

如果需要编写对时间高度敏感的应用程序,那么建议读者认真了解一下闰秒的概念。这里 Python 并没有对闰秒提供支持,time 模块和 datetime 模块只会使用系统时钟,而不会考虑闰秒的问题。

练习 6 - 5:计算 Unix 时间。

在本练习中,我们将使用 datetime 和 time 模块来计算 Unix 时间。

如果能够使用 Unix 时间,就可以同样对其进行计算。既然 time.time 会提供给我们自 1970 年 1 月 1 日午夜以来的秒数,那么我们就可以从创建的日期时间中减去这个秒数。让我们在本练习中了解如何执行这些操作吧。

本练习可以在 Jupyter Notebook 中执行。

① 将 time 和 datetime 模块导入当前命名空间,代码如下:

```
import datetime as dt import time
```

② 获取当前时间。使用 datetime 和 time 模块来实现这个操作,代码如下:

```
time_now = time.time()
datetime_now = dt.datetime.now(dt.timezone.utc)
```

③ 现在,通过令 datetime 和时间增量相减来获取 Unix 时间开始的时间点,代码如下:

```
epoch = datetime_now - dt.timedelta(seconds = time_now)
print(epoch)
```

输出如下:

```
1970 - 1 - 01 00:00:00.000052 + 00:00
```

这是 Unix 时间的起点——1970 年 1 月 1 日。

通过完成本练习,我们现在了解了如何使用 time 和 datetime 模块来获取 Unix 时间,以及如何使用 timedelta 表示时间间隔。

此外,还可以使用 calendar 模块,它有时可以与 datetime 模块共同使用。calendar 模块会提供有关日历年份的其他信息,比如一个月有多少天。它还可以像操作系统函数那样输出日历。

让我们看一个示例,这里创建一个日历,并获取某个月中的每一天,代码如下:

```
import calendar
c = calendar.Calendar()
list(c.itermonthdates(2019, 2))
```

输出如下:

```
datetime.date(2019,1,28),
datetime.date(2019,1,29),
datetime.date(2019,1,30),
datetime.date(2019,1,31),
datetime.date(2019,2,1),
datetime.date(2019,2,2),
```

6.4 与系统进行交互

Python 最常见的用途之一就是编写与操作系统或者文件系统进行交互的程序。无论是处理文件还是获取操作系统的基本信息,都可以通过使用本节介绍的 os、sys、platform 以及 pathlib 标准库模块以多种方式实现。

6.4.1 系统信息

有 3 个关键的模块可以用来检查运行时环境和操作系统:os 模块支持与操作系统交互的各种接口,可以用它来检查环境变量或者获取其他用户与进程相关的信息,它可以与 platform 模块以及 sys 模块结合使用;platform 模块包含有关解释器和进程所在机器的信息;sys 模块会为我们提供有用的区分系统环境(比如 Linux 和 Windows)的信息和有关运行时环境的信息。

练习 6-6:检查当前进程信息。

本练习将使用标准库来报告有关运行中的进程信息和系统平台信息。

① 导入 os、platform 和 sys 模块,代码如下:

```
import platform
import os
import sys
```

② 获取基本的进程信息。

要获取进程 ID(Process ID)和父进程 ID(Parent ID),可以使用 os 模块,代码如下:

```
print("Process id:", os.getpid())
print("Parent process id:", os.getppid())
```

输出如下:

```
Process id:13244
Parent process id:8792
```

此操作将返回当前进程 ID 和父进程 ID。当尝试执行任何涉及当前进程的、与操作系统的交互时,这是一个必需的基本步骤和唯一能够标记当前进程的方式。我们可以尝试重新启动内核或者解释器,并查看 pid 发生了什么样的更改,这是因为系统总是会为新进程分配新的进程 ID。

③ 使用 platform 获取平台信息和解释器信息,代码如下:

```
print("Machine network name:", platform.node())
print("Python version:",platform.python_version())
print("System:", platform.system())
```

输出如下:

```
Machine network name:Ming
Python version:3.7.8
System:Windows
```

platform 模块的这些功能可用于确定运行 Python 代码的计算机的信息,这在编写可用于特定计算机或特定系统的代码时非常有用。

获取 Python 的路径以及传递给解释器的参数,代码如下:

```
print("Python module lookup path:", sys.path)
print("Command to run Python:", sys.argv)
```

这将返回 Python 查找模块的路径列表,以及在命令行中启动 Python 解释器时传入的参数列表。

④ 通过环境变量获取用户名。

3 个模块都提供了类似的功能。当需要获取运行时环境的任何信息时,可以浏览这些模块来找到合适的函数和功能,代码如下:

```
print("USERNAME environment variable:", os.environ["USERNAME"])
```

输出如下:

```
USERNAME enVironment Variable:CorcheroMario
```

os 模块中的 environ 属性是环境变量和对应值的字典。键是环境变量的名称,而值是系统设定的值。该模块可以用于读取和设置环境变量,并且可以以字典的形式读取。我们可以使用 os.environ.get(varname,default)方法来为没有设定的环境变量设置默认值,使用 pop 方法来移除项目或者仅仅分配一个新值。此外,还有另外两个方法,即 getenv 和 putenv,可以用于获取和设置环境变量,但是,更多时候使用 os.environ 作为字典读取可能更方便。

这里只是对这 3 个模块及其提供的一些属性和函数进行了初步了解,我们可以在模块中找到更多、更专业的信息,建议读者在需要使用运行时信息时首先考虑使用这些模块的方法。

在本练习中,我们可以尝试使用多个模块(比如 os 和 platform)来查询有关环境的信息,这些信息可用于创建与系统进行交互的程序。

6.4.2 使用 pathlib

另一个非常有用的模块是 pathlib。尽管 pathlib 能做到的很多事情也可以使用 os.path 来完成,但是 pathlib 模块提供了更好的体验,接下来将对其进行详细介绍。

pathlib 模块提供了一种显示文件系统路径并与文件进行交互的方法。

使用该模块创建 path 对象是后续操作的基础,我们只需要使用默认参数创建,即可得到当前工作目录的相对路径,代码如下:

```
import pathlib
path = pathlib.Path()
print(repr(path))
```

输出如下:

```
WindowsPath('.')
```

我们也可以得到当前运行平台的 PosixPath 或者 WindowsPath。

我们可以随时通过调用 str(path)来使用路径的字符串表示形式,进而将其用于只能接受字符串路径的函数中。

path 对象只需要使用斜杠(/)进行连接,这样路径就非常自然且易于阅读,代码如下:

```
import pathlib
path = pathlib.Path(".")
new_path = path / "folder" / "folder" / "example.py"
```

我们可以对这些路径对象执行多个操作。最常见的操作是在结果对象中调用 resolve 方法,它将使路径的所有“.”引用解析为绝对路径。例如,“./my_path/”会被解析为从系统根目录开始的“/current/workspace/my_path”。

路径可以执行的一些常见操作如下:

- exists:检查路径是否存在于文件系统中(它是否为一个文件或目录)。
- is_dir:检查路径是否是一个目录。
- is_file:检查路径是否为一个文件。
- iterdir:返回一个带有 path 对象中所有文件和目录的迭代器。
- mkdir:在 path 对象指定的路径中创建目录。
- open:在当前路径中打开文件,此时需要传入路径的字符串表达形式作为参数。它会返回一个文件对象,可以执行任何其他对文件的操作。
- read_text:将文件的内容以 Unicode 字符串的格式返回。如果文件是二进制格式,则应改用 read_bytes 方法。

最后,path 对象的一个关键函数是 glob。glob 允许使用通配符指定一组文件名。

用于执行此操作的主要字符是"＊"，它可以匹配路径中的任何字符。"＊＊"可以匹配包括路径分隔符在内的任何字符。这意味着，"/path/＊"将会匹配"path"目录下的任何文件，而"/path/＊＊"将会匹配"path"目录及其各级子目录下的所有文件。让我们在练习中观察二者的区别吧。

练习 6 - 7：使用 glob 列出目录中的文件。

在本练习中，我们将学习如何列出现有资源树的文件。这是开发任何需要与文件系统交互的应用程序的关键部分。

① 为当前路径创建一个 path 对象，代码如下：

```
import pathlib
p = pathlib.Path("")
```

② 查找目录中所有带有 txt 扩展名的文件。

我们可以使用 glob 列出所有带 txt 扩展名的文件，代码如下：

```
txt_files = p.glob("＊.txt")
print("＊.txt:", list(txt_files))
```

输出如下：

```
＊.txt:[WindowsPath('path - exercise/file_a.txt')
```

这将列出当前目录下所有以 txt 结尾的文件，在上面的目录结构中，只有唯一一个 file_a.txt 文件符合要求。其他文件夹中的文件并没有被列出，因为"＊"不会跨目录查找，不是以.txt 结尾的文件也不会被列出。

值得注意的是，我们需要将 txt_files 转换为列表。这一步是必需的，因为 glob 返回的是一个迭代器，而我们希望打印一个列表。这一点在我们列出文件时非常有用，因为我们可能会筛选出大量的文件。

如果想要列出指定路径中所有目录下的文本文件，无论子目录有多少层，都可以使用"＊＊"语法：

```
print("＊＊/＊.txt:", list(p.glob("＊＊/＊.txt")))
```

输出如下：

```
＊＊/＊.txt: [WindowsPath('path - exercise/file_a.txt'),
WindowsPath('path - exercise/folder_1/file_b.txt'),
WindowsPath('path - exercise/folder_2/folder_3/file_d.txt')]
```

这将列出当前目录（目录对象 p）中所有文件夹下的以.txt 结尾的文件。

因此，上述结果中列出了 folder_1/file_b.txt 和 folder_2/folder_3/file_d.txt 以及不在任何子文件夹中的 file_a.txt。注意："＊＊"能够匹配任意数量的嵌套文件夹（包括 0 个）。

③ 列出同一级别子目录中的所有文件。

如果只要列出一级子目录中的所有文件，则可以使用以下 glob 模式：

```
print(" * / * :", list(p.glob(" * / * ")))
```

输出如下：

```
* / * : [WindowsPath('path - exercise/folder_1/file_b.txt'),
WindowsPath('path - exercise/folder_1/file_c.py'),
WindowsPath('path - exercise/folder_2/folder_3')]
```

这将列出 folder_1 下的所有文件和 folder_2/folder_3 这个文件夹（路径）。如果只想获取文件，则可以通过使用前面提到的 is_file 方法来筛选每个路径，代码如下：

```
print("Files in * / * :", [f for f in p.glob(" * / * ") if f.is_file()])
```

输出如下：

```
Files in * / * : [WindowsPath('path - exercise/folder_1/file_b.txt'), WindowsPath('path -
exercise/folder_1/file_c.py')]
```

这不包括不是文件的路径。

6.4.3　列出主目录中的所有隐藏文件夹

在 Unix 中，隐藏文件是以点开头的文件。通常在使用 ls 等工具列出文件时，不会列出这些文件，除非添加参数要求工具进行显示。现在，将使用 pathlib 模块，列出主目录（Home）中的所有隐藏文件。下面的代码段将介绍如何显示这些隐藏文件。

```
import pathlib
p = pathlib.Path.home()
print(list(p.glob(". * ")))
```

pathlib 模块为我们提供了寻找主目录的函数，然后我们可以使用 glob 模式匹配以点开头的任何模块。

6.5　subprocess 模块

在需要启动操作系统上的其他程序并与之通信的情况下，Python 非常有用。

subprocess 模块允许启动一个新进程并与之通信，进而通过易用的 API 将安装在操作系统中的所有可用工具引入 Python。在 Python shell 中调用任何其他程序都会用到 subprocess 模块。

这个模块致力于更新和简化其 API，subprocess 模块有两个主要的 API：subprocess.run 管理传递的所有正确参数，subprocess.Popen 用于更高级用途的低级 API。接下来将介绍 subprocess.run 这个高级 API。但是，如果需要编写一个需求更复杂的应用程序，则可浏览该模块的文档以探索 API 更复杂的用例。

让我们来看看如何使用 subprocess 调用 Linux 系统中的 ls 命令来列出所有文件吧。代码如下：

```
import subprocess
subprocess.run(["ls"])
```

这段代码只会创建一个进程并运行 ls 命令。如果 ls 命令不存在（比如在 Windows 系统中），则运行此命令时会失败并引发异常。

如果想要捕获和看到进程产生的输出，则需要传递一个 capture_output 参数。这样代码就会捕获 stdout 和 stderr，以及使其能够通过运行 run 方法返回的 completed-Process 实例进行调用，代码如下：

```
result = subprocess .run(["ls"], capture_output = True)
print("stdout: ", result.stdout)
print("stderr: ", result.stderr)
result = subprocess .run(
        ["ls"],
        capture_output = True, text = True
        )
print("stdout: \n", result.stdout)
```

输出如下：

```
stdout:
subprocess-examples. ipynb
```

我们还可以传入更多参数，比如传入 −l 来获取包含详细信息的文件列表，代码如下：

```
result = subprocess.run(
        ["ls", "−l"],
        capture_output = True, text = True
        )
print("stdout: \n", result.stdout)
```

输出如下：

```
stdout:
total 4
− rwxrwxrwx 1 mcorcherojim mcorcherojim 1957 Apr 19 17:14 subprocess − examples. ipynb
```

通常在使用 subprocess. run 时令用户感到意外的是，传进去运行的命令是一个字符串列表。这一点是为了方便和安全设计的。很多用户会直接使用字符串作为参数向 shell 中传递命令，虽然这样程序确实可以工作，但是却会产生安全问题。因为通常在执行此类操作时，都是要求 Python 在系统 shell 中运行命令，所以必须根据需要来对字符进行转义（而不是直接运行用户的输入）。想象一下，将程序设计为接受用户的输入，然后将其直接传递给 echo 命令,这时用户就可以传递"hacked;rm‐rf/"作为 echo 的参数来删除所有文件了。

用户在这里通过使用分号标记了前一条 shell 命令的末尾,并紧接着运行了自己的命令,这条命令将删除用户根目录下的所有文件!此外,当参数具有空格或者任何其他 shell 字符时,就必须相应地对它们进行转义。因此,使用 subprocess.run 最简单、最安全的方法是将所有参数逐一传递为字符串列表,如上面的示例所示。

在某些情况下,我们可能想要检查进程返回的值。在这些情况下,我们可以直接检查 subprocess.run 返回的实例的 returncode 属性,代码如下:

```
result = subprocess.run(["ls","non_existing_file"])
print("rc: ", result.returncode)
```

输出如下:

```
rc: 2
```

如果既想要确保命令运行成功,又不想在每次运行后检查返回代码是否为 0,那么可以使用 check＝True 参数。此时子进程报告了任何错误都会引发错误提醒,代码如下:

```
result = subprocess.run( ["ls", "non_existing_file"],check = True)
print("rc: ", result.returncode)
```

输出如图 6‐4 所示。

```
------------------------------------------------------------------
CalledProcessError                      Traceback (most recent call last)
<ipython-input-31-36d3d0f47957> in <module>()
----> 1 result = subprocess .run(["ls", "non_existing_file"], check=True)
      2 print("rc: ", result.returncode)

/usr/local/lib/python3.7/subprocess.py in run(input, capture_output, timeout, check, *popenargs, **kwargs)
    479         if check and retcode:
    480             raise CalledProcessError(retcode, process.args,
--> 481                                      output=stdout, stderr=stderr)
    482     return CompletedProcess(process.args, retcode, stdout, stderr)
    483

CalledProcessError: Command '['ls', 'non_existing_file']' returned non-zero exit status 2.
```

图 6‐4　运行无效命令的显示

这是一种很好的调用其他程序的方法,在这些程序中我们只希望执行它们来查看错误,例如调用批处理脚本或程序。在这种情况下会显示引发错的异常,例如运行的命令、捕获到的返回代码等信息。

subprocess.run 函数还有一些其他有趣的参数,这些参数在某些特殊的情形下非常有用。例如,当使用 subprocess.call 调用一个需要从 stdin 获取输入的程序时,就可以通过 stdin 参数传入该输入的内容;还可以通过设定 timeout 来指定等待程序完成的时间,如果程序在此时间内未返回,就会被终止并引发超时异常,以通知用户运行失败。

通过 subprocess.run 方法创建的进程将从当前进程继承环境变量。

sys.executable 是系统中 Python 解释器的可执行二进制文件的绝对路径的字符

串形式。例如,如果 Python 无法检测其可执行进程的真实路径,则 sys. executable 会
返回一个空的字符串或者 None。

练习 6 - 8:使用环境变量自定义子进程。

假设正在制作一个审查工具,而且被要求使用 subprocess 模块(而不是 os. environ
变量)打印环境变量,并且,由于经理不希望在客户端展示服务器名称,所以还需要对其
进行隐藏。

在本练习中,我们将在修改子进程从父进程继承的环境变量的同时,调用操作系统
中的其他应用程序。让我们看看在使用 subprocess 时是如何修改环境变量的吧。

① 导入 subprocess 模块。

将 subprocess 模块导入当前命名空间,代码如下:

```
import subprocess
```

或者,也可以只导入 run 命令来运行 subprocess。但是,通过导入模块,我们可以看到
调用 run 命令时使用的模块名称,否则我们难以分辨 run 命令的来源。此外,subpro-
cess 还定义了一些常量,可以在使用 Popen 时作为某些参数。通过导入 subprocess 整
个模块,我们可以使用其中的全部内容。

② 运行 env 命令打印环境变量。

我们可以在 Unix 系统中运行 env 命令,它将在 stdout 中列出进程的环境变量,代
码如下:

```
result = subprocess.run(
    ["env"],
    capture_output = True,
    text = True
)
print(result.stdout)
```

这里传递了 capture_output 和 text 两个参数,使得我们能够以 Unicode 字符串的
格式读取 stdout 中的结果。我们可以确认,子进程确实有设置好的一系列环境变量,
它们都与父进程的环境变量匹配,如下:

```
SHELL_TITLE = PF11AY8S │ Started: 2019 - 04 - 19T04:44:27 UTC
TERM = xterm - color
SHELL = /bin/bash
HISTSIZE = 100000
SERVER = PF11AY8S
DOCKER_HOST = localhost:2375
```

③ 使用一组不同的环境变量。

如果想要自定义子进程具有的环境变量,则可以使用 subprocess. run 方法提供的
env 关键字,代码如下:

```
result = subprocess.run(
    ["env"],
    capture_output = True,
    text = True,
    env = {"SERVER": "OTHER_SERVER"}
)
print(result.stdout)
```

输出如下：

```
SERVER = OTHER_SERVER
```

④ 修改默认变量集。

大多数时候，我们只想修改或添加一个变量，而不是直接替换它们，因此步骤③所做的操作就太过激进了，因为工具可能随时需要使用操作系统的环境变量。为此，必须使用当前进程的环境并对其进行修改，以达到预期的效果。我们可以通过 os.environ 访问当前进程的环境变量，并通过 copy 模块进行复制；此外，还可以使用 dict 字典扩展语法将其与要更改的键值连接，以修改特定环境变量的值，如下所示：

```
import os
result = subprocess.run(
    ["env"],
    capture_output = True,
    text = True,
    env = { ** os.environ, "SERVER": "OTHER_SERVER"}
)
print(result.stdout)
```

输出如下：

```
SHELL_TITLE = PF11AY8S | Started: 2019 - 04 - 19T04:44:27 UTC
TERM = xterm - color
SHELL = /bin/bash
HISTSIZE = 100000
SERVER = OTHER_SERVER
DOCKER_HOST = localhost:2375
```

由上述输出可以看到，使用 subprocess 创建的子进程和当前进程有着相同的环境变量，但是这里成功地修改了 SERVER 变量。

最后，可以使用 subprocess 模块创建与其他安装在操作系统中的程序进行交互的子进程。subprocess.run 函数及其参数使程序能够轻松地与不同类型的程序进行交互、检查及验证其输出。此外，subprocess.Popen 方法还提供了更高级的 API，我们可以在需要时进行调用。

6.6　日志记录

设置应用程序或者库进行日志记录不仅是一种好的做法,而且更是一个负责任的开发人员的关键任务。它与编写文档或者测试代码同样重要。许多人会考虑记录"运行时文档",开发人员也一样,会在与满足 DevOps(软件工程、技术运行和技术保障)的源代码进行交互时使用日志跟踪。硬核日志记录的倡导者指出,调试器被过度使用,人们应更多地依赖日志记录,使用返回信息和跟踪日志来排除开发中的代码故障。

6.6.1　使用 logging 模块

日志记录是让正在运行程序的用户知道进程处于哪种状态以及它如何进行工作的最佳方式。它还可以用来审查或者排除客户端的问题。没有什么比试图在没有任何信息记录的情况下找到应用程序在上周发生的错误更令人沮丧的事情了。

同时,我们也应注意记录了哪些信息。许多公司会要求用户不要记录信用卡号或者任何敏感的用户数据等信息。虽然可以在记录这些数据之后进行隐藏,但是最好在记录数据时就注意到这一点。

那么,只使用 print 语句会有什么问题呢?当开始编写大型应用程序或大型库文件时,我们会意识到,仅使用 print 语句对测试应用程序没有任何帮助。此外,通过使用 logging 模块还可以得到以下内容:

- 多线程支持:日志记录模块设计为可以在多线程环境中工作。当使用多个线程时请务必这样做,否则,记录的数据将会交错在一起,就像用 print 语句输出的那样。
- 通过多个日志级别进行分类:使用 print 语句时,无法判断输出的跟踪日志的重要性,而通过使用 logging 则可以不同的重要性来区分日志级别。
- 仪表查看和配置设置之间的权限分离:logging 库中有两种不同的用户——只能产生日志的用户和能够配置日志记录的用户。logging 库很好地分离了这些权限,允许开发人员配置日志以及使用不同级别的权限来检测其代码。
- 灵活性和可配置性:日志记录堆栈非常易于扩展和配置。用户可以在各种类型的处理程序中,简单地创建新类来扩展其功能,甚至在标准库文档中还专门有一个指南来说明如何扩展日志记录堆栈。

使用 logging 库时,最经常使用的类就是 logger 类,它可以用于在任何代码中发出日志。我们通常通过 logging. getLogger(<logger name>)方法来创建记录器。

创建了 logger 对象之后,就可以调用不同的日志记录方法,这些不同的日志记录

方法对应着我们能够获取的不同日志级别,具体如下:

- debug:用于提供有助于应用程序调试和故障排除的最详细信息,通常在软件开发中启用。例如,网络服务器在此等级下,接收到请求时会记录输入内容。

- info:用于突出显示应用程序进度的较为粗略的信息。例如,网络服务器在此等级下,接收到请求时会记录处理情况,而不会记录接收数据的详细信息。

- warning:用于通知用户应用程序或者库中可能有害的情况的信息。在网络服务器示例中,如果由于输入的 JSON 数据损坏而无法解码,就会引发这种日志记录。注意,虽然它看起来像是一个错误,而且对整个系统来说可能确实是一个错误,但是这种问题的原因并不在于处理请求的应用程序,而是在于发送它的应用程序(前端)。因此,警告可能有助于通知用户此类问题,但是它本身并不是后台处理程序的错误。这种错误会作为错误警告报告给客户端,然后由客户端根据需要处理该错误。

- error:用于发生错误,但是应用程序可以继续正常运行的情况。产生错误记录通常意味着开发人员需要对记录错误的部分源代码进行排查和操作。错误记录通常发生在捕获异常,并且这个异常无法被有效处理时。因此,设置与错误相关联的警报以及时通知 DevOps 或者开发人员是一个非常常见的做法。在前面网络服务器的示例中,如果无法对响应进行编码,或者在处理请求时发生意外异常,就可能会引发错误记录。

- fatal:致命错误日志表明程序运行中出现了危及程序稳定性的严重错误。并且,通常程序会在记录致命错误之后重启进程。致命错误日志意味着应用程序需要操作人员紧急执行操作,相比之下,普通错误需要开发人员进行处理。常见的致命错误有:与数据库的连接丢失,或者无法访问应用程序的关键资源等。

6.6.2 logger

记录器具有按点拆分的层次结构。例如,如果需要一个名为 my.logger 的记录器,则将创建一个 logger,它是 my 的子级,而 my 又是 root 记录器的子级。所有的顶级记录器都是从根记录器继承的。

我们可以通过调用不带有任何参数的 getLogger 函数或者直接使用 logging 模块进行记录来调用根记录器。通常的做法是使用__name__作为记录器模块,这会使得日志层次结构严格遵循源代码层次结构。除非有充分的理由,否则在开发库和应用程序时,都使用__name__作为记录器。

练习 6 - 9：使用 logger。

本练习将创建一个 logger，允许以之前提到的 5 种日志级别（方法）进行记录。

① 导入 logging 模块，代码如下：

```
import logging
```

② 创建一个 logger 对象。

可以通过 getLogger 方法初始化一个记录器，代码如下：

```
logger = logging.getLogger("logger_name")
```

这个 logger 对象在代码中的任何地方都是可用的，可以用相同的名称进行调用。

③ 使用不同的级别记录日志。

让我们看看以不同的级别记录日志会发生什么，代码如下：

```
logger.debug("Logging at debug")
logger.info("Logging at info")
logger.warning("Logging at warning")
logger.error("Logging at error")
logger.fatal("Logging at fatal")
```

输出如下：

```
Logging at warning
Logging at error
Logging at fatal
```

④ 在日志记录中添加信息，代码如下：

```
system = "moon"
for number in range(3):
...
logger.warning("%d errors reported in %s", number, system)
```

通常，在记录日志信息时，不会仅传递一个字符串，而是会同时传递一些变量或信息，帮助了解应用程序的当前状态，代码如下：

```
0 errors reported in moon
1 errors reported in moon
2 errors reported in moon
```

6.6.3　warning、error 和 fatal 日志

当我们记录警告、错误、致命错误的日志时应格外注意，如果有什么比一个错误更糟糕的事情，那就是有两个错误。记录错误日志是通知系统需要处理的情况的一种方式，而无需我们自己决定是否记录错误和引发异常。根据经验，遵循以下两条建议是有效记录应用程序或库的错误日志的关键：

- 切勿忽略以静默方式传递错误的异常。如果处理了一个通知错误的异常,则请及时记录该错误。
- 切勿主动引发和记录错误。如果想要引发一个异常,则调用方应有资格决定这是否真的是一个错误情况,或者这是否是希望发生的情况;然后,调用方可以决定是按照之前的规则记录它、处理它,还是重新引发它。

例如,在数据库中,用户可能会违反上述两条约定来记录错误或警告。用户尝试插入一个键值,而不检查数据库中是否已经存在这个键,从库的角度来看,这可能是一个异常情况。但是,用户可能仍会尝试忽略异常继续插入,如果数据库的代码在类似情形发生时记录警告,则会产生大量无意义的警告和错误,充斥着日志文件。通常,库很少会记录错误,除非它无法通过异常传递错误。

当处理异常时,记录异常及其附带的信息是很常见的操作。如果想要在日志中包含异常并追溯其完整信息,则可以在之前的方法中使用 exc_info 参数,代码如下:

```
try:
    int("nope")
except Exception:
    logging. error("Something bad happened", exc_info = True)
```

输出如下:

```
ERROR:root:Something bad happened
Traceback(most recent call last):
    File"⟨ipython - input - 8 - adcdec9cc60b⟩",line 2, in ⟨module⟩
        int("nope")
ValueError:invalid literal for int()with base 10:'nope'
```

现在,错误信息包括我们传入的错误信息和使用回溯获取到的处理异常。这里有一个非常常用的快捷操作,就是通过调用 exception 方法来实现与使用带 exc_info 参数的 error 方法相同的效果,代码如下:

```
try:
    int("nope")
except Exception:
    logging. exception("Something bad happened")
```

输出如下:

```
ERROR:root:Something bad happened
Traceback(most recent call last):
    File"⟨ipython - input - 8 - adcdec9cc60b⟩",line 2, in ⟨module⟩
        int("nope")
ValueError:invalid literal for int()with base 10:'nope'
```

现在,让我们回顾一下两种使用 logging 模块的不合理方法。

第一种是贪婪的字符串格式。我们可能会看到一些语法检测工具经常为用户的格式化字符串(而不是 logging 模块的字符串插值)提出修改建议。这意味着,我们更推荐使用 logging.info("string template %s", variable),而不推荐使用 logging.info("string template {}".format(variable))来进行插值。如果使用了格式化字符串,那么无论如何配置日志记录堆栈,代码都会执行插值。即使配置应用程序的用户决定不需要打印 info 级别的日志,程序也会执行插值操作,代码如下:

```
# prefer
logging.info("string template %s", variable) # to
logging.info("string template {}".format(variable))
```

第二种是在不必要时捕获和格式化异常。我们经常会见到由开发人员捕获大量的异常,并将其作为日志信息的一部分进行插值。这不仅会导致日志信息样板化,而且会使错误信息变得不太明确。现在比较以下两种方法:

```
d = dict()
# Prefer
try:
    d["missing_key"] += 1
except Exception:
logging.error("Something bad happened", exc_info = True)
# to
try:
    d["missing_key"] += 1 except
Exception as e:
    logging.error("Something bad happened: %s", e)
```

输出如下:

```
ERROR:root:Something bad happened
Traceback(most recent call last):
    File"<ipython - input - 18 - 997c7c2a8b8d>",line 5,in <module>
        d["missing_key"] += 1
KeyError:'missing_key'
ERROR:root:Something bad happened:'missing_key'
```

第二种方法中的输出将会打印异常的文本,而不会提供进一步的信息。我们不知道这是否是一个关键错误,也不知道问题具体错在哪里。如果引发异常时没有消息,我们就会得到一条空记录。因此,如果要通过异常记录错误,则务必传入 exc_info 参数。

6.6.4 配置日志记录堆栈

logging 库的另一部分就是配置它的函数。但是在深入了解如何配置日志记录堆栈之前,应先了解它与之前函数及其作用的不同。

我们已经知道 logger 对象可以用于定义需要生成的日志记录消息。在 logging 库中,还有负责处理和发出记录消息过程的以下几个类:

- Log Records：这是记录器生成的对象，其中包含日志的所有信息，包括记录日志的代码行、日志级别、模板和参数等。
- Formatters：它将获取日志记录并将其转换为字符串。这些字符串可以被处理程序（Handler）输出到信息流中。
- Handlers：这是真正产生记录的地方。它们通常使用一个 formatter 方法将记录转换为字符串。标准库中附带了多个处理程序（Handler），用于将日志记录发送到 stdout、stderr、files、sockets 等信息流中。
- Filters：用于微调日志记录机制的工具。它们可以被添加到处理程序和记录器中。

6.7　collections 模块

Python 标准库中附带了大量的模块和集合，这些模块和集合为我们提供了许多高级结构，这些结构可以大大简化程序中常见情况的代码。现在，我们将探讨如何使用 counter、defauldict 和 ChainMap 这 3 种集合。

6.7.1　counter

counter 是允许计数可哈希（hashable，即生命周期中哈希值不发生改变的）对象的类。它使用键和值组成字典（它事实上是从 dict 继承的），其中对象将被存储为键，对象出现的次数将被存储为值。counter 对象既可以通过要计数的列表创建，又可以通过已经包含对象及其出现次数的映射的字典创建。创建 counter 实例之后，就可以获取有关对象的计数信息，例如找到数量最多的对象，或者获取某个特定对象的数量。

6.7.2　defaultdict

还有另外一个类可以用于创建易于读取的代码，它就是 defaultdict 类。这个类提供的操作类似于 dict 字典，但是它允许提供缺少键时使用的默认方法。这在编辑值的很多场景中都非常有用，尤其是当知道如何生成第一个值时（例如，当构建缓存或计数对象时）。

在 Python 中，每当看到类似下面的代码段时，就可以使用 defaultdict 提高代码质量：

```
d = {}
def function(x):
    if x not in d:
        d[x] = 0 # or any other initialization
    else:
        d[x] += 1 # or any other manipulation
```

有些人会尝试通过使用 EAFP 和 LBYL 两种防错性编程方法来使代码更加简洁，比如下面的代码，它不检查赋值是否成功，而是直接对发生的错误进行处理：

```
d = {}
def function(x):
    try:
        d[x] += 1
    except KeyError:
        d[x] = 1
```

虽然这确实是某些 Python 开发人员处理此类问题的首选方法，因为它更好地在正确部分传达了代码的逻辑，但是这种情况的正确解决方案却是使用 defaultdict。高级 Python 工程师就会立即考虑将以上代码转换为使用 defaultdict 的代码。我们可以通过下面的代码对其进行了解并与之前的代码进行比较：

```
import collections
d = collections.defaultdict(int)
def function(x):
    d[x] += 1
```

我们可以发现，此时代码变得很短，但是它产生的结果与之前两个代码示例相同。defaultdict 创建时就带有一个默认方法，它会在键不存在时调用 int() 来返回 0 并递增 1。这是一段非常漂亮的代码。但是注意，defaultdict 也可以用在其他情境中，传递给它的构造函数（参数）是一个可调用的默认方法（可以由用户自定义）。这里使用的 int 并不是一个类型，而是一个可调用的函数。同样的，也可以传递 list、set，或者任何想要创建的可调用类型函数。

练习 6 - 10：使用 defaultdict 重构代码。

在本练习中，我们将了解如何使用 defaultdict 重构和简化代码，代码如下：

```
_audit = {}
def add_audit(area, action):
    if area in _audit:
        _audit[area].append(action)
    else:
        _audit[area] = [action]
def report_audit():
    for area, actions in _audit.items():
        print(f"{area} audit:")
        for action in actions:
            print(f" - {action}")
        print()
```

本练习前面提到的代码示例会对公司中执行的所有操作进行审核。这些操作是按照范围（比如 HR 和 Finance）拆分的。我们可以清楚地在 add_audit() 函数中看到之前

淘汰的代码模式。接下来，让我们看看如何通过使用 defaultdict 将其转换为更简单的代码，以及以后如何以更简单的方式对其进行扩展。

① 如前面所述，尝试运行代码并审核所有操作。

首先，运行代码来查看其实现的效果。在进行任何重构之前，都应了解想要实现什么，因此，应尽可能在重构之前对原代码进行测试，代码如下：

```
add_audit("HR", "Hired Sam")
add_audit("Finance", "Used 1000 £ ")
add_audit("HR", "Hired Tom")
report_audit()
```

② 引入一个 defaultdict。

我们可以将 dict 修改为 defaultdict，并且只需要在访问一个不存在的键时使用 list 创建一个新列表。我们只需要修改 add_audit() 函数。因为 report_audit() 以字典的方式访问对象，而 defaultdict 本身就是一个字典，因此无需修改该函数中的任何内容。让我们观察一下修改之后的代码：

```
import collections
_audit = collections.defaultdict(list)
def add_audit(area, action):
    _audit[area].append(action)
def report_audit():
    for area, actions in _audit.items():
        print(f"{area} audit:")
        for action in actions:
            print(f" - {action}")
        print()
```

当某个键无法在_audit 对象中找到时，defaultdict 会调用 list 方法返回一个空列表。此时，代码无法再进行简化。

如果要求在审核时记录新范围的创建操作，又应怎样修改代码呢？基本上，只需要在新范围创建的同时添加一个新元素（操作）。

③ 使用 add_audit() 函数创建第一个元素。

不使用 defaultdict 的 add_audit() 函数，代码如下：

```
def add_audit(area, action):
    if area not in _audit:
        _audit[area] = ["Area created"]
    _audit[area].append(action)
```

可以很明显地发现，对之前的 add_audit() 函数进行修改要比对使用 defaultdict 的函数进行修改更加复杂。

使用 defaultdict，只需要将初始化方法从空列表修改为带有初始字符串的列表，代码如下：

```
import collections
_audit = collections.defaultdict(lambda: ["Area created"])
def add_audit(area, action):
    _audit[area].append(action)
def report_audit():
    for area, actions in _audit.items():
        print(f"{area}audit:")
        for action in actions:
            print(f" - {action}")
        print()
```

显然，这仍然比不使用 defaultdict 的代码简单，代码如下：

```
add_audit("HR", "Hired Sam")
add_audit("Finance", "Used 1000 £ ")
add_audit("HR", "Hired Tom")
report_audit()
```

6.7.3 ChainMap

collections 模块中还有另一个非常有趣的类——ChainMap。ChainMap 是一个结构，它允许我们组合查找多个映射对象。它可以被看作一个多级对象，用户可以看到第一个对象的所有键及其映射，同时后面对象不重复的键及其映射会被保留合并，而与前面重复的键值会被舍弃（映射对象从前向后覆盖合并）。

假设想要创建一个函数，返回用户在餐厅的菜单，而函数只会返回一个带有代表不同午餐类型及其对应值的字典。我们希望用户能够自定义午餐类型（名称），也希望用户能够提供一些默认值，那么利用 ChainMap 就很容易实现这一点，代码如下：

```
import collections
_defaults = {
    "appetizers": "Hummus",
    "main": "Pizza",
    "desert": "Chocolate cake",
    "drink": "Water",
}
def prepare_menu(customizations):
    return collections.ChainMap(customizations, _defaults)
def print_menu(menu):
    for key, value in menu.items():
        print(f"As {key}: {value}.")
```

如果用户没有传递自定义菜单，就会得到默认菜单。此时，所有的键和值都取自我

们提供的_default 字典,代码如下:

```
menu3 = prepare_menu({"side": "French fries"})
print_menu(menu3)
```

当用户传递一个能够改变_default 字典中某个键值的字典时,第二个字典(_default)的值将被第一个字典(customizations)的值覆盖。我们可以看到,现在 drink 键的值是 Red Wine,而不再是 Water,代码如下:

```
menu2 = prepare_menu({"drink": "Red Wine"})
print_menu(menu2)
```

用户还可以传递新键,这也会在 ChainMap 中反映出来。

你可能会认为,这只是字典构造函数的一个复杂用法,并且通过以下代码也能实现同样的效果:

```
def prepare_menu(customizations):
    return {**customizations, **_defaults}
```

但是,它们表达的意义是不同的。上述代码会创建一个新字典,但不允许用户统一修改自定义项或者对默认值进行更新。假设想要在创建一些菜单之后仍能够修改默认值,那么就可以使用 ChainMap 来实现,因为它返回的对象仍然可以表示为多个字典的组合,代码如下:

```
_defaults["main"] = "Pasta"
print_menu(menu3)
```

collections 模块中的不同类允许开发人员使用更合适的结构编写更优秀的代码。利用本节中学到的知识,我们可以尝试探索其他结构(比如双端队列或者基本骨架)来构建自己的集合。在许多情况下,能否有效利用这些类就是有经验的 Python 程序员与初学者的区别。

6.8　functools 模块

本节将要介绍最后一个标准库中的模块——functools 模块,它允许使用最少的代码来构建某些功能,以及将介绍如何使用 lru_cache 和 partial。

6.8.1　lru_cache

我们经常会遇到计算负载很大的函数,此时可能需要缓存结果。许多开发人员会使用字典实现自己的缓存操作,但是这样很容易出错,并且会使项目添加额外的代码。functools 模块附带了一个装饰器——functools. lru_cache,它正是针对这种情况提供的,它能够存储最近使用的缓存,在构建代码时需要提供 max_size 来指定缓存的最大空间,以限制此函数可以获取的内存,防止其无限增长。一旦缓存的不同输入数量大于这个最大空间,最开始使用的缓存就会被抛弃,从而腾出空间给新的缓存调用。

此外,装饰器在函数中提供了一些可用于与缓存进行交互的新方法。我们可以使用 cache_clear 来移除之前存储在 cache 或者 cache_info 中的所有命中信息来获取新的命中(hit)和缺失(miss),以便在需要时进行调整。原始函数信息也可以通过 __wrapped__ 装饰器进行检查,其使用方式与其他任何装饰器都一样。

请务必记住,LRU 缓存应仅用于函数。如果只是想要重用现有值,那么 LRU 缓存就非常有用,而且不会发生副作用。例如,不应在将某些内容写入文件或者发送到某个节点时使用缓存,因为一旦使用相同的输入再次调用该函数,这些操作将不会被执行。这是缓存的核心思想,但是在这种情况下会出现问题。

最后,要在函数中使用缓存,就必须保证所有传递的对象都是可哈希的。这意味着 integer(整数)、frozenset(冻结集)和 tuple(元组)等都是被允许的,而 dict(字典)、set(集)和 list(列表)等可修改对象都是不被允许的。

练习 6 - 11:使用 lru_cache 加速代码。

在本练习中,我们将了解如何配置函数以使用 functools 进行缓存,以重用之前调用的结果,进而加速整个进程。我们将使用 functools 模块的 lru_cache 函数来重用函数已返回的值,而无需再次执行运算。

我们将从下面代码段提到的函数开始,它将模拟一个需要计算很长时间的函数,从而了解如何改进这一点,代码如下:

```python
import time
def func(x):
    time.sleep(1)
    print(f"Heavy operation for{x}")
    return x * 10
```

如果使用相同的参数调用此函数两次,那么这段代码将执行两次并得到相同的结果,代码如下:

```python
print("Func returned:", func(1))
print("Func returned:",func(1))
```

我们可以从函数中的打印输出发现代码实际执行了两次。如果能够只执行一次代码,将来遇到同一参数时直接输出,这将对性能有着极大的改进。因此,通过以下步骤来提高性能:

① 向 func 函数添加 lru_cache 装饰器。

在函数中使用装饰器,代码如下:

```python
import functools
import time
@functools.lru_cache()
def func(x):
```

```
        time.sleep(1)
        print(f"Heavy operation for {x}")
        return x * 10
```

当输入同样的参数执行函数时,可以看到函数中的代码实际上只执行了一次,但是仍能从函数处获得相同的输出,代码如下:

```
print("Func returned:", func(1))
print("Func returned:", func(1))
print("Func returned:", func(2))
```

这是非常有用的,我们只需要一行代码,就可以实现 LRU 缓存。

② 使用 maxsize 参数修改缓存大小。

缓存默认能够存储 128 个元素,但是我们可以在需要时通过 maxsize 参数修改最大缓存数量,代码如下:

```
import functools
import time
@functools.lru_cache(maxsize = 2)
def func(x):
        time.sleep(1)
        print(f"Heavy operation for {x}")
        return x * 10
```

通过将 maxsize 参数设置为 2,确保缓存中只保留两个不同的输入及其对应的计算结果。我们可以通过使用 3 个不同的输入,然后倒序调用它们来观察这一点,代码如下:

```
print("Func returned:", func(1))
print("Func returned:", func(2))
print("Func returned:", func(3))
print("Func returned:", func(3))
print("Func returned:", func(2))
print("Func returned:", func(1))
```

输出如下:

```
Heavy operation for 1
Func returned: 10
Heavy operation for 2
Func returned: 20
Heavy operation for 3
Func returned: 30
Func returned: 30
Func returned: 20
Heavy operation for 1
```

```
Func returned: 10
```

缓存成功地直接返回对参数为 2 和 3 的函数的第二次调用结果。参数为 1 的函数的调用结果在对 3 进行计算时被销毁,因为缓存大小被限制为两个元素。

③ 以其他方式(比如使用 lru_cache 方法)应用缓存。

有时,并不能对想要缓存的函数进行修改。如果想要保留两个版本(带缓存和不带缓存)的函数,则可以使用 lru_cache 作为函数(而不是装饰器)来实现这一点,因为装饰器实际上只是将另一个函数作为参数的函数,代码如下:

```
import functools import time
def func(x):
    time.sleep(1)
    print(f"Heavy operation for {x}")
    return x * 10
cached_func = functools.lru_cache()(func)
```

现在,既可以使用 func,又可以使用带缓存的版本 cached_func,代码如下:

```
print("Cached func returned:", cached_func(1))
print("Cached func returned:", cached_func(1))
print("Func returned:", func(1))
print("Func returned:",func(1))
```

我们可以看到带缓存的版本在第二次调用同一参数时并未执行函数中的代码,但是不带缓存的版本则会严格执行其中的代码。

恭喜你成功完成本练习! 你已经知道如何使用 functools 来对函数的结果进行缓存。这是一种提高应用程序性能的非常快捷的方法。

6.8.2　partial

functools 模块中另一个经常使用的函数是 partial。partial 允许通过为某些参数赋值来调整现有函数。它类似于其他语言(比如 C++或者 JavaScript)中的绑定参数,但是现在能够使用 Python 来实现同样的功能。partial 可以用于去除调用函数时对指定位置参数或者关键字参数的需求,这一点在将一个需要多个参数的函数作为一个需要参数较少的函数进行传递时非常有用。让我们通过一些示例来进行具体了解。

我们将使用一个仅需三个参数并会依次打印它们的函数,代码如下:

```
def func(x, y, z):
    print("x:", x)
    print("y:", y)
    print("z:", z)
func(1, 2, 3)
```

输出如下:

```
X: 1
y: 2
z: 3
```

我们可以使用 partial 函数来将此函数转换为需要参数较少的函数,这可以通过两种方式完成,其中一种是将参数通过关键字参数传递,这样逻辑更清晰;另一种是将参数通过位置参数传递。下面是将参数通过关键字参数进行传递的示例:

```
import functools
new_func = functools.partial(func, z = 'Wops')
new_func(1, 2)
```

输出结果如下:

```
X: 1
Y: 2
Z: Wops
```

我们现在可以不传递 z 参数而直接调用 new_func,因为我们已经在 partial 函数中提供了这个参数的值。z 参数将始终被设置为调用 partial 函数时提供的值。

如果只使用位置参数进行传递,则传递的参数将从左向右依次绑定。这意味着在此示例中,如果只传递一个参数,则它会与参数 x 绑定,在调用函数时不应再提供参数 x 的值,代码如下:

```
import functools
new_func = functools.partial(func, 'Wops')
new_func(1, 2)
```

输出如下:

```
X:Wops
Y: 1
Z: 2
```

练习 6 - 12:创建 tderr 的打印函数。

通过使用 partial 函数,还可以为可选参数绑定不同的默认值,从而修改函数的默认值。让我们看看如何通过这种方式来调整 print 函数的用途,以创建一个 print_stderr 函数向 stderr 输出内容。

在本练习中,我们将创建一个类似于 print 的函数,但是它会将内容输出到 stderr,而不是 stdout。

① 浏览 print 函数的参数。

此时需要查看 print 函数可以接收哪些参数。我们可以直接对 print 使用 help 函数来查看它提供的帮助文档:

```
help(print)
```

② 打印 stderr。

现在，从 help 函数提供的帮助文档中也可以发现，file 的默认值是 sys. stdout，但是可以将其修改为 sys. stderr，使其输出到 stderr 中，实现我们的目标，代码如下：

```
import sys
print("Hello stderr", file = sys.stderr)
```

输出如下：

```
Hello stderr
```

③ 使用 partial 函数修改默认值。

我们可以使用 partial 函数来指定要传递的参数并创建一个新函数。现在，让我们将可选参数 file 绑定到 stderr 并查看输出，代码如下：

```
import functools
print_stderr = functools.partial(print, file = sys.stderr)
print_stderr("Hello stderr")
```

输出如下：

```
Hello stderr
```

6.9 总 结

在本章中，我们研究了标准库中的多个模块，了解了如何使用它们编写能够经过良好测试并易于阅读的代码。但是，还有更多的模块等待我们的探索和理解，进而能够更有效地使用这些模块。在许多情况下，Python 标准阵提供的使用程序可通过高级 API 进行扩展。在尝试编写自己的代码之前，请先检查能否使用标准库解决问题，这是成为优秀 Python 程序员的基本素养。

学会使用标准库是一个好的开始，接下来将在第 7 章中介绍一些其他技巧和方法，并且深入研究如何使代码逻辑更加清晰且代码更易于阅读。

第 7 章　高级编程

在本章结束时,读者应能做到以下事情:

● 编写简洁、可读的表达式来创建列表;

● 充分利用对 Python 中列表、字典和集的理解进行编程;

● 使用 collections.defaultdict 以避免使用字典时的异常;

● 编写迭代器使自己的数据类型能够被轻松地访问;

● 解释生成器函数与迭代器之间的关系,并编写它们以执行复杂的运算;

● 使用 itertools 模块简洁地表示复杂的数据序列;

● 在 Python 中通过 re 模块应用正则表达式。

本章将介绍如何使用 Python 来编写简洁而有意义的代码,另外还将介绍一些 Python 程序员通用的表达自己思路和逻辑的方法。

7.1　概　述

Python 不仅是一种编程语言,它更是一个社区,这个社区是由使用、维护和相守 Python 编程语言的开发人员组成的。与其他任何社区一样,Python 社区的成员共享相同的文化和价值观。Tim Peter 的《Python 之禅》很好地总结了 Python 社区的价值观,其中包括这样一句话:

There should be one-and preferably only one-obvious way to do it.

通过对第 6 章的学习,我们已经知道几种不同的标准库,还了解了如何在处理数据时使用日志记录。本章将介绍 Python 的一些语言特色和库的特点,这些特点都是非常好用的。在对前面章节的学习中我们已经了解 collections 模块是如何工作的,接下来,将会把集合与列表、集和字典一起使用,来加深对集合的认识。迭代器和生成器允许用户向自己的代码添加类似列表的方法,以便之后能够以更加便捷的方式使用它。我们还将检查 Python 标准库中的一些类型和函数,这些类型和函数将使集合的高级方法更加容易编写和理解。

使用这些工具将使我们能够更轻松地阅读、编写和理解 Python 代码。在当今开源软件的世界中,数据科学家们越来越多地使用 Jupyter Notebook 来共享他们的代码,而简洁好用的代码就是我们加入全球 Python 社区的敲门砖。

7.2　列表解析式

列表解析式是一种灵活的、富有表现力的编写 Python 表达式以创建值序列的方法。列表解析式能够隐式迭代输入和构建列表，以便开发人员和读者可以专注于列表实现的功能。它使用起来非常简洁，正是这个特点使得列表解析式成为处理列表或序列的 Pythonic 方法。

列表解析式由我们已经学习过的 Python 语法片段组成。它们由方括号"[ ]"包围，其中，方括号是 Python 中表明可迭代列表的符号。方括号中有"for elements in"的描述，用来遍历某个集合中的元素；或者方括号中还可以使用 if 表达式从某个列表中筛选元素。

练习 7 - 1：引入列表解析式。

在本练习中，我们将编写一个程序，来创建包含从 1 到 5 每个数字的立方的列表。这个示例非常简单，因为我们更关注列表是如何生成的，而不关注对列表每个成员执行的具体操作。

我们可能在生活中做过这样的事情：编写一个程序，通过绘制一些函数图像来教导学生有关这些函数的知识。应用程序会获取 x 坐标的列表，并根据函数表达式生成对应的 y 坐标列表，进而使用这两个列表绘制函数图像。这里将使用之前学过的方法来获取 y 坐标列表。

① 打开一个 Jupyter Notebook 并输入下列代码：

```
cubes = []
for x in [1,2,3,4,5]:
    cubes.append(x ** 3)
print(cubes)
```

输出如下：

```
[1,8,27,64,125]
```

了解此代码需要跟踪存储立方运算结果的变量状态（从空列表开始）和 x 变量的状态（作为跟踪程序运行到列表哪个位置的指针）。这一切都与手头的任务（对数字进行立方运算）无关。我们最好能够删除这些不相关的详细信息，使代码变得更加简洁明了。非常幸运的是，列表解析式允许我们做到这一点。

② 编写以下代码，将之前的循环替换成列表解析式：

```
cubes = [x ** 3 for x in [1,2,3,4,5]]
print(cubes)
```

输出如下：

```
[1,8,27,64,125]
```

上述代码是指将[1,2,3,4,5]中的每个成员,依次赋给 x 并计算表达式"x ＊＊ 3",之后将结果放在 cubes 列表中。这里使用的列表可以是任何类似列表的对象,比如 range 函数。

③ 编写以下代码使示例更加简单:

```
cubes = [x ＊＊ 3 for x in range(1,6)]
print(cubes)
```

输出如下:

```
[1,8,27,64,125]
```

现在,我们已经将代码尽可能简化了。上述代码不会告诉我们它在实际执行时先创建了一个包含数字 1、2、3、4、5 的列表,而是告诉我们它计算了每个 x 的立方,x 的范围是大于或等于 1,小于 6。这就是简洁实用代码的本质:尽可能缩小我们编写的代码与计算机实际执行的差距。

列表解析式还可以在生成列表时筛选输入值。为此,我们将 if 表达式添加到列表解析式的末尾,其中表达式可以是能够对特定输入值返回 True 或 False 的任何测试。当想要转换列表中的某些值,而忽略其他值时,这个方法非常有用。例如,可以通过从每个帖子中找到照片并创建缩略图来构建社交媒体帖子的照片库,但是又希望仅在帖子中上传图片,而不是纯文本时执行这个操作。

我们希望让 Python 筛选出 Monty Python(英国的六人戏剧团体)中以"T"开头的演员的名字,在 Jupyter Notebook 中输入以下代码:

```
names = ["Graham Chapman", "John Cleese", "Terry Gilliam", "Eric Idle", "Terry Jones"]
```

④ 上面是要使用的名字列表,接下来将筛选以"T"开头的演员的姓名,代码如下:

```
print([name.upper() for name in names if name.startswith("T")])
```

输出如下:

```
['TERY GILLIAM','TERRY JONES']
```

练习 7-2:使用多重输入列表。

到目前为止,我们所看到的所有示例都是对一个列表中的每个元素执行计算生成另一个列表。我们可以为每个列表定义不同的元素名称,来定义使用多个列表的列表解析式。

为了显示工作原理,在本练习中,我们将使两个列表的元素相乘。我们将以菜单中的元素为例来探索多列表的列表解析式。

① 在 Jupyter Notebook 中输入以下代码:

```
print([x ＊ y for x in ['spam', 'eggs', 'chips'] for y in [1,2,3]])
```

输出如下：

```
[ 'spam', 'spamspam', 'spamspamspam', 'eggs', 'eggseggs', 'eggseggseggs', 'chips',
  'chipchips', 'chipchipchips']
```

检查结果表明，列表会以嵌套方式迭代，最右侧的列表位于嵌套内部，最左侧的列表位于嵌套外部。因此，首先 x 被设置为 spam，然后依次使 y 等于 1、2、3 并计算"x *y"的值，然后将 x 设置为 eggs，以此类推。

② 颠倒两个列表的顺序，代码如下：

```
print([x * y for x in [1,2,3] for y in ['spam', 'eggs', 'chips']])
```

输出如下：

```
[ 'spam', 'eggs', 'chips', 'spamspam', 'eggseggs', 'chipschips', 'spamspamspam',
  'eggseggseggs', 'chipchipchips']
```

交换列表的顺序会改变列表解析式的解析顺序。首先 x 被设置为 1，然后 y 依次被赋值为 spam、eggs 和 chips 并进行计算，接着 x 被设置为 2，以此类推。虽然任何乘法的顺序都不取决于其因数的顺序（比如，"'spam' * 2"的结果与"2 * 'spam'"相同），但是列表以不同顺序迭代意味着这些列表会以不同的方式计算结果。

例如，在列表解析式中可以多次迭代同一列表——x 和 y 迭代的列表可以是相同的，代码如下：

```
numbers = [1,2,3]
print([x ** y for x in numbers for y in numbers])
```

输出如下：

```
[1,1,1,2,4,6,3,9,27]
```

7.3 集合和字典的解析式

列表解析式能够简洁地构建 Python 的值序列，非常方便快捷。其他部分的集合同样也可以使用解析式，我们可以用这些集合类型来构建其他集合类型。集合是一个无序的集合：我们可以看到集合中的元素，但是无法对它进行索引，也不能在集合中的特定位置插入对象，因为对象实际上是无序的。元素在一个集合中只能出现一次，但它却可以在列表中出现多次。当我们希望能够测试某个对象是否在集合中，而并不关心对象的位置和顺序时，集合通常非常有用。例如，网络服务器可能会跟踪集合中的所有活动会话令牌，以便在收到请求时，它可以测试会话令牌是否与活动会话相对应。

字典是键值对的集合。在这种情况下，将值与特定键相关联，就可以向字典查询与某个键关联的值。每个键只能在字典中存在一次，但是一个值可能会存在于多个键中。

回到上述网络服务器的示例,使用服务的不同用户可能会有不同的权限,这些权限限制了他们能够执行的操作。此时,网络服务器就可以构造一个字典,将会话令牌作为字典的键,用值表示用户的权限,这样,它就可以快速判断与给定会话关联的请求能否被允许。

集合和字典解析式的语法看起来与列表解析式非常类似,可以简单地通过将方括号[]替换为大括号{}来实现。集合解析式和字典解析式的区别在于如何描述元素。对于集,需要指定单个元素,比如{ x for x in … };而对于字典,需要给出键和值两个元素的组合,例如{ key:value for key in… }。

练习 7 - 3:使用集合解析式。

列表和集合之间的区别是,列表中的元素具有顺序,而集合中的元素是无序的。这意味着集合中不能包含重复的元素,一个对象只有两种状态:在集合中或者不在集合中。

在本练习中,我们将使用集合解析式生成一个集合。

① 在 Jupyter Notebook 中输入以下列表解析式以创建一个列表:

```
print([a + b for a in [0,1,2,3] for bin [4,3,2,1]])
```

输出如下:

```
[4,3,2,1,5,4,3,2,6,5,4,3,7,6,5,4]
```

② 将结果转换成一个集。

将列表解析式外面的方括号修改为大括号:

```
print({a + b for a in [0,1,2,3] for b in [4,3,2,1]})
```

输出如下:

```
{1, 2, 3, 4, 5, 6, 7}
```

注意:步骤②中创建的集合要比步骤①中创建的列表短得多,这是因为集合中不包含重复的元素。以数字 4 为例,列表中数字 4 出现了 4 次($0 + 4 = 4, 1 + 3 = 4, 2 + 2 = 4$,以及 $3 + 1 = 4$),但是集合中不允许出现重复项,因此集合中只有一个数字 4。如果在步骤①中移除了列表中的重复项,那么列表将会变成 [4, 3, 2, 1, 5, 6, 7]。集合不会保留元素的顺序,因此,步骤②中显示的集合中数字的顺序与步骤①中移除重复项之后的数字顺序不同。但是,在本示例中你会发现,集合中的数字实际上是按数字大小的顺序依次显示的,这与 Python 对集合类型的实现方法有关。

练习 7 - 4:使用字典解析式。

大括号的解析式也可以用来创建字典。在字典解析式中,for 关键字左侧的表达式包含了一个键值映射关系;而关键字右侧的表达式会生成字典的键,即键值映射中冒号右边的内容。注意,一个键只能在字典中出现一次。

在本练习中,我们将创建一系列姓名的长度查询字典,并打印每个姓名的长度。

① 在 Jupyter Notebook 中输入 Monty Python 组合的成员姓名列表,代码如下:

```
names = ["Eric", "Graham", "Terry", "John", "Terry"]
```

② 使用解析式来创建姓名长度的查询字典,代码如下:

```
print({k:len(k) for k in ["Eric", "Graham", "Terry", "John", "Terry"]})
```

输出如下:

```
{'Eric': 4, 'Graham': 6, 'Terry': 5, 'John': 4}
```

注意:Terry 这个姓名只出现了一次,这是因为字典不能包含重复的键。现在,已经创建了每个姓名长度的索引,因此可以通过以姓名为键来进行查询。像这样的索引可能很有用,在游戏中,它可以计算出如何为每个玩家布局分数表,而无需重复计算每个玩家姓名的长度。

7.4 默认字典

当尝试访问不存在的键对应的值时,内置的字典类型会认为这个操作是错误的。它将引发一个 KeyError,我们必须对它进行处理,否则程序就会崩溃。通常,这样做是没问题的,如果程序员没有正确地获取键,这个错误就可以指出拼写错误或者字典使用方式的错误。

大多数情况下,这样做是一个好主意,但是偶尔也会产生一些问题。有时,程序员很有可能不知道字典包含的内容,例如,当字典是从用户提供的文件或者网络请求的内容创建时。在这种情况下,程序员期望的任何键都可能会不存在,但是一直处理 KeyError 错误又很枯燥、烦琐,并且还会使读者更难理解代码的意图。对于这些情况,Python 提供了 collections.defaultdict 类型。它的工作方式类似于常规字典,只是可以给它一个函数来创建一个默认值,以在键值不存在时使用。它不会引发错误,而会调用给定函数并返回结果。

练习 7-5:使用默认字典。

在本练习中,我们将使用常规字典,当尝试访问不存在的键时,就会引发 KeyError。

① 创建一个名为 john 的字典,代码如下:

```
john = { 'first_name': 'John', 'surname': 'Cleese' }
```

尝试使用一个 middle_name 键,这个键在字典中没有定义,代码如下:

```
john['middle_name']
```

输出如下:

```
In [1]:  john = { 'first_name': 'John', 'surname': 'Cleese' }
         john['middle_name']
---------------------------------------------------------------------------
KeyError                                  Traceback (most recent call last)
<ipython-input-1-63d140c09c07> in <module>
      1 john = { 'first_name': 'John', 'surname': 'Cleese' }
----> 2 john['middle_name']

KeyError: 'middle_name'
```

② 从 collections 模块导入 defaultdict，并重新用 defaultdict 类型实现之前的字典，代码如下：

```
from collections
import defaultdict
safe_john = defaultdict(str, john)
```

上述代码中第一个参数是一个能够返回空字符串的类型构造函数，因此不存在的键将会使用空字符串作为对应的值。

③ 尝试使用一个没有在这个字典中定义的键，代码如下：

```
print(safe_john['middle_name'])
```

输出如下：

```
''
```

这里并没有引发异常，而是返回了一个空字符串。这是因为 defaultdict 构造函数的第一个参数称为 default_factory，其可以是任何可调用（即类似函数）的对象。我们可以用它计算基于给定键的值或者返回某个指定的默认值。

④ 使用一个匿名函数作为 defaultdict 的 default_factory 参数，代码如下：

```
from collections
import defaultdict courses = defaultdict(lambda: 'No! ')
courses['Java'] = 'This is Java'
```

此字典将会对任何不存在的键通过 lambda 匿名函数返回一个字符串。

⑤ 访问该新字典中一个不存在的键对应的值，代码如下：

```
print(courses['Python'])
```

输出如下：

```
No!
```

⑥ 访问该新字典中一个存在的键对应的值，代码如下：

```
print(courses['Java'])
```

输出如下：

```
This is Java
```

使用 defaultdic 默认字典的好处是,当知道字典中某些键可能丢失时,程序可以直接返回默认值,而无需对代码进行异常处理。这是 Pythonic 代码的另一个体现:如果你的意思是"使用字典中的'foo'键,如果这个键不存在,则使用'bar'作为它的值",你就可以使用默认字典来实现这个功能,而无需通过这样的逻辑"使用字典中的'foo'键,如果程序引发了 KeyError,则使用'bar'作为它的值"来实现。

默认字典很适合用于处理不受信任的输入,例如用户选择的文件或者从网络接收的对象等。网络服务不应假设从客户端获得的任何输入都是格式良好的。如果程序打算将请求的数据作为 JSON 对象进行处理,那么当接收到的数据不是 JSON 格式时,程序应当能够进行处理,而不是直接发生错误;如果接收到的数据是真正的 JSON,则客户端也可能不会提供程序 API 所需的所有键,因为某些键可能会缺失,此时程序同样应能对其进行处理。默认字典为我们提供了处理此类未验证数据的真正简洁的方法。

7.5 迭代器

实现 Pythonic 代码的一个秘密是,我们可以在解析式中使用迭代器来查找列表、范围或其他集合中的元素。在自己的类中支持迭代器,就可以使自己的类能够用于解析式、for…in 循环,以及 Python 中使用集合的任何地方。我们自己的集合必须实现一个名为 iter() 的方法,因为它可以返回一个迭代器。

迭代器本身也是具有简单方法的 Python 对象。它必须提供一个 next() 方法。每次调用 next() 时,迭代器都会返回集合中的下一个值。当迭代器到达集合的末尾时,next() 方法会发出 StopIteration 信号来标记迭代的终止。

如果在其他编程语言中使用过异常,则可能会对这种在非常普遍的情况下使用异常的做法感到惊讶。毕竟,几乎所有循环都可能会被循环遍历到末尾,所以这种异常情况实际上并不"异常"。Python 对异常的定义并不是那么教条,它致力于使程序代码更加简洁且富有表现力,而不是墨守成规。

一旦学会了构建迭代器的方法,我们编写的应用程序就可以实现更多的功能。如果程序的集合或者类似于集合的类可以提供创建迭代器方法,那么 Python 程序员就能够使用简洁的方法(比如列表解析式等)使用它们。例如,用来将数据类型存储到数据库中的应用程序可以使用迭代器读取符合查询内容的每一行数据,并将每行数据作为单独的对象用于循环或者解析式中。

练习 7-6:最简迭代器。

为类添加迭代器的最简单的方法就是使用另一个对象的迭代器。例如设计一个类,这个类包含某种类型的集合并且可以控制对这个集合的访问,那么最好能够让程序员使用集合自身的迭代器来迭代对象。在这种情况下,只需要添加 iter() 方法来返回合适的迭代器。

在本练习中,我们将编写一个 Interrogator 类,它将向被询问的人提出几个棘手的问题,并从构造函数中获取问题列表。现在让我们编写这个程序并打印这些问题吧。

① 在 Jupyter Notebook 中输入以下构造函数:

```
class Interrogator:
    def_init_(self, questions):
        self.questions = questions
```

在循环中使用 Interrogator 可能意味着依次询问每个问题。实现此目的的最简单的迭代器就是问题列表的迭代器,我们使用 iter() 方法来返回这个迭代器。

② 添加 iter() 方法,代码如下:

```
def_iter_(self):
    return self.questions._iter_()
```

③ 创建一个问题列表,代码如下:

```
questions = ["What is your name?", "What is your quest?", "What is the average airspeed
             velocity of an unladen swallow?"]
```

④ 创建一个 Interrogator 实例对象,代码如下:

```
awkward_person = Interrogator(questions)
```

⑤ 在 for 循环中使用上述 Interrogator 对象,代码如下:

```
for question in awkward_person:
    print(question)
```

输出如下:

```
What is your name?
What is your quest?
What is the average airspeed velocity of anunladen swallow?
```

从表面上来看,只是在 Interrogator 类和问题集合中间做了一层交互;从实现的角度来看,这是没有任何问题的;从设计的角度来看,你所实现的功能已经很强大了。我们设计了一个 Interrogator 类,程序员可以使用迭代器迭代其中的问题,而无需告诉程序员 Interrogator 类的内部是如何存储信息的。虽然它只是将方法调用转发到列表调用,但是我们以后可将这个类修改为调用 SQLite3 数据库或者网络服务,并且不需要修改任何额外的内容。

对于更复杂的情况,我们需要编写自己的迭代器。迭代器需要实现一个 next() 方法,该方法会返回集合中的下一个元素,或者在到达集合末尾时引发 StopIteration。

练习 7 - 7: 自定义迭代器。

在本练习中,我们将实现一个经典算法——埃拉托色尼筛选法(简称埃氏筛法)。为了找到 2 到 n 之间的所有质数,首先需要列出该范围中的所有数字。现在,2 是质数,然后返回这个结果。接着,从列表中移除 2 和所有 2 的倍数,并返回新的最小的数字(现在是 3)。继续重复此步骤,直到列表中不存在任何数字。使用此方法返回的是不断递增的质数。它的工作原理是,如果在集合中返回的数字没有在之前步骤中删除,那么说明它除了自身之外,没有更小的因子,因此它是一个质数。

首先,构建类的架构,其构造函数需要获取最大值并生成此范围内的自然数列表。对象可以是一个可迭代对象,因此可以用 __iter__()方法返回其本身。

① 定义一个 PrimesBelow 类并初始化,代码如下:

```
class PrimesBelow:
    def _init_(self, bound):
        self.candidate_numbers = list(range(2,bound))
```

② 实现 iter()方法来返回自身对象,代码如下:

```
def iter (self):
    return self
```

③ 算法的主体位于 next()方法中,每次迭代时,它都将找到下一个最小的质数。如果没有找到这个质数,它会引发 StopIteration;如果找到了下一个质数,它将从集合中删除该质数及其所有倍数,并返回这个质数的值。

现在定义 next()方法和退出条件,如果集合中没有剩余数字,则迭代终止,代码如下:

```
def next (self):
    if len(self.candidate_numbers) == 0:
        raiseStopIteration
```

④ next()方法会选择列表中的最小数字作为 next_prime 的值,并且在返回这个新质数之前删除该数字及其所有倍数,代码如下:

```
next_prime = self.candidate_numbers[0]
self.candidate_numbers = [x for x in self.candidate_numbers if x % next_prime != 0]
return next_prime
```

⑤ 使用此类的实例查找 100 以下的所有质数,代码如下:

```
primes_to_a_hundred = [prime for prime in PrimesBelow(100)]
print(primes_to_a_hundred)
```

输出如下:

```
[2,3,5,7,11,13,17,19,23,29,31,37,41,43,47,53,59,61,67,71,73,79,83,89,97]
```

本练习演示了如何通过迭代算法实现将对象作为迭代器使用,通过这种方式我们可以将自己的类视为一个集合。事实上,程序并没有构建包含所有质数的集合,我们可以像在步骤⑤中那样使用 PrimesBelow 类的方法自行创建一个质数列表,但是 PrimesBelow 类每次调用__next()__方法只会返回一个数字。这是向程序员隐藏算法实现细节的一个好方法。实际上,无论是给它们一个要迭代的对象集合,还是自己创建一个计算每个值的迭代器,程序员都可以用完全相同的方式调用这个类。

练习 7 - 8：控制迭代。

我们可以在循环或者解析器以外使用迭代器，可以使用 iter() 函数获取其参数（某个迭代器）的迭代对象，然后用 next() 函数依次取出。这两个函数分别调用了 iter() 和 next() 方法。我们还可以使用它们向迭代添加自定义行为以更好地控制迭代过程。

在本练习中，我们将打印小于 5 的质数。当对象计算完所有质数时，需要引发一个错误。为了实现这个功能，我们将使用练习 7 - 7 中创建的 PrimesBelow 类。

① 获得 PrimesBelow 实例的迭代器。PrimesBelow 是练习 7 - 7 中创建的类，如果没有关闭练习 7 - 7 中的代码单元格，则可以在接下来的代码单元中输入以下代码：

```
primes_under_five = iter(PrimesBelow(5))
```

② 多次对该对象使用 next() 方法来连续生成质数，代码如下：

```
next(primes_under_five)
```

输出如下：

```
2
```

再次使用 next() 方法：

```
next(primes_under_five)
```

输出如下：

```
3
```

③ 当对象已经输出了所有符合要求的质数时，再次运行 next() 方法会引起 StopIteration 错误，代码如下：

```
next(primes_under_five)
```

输出如下：

```
In [1]: primes_under_five = iter(PrimesBelow(5))
        next(primes_under_five)
        2
        next(primes_under_five)
        3
        next(primes_under_five)
```

```
---------------------------------------------------------------------------
NameError                                 Traceback (most recent call last)
<ipython-input-1-c81778c59ded> in <module>
----> 1 primes_under_five = iter(PrimesBelow(5))
      2 next(primes_under_five)
      3 2
      4 next(primes_under_five)
      5 3

NameError: name 'PrimesBelow' is not defined
```

在由一系列输入驱动的程序(比如命令解释器)中,能够手动进行迭代是非常有用的。我们可以将输入流视为一系列字符串的迭代,其中每个字符串都代表一条命令。调用 next() 就可以获取下一条命令,执行它并打印结果,接着调用 next() 方法以等待后续命令。程序引发 StopIteration 错误,就说明用户不再输入更多命令,此时程序就可以退出。

7.6　迭代工具

迭代器可以用于描述序列,比如 Python 列表和范围,以及可以提供对其内容的有序访问的、类似序列的集合(比如自己的数据类型)。迭代器使得这些集合的使用更加方便,使用方式更加简洁。Python 的标准库中包含一个 itertools 模块,它有一系列用于组合、操作和使用迭代器的其他有用函数。在本节中,我们将使用该模块中的几个有用的工具。除此之外,如果想要学习和使用更多的有用工具,请查阅 itertools 的官方文档。

迭代工具最重要的用途之一就是处理无限序列。有很多情况下的序列都是不会结束的:从数学中的无限序列到图形应用程序中的事件循环,以及类似的一切情况。图形用户界面通常会围绕事件循环而构建,程序在其中等待事件(比如键盘按键、单击、计时器过期等),然后对事件做出反应。事件流可以视为事件对象的无限可能列表,程序依次从列表中取出下一个事件并对其后续事件进行响应。使用 Python 对这些列表进行迭代时,循环和解析过程永远不会终结。因此,itertools 模块提供了一些可用于无限序列的函数。下面的练习将介绍这些函数。

练习 7 - 9:使用 takewhile 方法处理无限序列。

这里还有一种算法可以替代埃氏筛法来生成质数,程序可以按照顺序测试每个数字,以查看其是否含有除自身以外的任何其他因数。此算法花费的时间比埃氏筛法多得多,但是运行占用的内存空间却很小。

在本练习中,我们将实现一个"更好"的算法,该算法占用的空间比埃氏筛法要小,同样可以用于生成质数。

① 在 Jupyter Notebook 中输入以下迭代器算法:

```
class Primes:
    def init(self):
        self.current = 2
    def iter(self):
        return self
    def next(self):
        while True:
            current = self.current
            square_root = int(current ** 0.5)
```

```
            is_prime = True
        if square_root >= 2:
            for i in range(2, square_root + 1):
                if current % i == 0:
                    is_prime = False
                    break
            self.current += 1
            if is_prime:
                return current
```

② 输入以下代码以获取小于 100 的质数列表：

```
[p for p in Primes() if p < 100]
```

因为迭代器永远不会引发 StopIteration,因此这行代码永远不会执行结束,我们必须强制退出运行。

③ 在 Jupyter Notebook 中单击 Stop 按钮,输出如下：

```
KeyboardInterrupt                         Traceback (most recent call last)
<ipython-input-23-afd3c871a33d> in <module>()
----> 1 [p for p in Primes() if p < 100]

<ipython-input-23-afd3c871a33d> in <listcomp>(.0)
----> 1 [p for p in Primes() if p < 100]

<ipython-input-22-c1ad65bf0095> in __next__(self)
     11         if square_root >= 2:
     12             for i in range(2, square_root + 1):
---> 13                 if current % i == 0:
     14                     is_prime = False
     15                     break

KeyboardInterrupt:
```

要使用此迭代器,itertools 模块提供了一个 takewhile() 函数,该函数可以将无限序列的迭代器包装到另一个迭代器中。我们还可以在 takewhile() 函数中使用布尔函数,迭代器将不断地取值,直到布尔函数返回 False,这时外部迭代器将引发 StopIteration 并终止迭代。这样,就可以从之前输入的无限序列中查找小于 100 的质数了。

④ 使用 takewhile() 将无限序列转换为有限序列,代码如下：

```
import itertools
print([p for p in itertools.takewhile(lambda x: x < 100, Primes())])
```

输出如下：

```
[2,3,5,7,11,13,17,19,23,29,31,37,41,43,47,53,59,61,67,71,73,79,83,89,97]
```

令人惊讶的是,有时我们还需要将有限序列转换为无限序列。

练习 7 - 10：将有限序列转换为无限序列并返回。

在本练习中,考虑一个回合制游戏,比如国际象棋。首先白子先行,然后黑子行动,接着是白子黑子轮流行动,直到游戏结束。如果有一个无限的白色、黑色循环序列,那么总是可以看到下一个元素以决定接下来是谁的回合。

① 在 Jupyter Notebook 中输入玩家列表：

```
import itertools
players = ['White', 'Black']
```

② 使用 itertools 库中的 cycle()方法来创建回合的无限循环序列：

```
turns = itertools.cycle(players)
```

为了证明它是按照预期工作的，需要将其重新转换为有限序列，以便能够查看 turns 迭代器的前几个成员。我们可以使用之前介绍的 takewhile()方法执行此操作，并在此处与 itertools 模块的 count()函数组合，以输出有限个成员。

③ 列出国际象棋游戏前 10 回合的执子玩家列表，代码如下：

```
countdown = itertools.count(10, -1)
print([turn for turn initertools.takewhile(lambda x:next(countdown) > 0, turns)])
```

输出如下：

```
['White', 'Black', 'White', 'Black', 'White', 'Black', 'White', 'Black', 'White', 'Black']
```

这是用于将操作（在本例中为国际象棋的棋子移动）分配给某个资源（在本例中为玩家）的"循环"算法。这个算法不止可以用在棋牌类游戏中，例如在 Web 服务器或者数据库应用程序中的多个服务器之间进行负载平衡的一个简单方法，就是构建一个无限的可用服务器序列，你可以构建可用服务器的无限序列，在每次请求传入时依次选择其中一个服务器来处理这个请求。

7.7 生成器

有些函数会在不改变自身状态的同时，执行函数中的所有计算并返回结果，对于这种函数，每次相同的调用都会返回同样的值。但是，这并不是函数唯一可能的行为。函数还可以生成一个值并改变自身状态，在下一次调用时就可以返回另一个值，以此类推，或者返回已完成的标志。这种能够产生值序列的函数称为生成器。

生成器很有用，因为它允许程序推迟计算结果直到需要使用它时再返回。例如，查找 π 的小数序列是一项很艰苦的工作，并且它会随着数字量的增加而越来越复杂。如果编写的程序需要显示 π 的小数序列，则可能会直接让函数计算出前 1 000 位数字。但是，如果用户只要求查看前 10 位数字，则大部分资源都将浪费。使用生成器，可以推迟资源耗费量大的运算，直到程序需要使用它们时再进行计算并返回结果。

一个真实的示例是，可以使用生成器有效地处理 I/O。来自网络服务的数据流可以看作是生成可用数据的生成器，这个生成器每次会返回不同的数据，直到数据流返回。使用生成器允许程序在 I/O 流的可用数据和处理数据的调用器之间来回传递控件。

Python 内部将生成器函数转换为使用迭代器协议的对象(比如__iter__、__next__和 StopIteration 错误),因此我们可以在 7.7 节所学的迭代器的基础上,进一步理解生成器的功能和使用。我们不能编写一个无法转换为等效迭代器的生成器,但是,生成器有时比迭代器更容易编写和理解,这是因为我们致力于编写更易于理解的 Pythonic 代码。

练习 7 - 11:生成质数序列。

在本练习中,我们将使用生成器函数重写埃氏筛法,并将其与之前使用迭代器的函数结果进行对比。

① 使用生成器函数重写埃氏筛法的函数,它将生成质数序列,代码如下:

```
def primes_below(bound):
    candidates = list(range(2,bound))
    while(len(candidates) > 0):
        yield candidates[0]
        candidates = [c for c in candidates if c % candidates[0] != 0]
```

② 确认以上代码的运行结果与使用迭代器的代码运行结果是否相同,代码如下:

```
print()[prime for prime in primes_below(100)]()
```

输出如下:

```
[2, 3, 5, 7, 11, 13, 17, 19, 23, 29, 31, 37, 41, 43, 47, 53, 59, 61, 67, 71, 73, 79, 83,
 89, 97]
```

这就是真正的生成器——它们只是迭代器的一种不同的表达方式,但却传达了不同的设计意图。实际上,使用生成器可以使控制流在生成器和调用器之间来回传递。

为什么 Python 要同时提供生成器和迭代器呢?这个问题相信大家心中都已经有答案了,那就是因为它们实际上传达的是不同的设计意图。引入生成器的 PEP 文档(https://www.python.org/dev/peps/pep-0255/)中包含了更多的相关内容,其中包括引入动机和问答部分,它们将为希望深入了解生成器的读者提供一定帮助。

7.8　正则表达式

正则表达式是用于特定域的编程语言,它可以使用高效灵活的字符串定义对比语法。正则表达式于 1951 年由史蒂芬·科尔·克莱恩引入,现在已经成为搜索和操作文本的重要工具。例如,如果你需要编写一个文本编辑器,并突出显示文档中所有 Web 链接并可以通过单击将其打开,则可以搜索以 HTTP 或者 HTTPS 开头的字符串,然后搜索包含":///"的字符串,并将所有内容突出显示;如果你使用标准的 Python 语法,也可以实现这样的操作,但最终得到的将是一个非常复杂的循环,而且很容易出现各种错误;如果使用正则表达式,则只需要匹配"https?://\S+"。

本节将介绍如何使用 Python 的 re 模块来应用正则表达式。接下来以前面的 URL 匹配为例,介绍正则表达式的功能,如下:

- 大多数字符匹配自身,因此正则表达式中的"h"正好匹配字母"h"。
- 将字符放在方括号中意味着此处可以在备用选项中选择。因此,如果认为网络链接有可能是大写的,那么就可以从"[Hh]"开始,它表示匹配字符"H"或者字符"h"。在 URL 的正文中,我们希望它能够与任何非空白字符进行匹配,而无需将其全部写出。因此,我们使用了"\S"字符类。还有一些其他字符类,比如"\w"(表示非特殊字符,即字母、数字、汉字、"_"字符)、"\W"(表示特殊字符,即非字母、非数字、非汉字、非"_"字符)和"\d"(表示数字)。
- 这里使用了两个限定符:"?"表示匹配 0 或 1 次,例如,"s?"表示此时文本没有或者有一次匹配"s";而"+"表示匹配 1 次及以上,例如,"\S+"代表有一个或多个非空白字符。此外,还有一个限定符"*",它代表匹配 0 次及以上。

我们将在本节使用一些其他的正则表达式功能,如下:

- 括号"()"可以引入一系列的子表达式,有时将其称为"捕获组"。它们根据在表达式中出现的顺序从 1 开始编号。
- 反斜杠接数字代表之前介绍的编号子表达式。比如,"\1"指的就是第一个子表达式。在替换与正则表达式匹配的文本或存储正则表达式的部分以供以后在同一表达式中使用时,就可以使用这种方式。由于 Python 会对反斜杠进行翻译,因此在 Python 中使用时需要编写为"\\1"。

软件开发时,正则表达式有非常重要的作用,因为很多软件都需要处理文本。比如,验证网络应用程序中的用户输入、搜索和替换文本中的条目以及查找应用程序日志文件中的特定时间,都可以使用 Python 的正则表达式。

练习 7-12:使用正则表达式匹配文本。

在本练习中,我们将使用 Python 的 re 模块查找字符串中的重复字符。

这里将使用的正则表达式是"(\w)\\1+"."(\w)",它会从单词(即任何字母或者下画线字符"_")中搜索出现不止一次的字符,并将该字符存储在带有编号的子表达式"\1"中。然后,我们使用"\\1+"来查找同一字符的一个或多个匹配项。使用此正则表达式的步骤如下:

① 导入 re 模块,代码如下:

```
import re
```

② 定义要搜索的字符串和搜索模板,代码如下:

```
title = "And now for something completely different"
pattern = "(\w)\\1+"
```

搜索与模板匹配的部分并打印结果:

```
print(re.search(pattern, title))
```

输出如下：

`〈re. Match object; span = (35,37),match = 'ff'〉`

re. search（）函数会在字符串的任何部分查找匹配项：如果找不到匹配项，它将返回 None。如果只想查看字符串的开头是否匹配某个模板，就可以使用 re. match（）函数。它要求必须从字符串开头就匹配指定模板，与添加"^"符号的"re. search（"^（\w）\\ 1＋"，title）"效果类似。

练习 7－13： 使用正则表达式替换文本。

在本练习中，我们将使用正则表达式并通过不同的模板替换字符串中的匹配项，步骤如下：

① 定义要进行搜索的文本，代码如下：

```
import re
description = "The Norwegian Blue is a wonderful parrot. This parrot is notable for its
             exquisite plumage."
```

② 定义要搜索的模板及其替换内容，代码如下：

```
pattern = "(parrot)"
replacement = "ex-\\1"
```

③ 使用 re. sub（）函数，将搜索模板修改为替换模板，代码如下：

```
print(re.sub(pattern, replacement, description))
```

输出如下：

```
The Norwegian Blue is a wonderful ex-parrot. This ex-parrotis notable for its exquisite
plumage.
```

替换的内容引用了捕获组"\1"中的内容，即替换的内容使用了第一个子表达式所匹配的文本。在上面的例子中，捕获到的内容是单词 parrot，这使得我们能够直接在替换时引用 parrot 一词，而无需额外的输入。

7.9 总 结

在本章中，我们了解了在 Python 中执行某些操作的多种方法，以及其中最实用的方法。实用要求代码简洁易懂，不拘泥于死板的代码模板和无关信息，而是专注于手头的任务。解析式是一种用于操作集合（包括列表、集和字典等）的实用工具。解析式中包含了迭代器，而迭代器可以编写为类或者生成迭代值的生成器函数。Python 库包含用于处理迭代器的许多有用函数，还包括表示为迭代器的无限序列函数等。

在第 8 章中，我们将继续深入介绍 Python 语言，介绍如何调试 Python 代码，如何编写单元测试，如何记录、打包以及分享自己编写的代码。

第 8 章　仿真测试

在本章结束时,读者应能做到以下事情:
- 排除 Python 应用程序中的问题;
- 解释为何在软件开发中测试很重要;
- 在 Python 中编写测试方案以验证代码;
- 创建一个可以发布到 PyPI 的 Python 包;
- 在网络上编写和发布文档;
- 创建 Git 仓库并对自己的源代码进行版本管理。

在本章中,我们将探讨如何调试和排除应用程序中的故障,如何编写测试程序来验证代码,以及如何为其他开发人员和用户编写文档。

8.1　概　述

软件开发并不只有编写代码这一步。在第 7 章中,我们已经介绍了 Pythonic 代码的概念。当我们以专业的开发人员身份编写软件时,同样希望代码能够达到一定标准,能够使其他开发人员轻松地管理和分发代码。

在本章中,我们将介绍各种概念和工具,这些概念和工具将提升我们编写的源代码和应用程序的水平。我们将使用每个 Python 开发人员都使用的工具来测试代码、编写文档、打包代码以及进行版本控制。我们还将介绍一些调试代码以解决某些问题。此外,我们还将编写测试程序来验证我们的假设以及代码的实现。这些都是成为专业开发人员的必备条件,因为它们会帮助开发人员有效地进行开发和协作。最后,我们将介绍如何使用 Git 来管理源代码版本的一些基础知识。

8.2　调　试

在我们的开发生涯中,迟早都会面临这样的情况:编写的程序没有产生预期的效果。在这种情况下,我们通常会回顾源代码,并尝试找到产生这个区别的原因。此时,我们可以使用多种方法(通常是一些 Python 特有的方法)来尝试调试或者排除故障。

通常,有经验的开发人员在遇到错误时,执行的第一个操作就是查看日志或者应用程序生成的任何其他输出。正如在第 6 章中讨论的那样,一个好的起点就是尝试更加详细地记录日志。如果不能只通过日志来解决问题,则可能需要回顾一下是如何指导应用程序记录状态和进行活动跟踪的,以便将来能够对其进行改进。

验证程序输入/输出的下一步是接收和验证日志。在 Python 中,通常下一步是使用 Python 的调试器 pdb。

pdb 模块及其命令行接口(一个 cli 工具,即命令行界面工具)允许我们在代码运行时检视代码,询问当前程序的状态、变量值以及执行流等问题。它类似于一些其他工具,比如 gdb,但是它的级别更高,并且是专门为 Python 设计的。

我们有两种主要方法来启动 pdb:一种方法是直接运行工具并传入代码文件,也可以使用 Breakpoint 命令。例如,查看下面的文件:

```
# This is a comment
this = "is the first line to execute"
def secret_sauce(number):
    if number <= 10:
        return number + 10
    else:
        return number - 10
def magic_operation(x, y):
    res = x + y
    res *= y
    res /= x
    res = secret_sauce(res)
    return res
print(magic_operation(2, 10))
```

当我们使用 pdb 执行脚本时,上述程序会进行如下工作:

```
python3.7 - m pdb magic_operation.py
[...]Lesson08/1.debugging/magic_operation.py(3)<module>()
->this = "is the first line to execute"
(Pdb)
```

上述程序将在 Python 代码的第一行暂停执行,并提示我们使用命令提示符与 pdb 进行交互。此时输出的第一行显示现在位于哪一个文件,最后一行显示现在正在运行哪个调试器(pdb)并等待用户的输入。

另一种方法是修改源代码。在早期版本的 Python 中,可以在代码的任何位置添加一句"import pdb;pdb. set_trace()",这会告诉 Python 解释器,我们希望在这里启动调试会话。而在 Python 3. 7 以及更高的版本中,我们可以直接使用 breakpoint()命令。

如果我们执行在其中某一行包含 breakpoint()命令的 magic_operation_with_breakpoint. py 文件(可以在 GitHub 中找到),则会看到调试器在指定的位置暂停执行并开始调试。

当我们在 IDE 或者大型应用程序中运行某些代码时，可以使用第二种方法实现相同的效果。我们只需要向适当的位置添加一句"breakpoint( )"即可，这是迄今为止最简单、最快捷的方法，代码如下：

```
$ python3.7 magic_operation_with_breakpoint.py
[...]/Lesson08/1.debugging/magic_operation_with_breakpoint.py(7)secret_sauce()
->if number <= 10:
(Pdb)
```

此时，可以运行 help 命令获取所有可以执行的命令及其相关的详细信息。最常用的一些命令如下：

- break(文件名：代码行)：这将在指定的行中设置断点。它确保程序能够在正常执行其他代码的条件下，在指定断点标记处暂停运行。断点还可以在任何标准库中设置。如果想要在作为模块运行的文件中设置断点，则只需在 Python 路径的基础上使用其相对路径即可执行此操作。例如，要在 parser 模块(在标准库中处理 HTML 的代码包)中暂停代码并进入调试，就可以执行"b html/parser:50"，在文件的第 50 行代码处添加断点。
- break(后接函数)：我们可以请求在调用特定函数时暂停代码运行。如果函数位于当前文件中，则可以直接传递函数名称；如果函数是从另一模块导入的，则必须传递完整的函数说明，比如 html. parser. HTMLParser. reset，代表程序将在运行 html. parser 模块的 HTMLParser 类中的 reset 函数时暂停运行。
- break(不带参数)：这将列出当前程序设置的所有断点。
- continue：这将使代码继续执行，直到找到下一个断点。这非常有用，我们可以在所有想要检查的代码或函数行中设置断点，然后执行代码，代码将运行到断点处暂停接受检查，接下来可以使用 continue 命令使代码继续执行到下一个断点，以此类推来对代码进行连续检查。
- where：这将在调试器暂停执行的那一行打印堆栈跟踪。了解如何调用此函数以及如何在堆栈中移动是非常有用的。
- down 和 up：这两条命令允许我们在堆栈中移动。如果处于函数调用中，则可以使用 up 来查看和检查之前帧的状态，或者使用 down 来深入堆栈，查看之后帧的状态。
- list：这条命令将显示 11 行代码，即显示调用 list 处的上下各 5 行代码。
- longlist：这条命令将显示正在执行函数的源代码。
- next：这将执行当前行的代码并移动到下一行。
- step：这条命令将执行当前行，并且会在执行的函数内部的第一行暂停。当我们不只是想要执行某个函数来得到结果，还想要单步执行它检查运行时，这条命令是非常有帮助的。
- p：打印表达式的值。它可以用于检查变量的内容。
- pp：完整地打印表达式。当试图打印较长的结构时，这条命令是非常有用的。

● run/restart：这两条命令将重启程序，但是所有断点仍保持不变。当我们错过了希望观察的现象时，这两条命令非常有用。

很多函数都有缩写或者快捷方式，例如，可以使用 b 代替 break，使用 c 或者 cont 代替 continue，使用 l 代替 list，使用 ll 代替 longlist，等等。

pdb 附带了一个庞大的工具箱，这里只介绍其中一部分常用的工具。我们可以使用 help 命令查看其他函数以及如何使用它们。

练习 8 - 1：调试工资计算器。

在本练习中，我们将按照所学到的方法，使用 pdb 来调试工作不正常的应用程序。这里给出了一个计算器，我们的公司正在使用这个计算器计算每一年员工的加薪情况，此时一位经理报告说，按照规定她应该加薪 30%，但是实际上她只得到了 20% 的加薪。我们刚刚得知，这位经理的名字叫 Rose，计算加薪的计算器代码如下：

```python
def _manager_adjust(salary, rise):
    if rise < 0.10:
        # We need to keep managers happy.
        return 0.10
    if salary >= 1_000_000:
        # They are making enough already.
        return rise - 0.10
def calculate_new_salary(salary, promised_pct, is_manager, is_good_year):
    rise = promised_pct
    # remove 10% if it was a bad year
    if not is_good_year:
        rise -= 0.01
    else:
        pass
# managers have a specialadjust
if is_manager:
    rise = _manager_adjust(salary, rise)
    # Extra bonus for people with high rises
    if rise >= 0.20:
        rise = rise + 0.10
    salary_increase = salary * rise
    return int(salary + salary_increase)
```

以下步骤将帮助我们完成本练习。

① 通过提出正确的问题来理解问题。

调试的第一步是充分理解问题，评估源代码是否存在问题并获取所有可能的数据。我们需要询问报告错误的用户和我们自己一些问题，下列是一些常见的问题：

● 他们使用的是什么版本的软件？

● 第一次错误是什么时候产生的？

- 这个软件以前能够正常工作吗？
- 这是一个间歇性故障还是一个可以持续重现的故障？
- 问题出现时，程序的输入是什么？
- 问题出现时，程序的输出和预期输出是什么？
- 我们是否有日志或者其他任何信息来帮助我们调试问题？

在这种情况下，我们了解到，问题发生在计算器的最新版本上，并且报告错误的人可以重现这个错误。这个错误似乎只发生在 Rose 身上，这可能与她提供的参数有关。例如，她报告称，她现在的工资是 1 000 000。按照规定，她将得到 30% 的加薪，尽管她知道收入这么高的经理会扣除 10% 的工资，但是今年公司的收益比较好，她会得到额外 10% 的奖金，因此最终她确实应得到 30% 的加薪。但是，她看到她的新工资是 1 200 000，而不是 1 300 000。我们将她的描述转换为以下参数：

salary：1,000,000.
promised_pct：0.30.
is_manager：True
is_good_year：True

理论上会输出 1 300 000，但是她报告称实际输出为 1 200 000。我们没有任何相关的执行日志，因为代码中没有添加日志等工具。

② 通过使用已知参数运行 calculate_new_salary 函数重现问题。

我们调试调查的下一步就是确认我们可以重现该问题。如果我们无法重现它，则意味着我们或用户所做的一些输入或假设不正确，此时我们应重新回到第一步重新理清输入和假设。

在本示例中，重现问题非常简单——只需要使用已知的参数运行函数，代码如下：

```
rose_salary = calculate_new_salary(1_000_000, 0.30, True, True)
print("Rose's salary will be:", rose_salary)
```

输出如下：

```
1200000
```

它实际上返回了 1 200 000，而不是 1 300 000，而且从规定中得知她的工资应该是后者，这确实有些不太对劲。

③ 使用其他输入测试程序，比如 1 000 000 和 2 000 000，来查看区别。

在某些情况下，在运行调试器之前尝试使用其他输入执行程序会很有帮助。这可以给我们一些额外的信息。我们知道，对于收入在 100 万以上的职员，公司有特殊规定。那么我们将输入数字提高到 2 000 000 会发生什么呢？

输入以下代码：

```
rose_salary = calculate_new_salary(2_000_000, 0.30, True, True)
print("Rose's salary will be:", rose_salary)
```

我们可以看到,程序输出为 2 400 000,它实际上也只提升了 20% 而不是 30%。代码中确实存在错误。

我们可以尝试修改百分比。现在,让我们尝试将最初承诺的加薪额提高为 40%:

```
rose_salary = calculate_new_salary(1_000_000, 0.40, True, True)
print("Rose's salary will be:", rose_salary)
```

输出如下:

```
Rose's salary will be: 1400000
```

有趣的是,她会得到 40% 的加薪,而没有扣除 10% 的工资。

通过尝试不同的输入,我们已经找到 Rose 情况的特殊之处,那就是她的 30% 的工资增长。当我们开始通过以下步骤进行调试时,会看到,我们应关注与规定百分比进行交互的代码,因为初始工资的变动对结果的增长百分比并没有影响。

④ 使用 pdb 命令启动调试器并在 calculate_new_ salary 函数中设置断点:

```
$ python3.7 - m pdb salary_calculator.py
〉24039101〉/Lesson08/1.debugging/salary_calculator.py(1)〈module〉()
->"""Adjusts the salaryrise of an employ""" (Pdb) b calculate_new_salary
Breakpoint 1 at/Lesson08/1.debugging/salary_calculator.py:13 (Pdb)
```

⑤ 运行 continue 或者 c 命令使解释器继续执行代码,直到执行指定函数,代码如下:

```
(Pdb) c
```

输出如下:

```
/Lesson08/1.debugging/salary_calculator.py(14)calculate_new_salary()
->rise = promised_pct (Pdb)
```

⑥ 运行 where 命令来获取有关我们是如何到达这个位置的信息,代码如下:

```
(Pdb) where
```

输出如下:

```
/usr/local/lib/python3.7/bdb.py(585)run()
->exec(cmd, globals, locals)
〈string〉(1)〈module〉()
/Lesson08/1.debugging/salary_calculator.py(34)〈module〉()
->rose_salary = calculate_new_salary(1_000_000, 0.30, True, True)
/Lesson08/1.debugging/salary_calculator.py(14)calculate_new_salary()
->rise = promised_pct (Pdb)
```

通过 pdb,你可以看到在位于 salary_calculator 文件的第 14 行的函数,被在第 34 行调用时执行。因此,当我们能够判断问题出在哪一部分时,我们可以一步一步地执行代码,并检查运行的结果是否符合我们的期望。这里的一个重要步骤是在运行代码之前思考我们希望得到什么样的结果。这可能会使我们花费更长的时间来调试程序,但是这样做是值得的。因为这样我们可以找到运算开始发生错误的位置,而不仅仅是检查最后的结果是否正确。接下来让我们在示例程序中执行此操作。

⑦ 运行"l"命令来确定我们在程序中的位置并使用 args 打印函数调用的参数,代码如下:

```
(Pdb) l
```

输出如下:

```
(Pdb) l
 9              # They are making enough already.
10              return rise - 0.10
11
12
13 B   def calculate_new_salary(salary, promised_pct, is_manager, is_good_year):
14 ->      rise = promised_pct
15
16         # remove 10% if it was a bad year
17         if not is_good_year:
18             rise -= 0.01
19         else:
```

使用 args 命令打印函数的参数:

```
(Pdb) args
```

输出如下:

```
salary = 1000000
promised_pct = 0.3
is_manager = True
is_good_year = True
```

我们实际上位于函数的第一行,"参数"确实是我们输入的参数。我们还可以运行"ll"来打印整个函数。

⑧ 通过使用 n 命令每次向前推进一行代码,代码如下:

```
(Pdb) n
```

输出如下:

```
>24039102>/Lesson08/1.debugging/salary_calculator.py(17)calculate_new_salary()
->if not is_good_year:
(Pdb) n
>24039103>/Lesson08/1.debugging/salary_calculator.py(23)calculate_new_salary()
->if is_manager:
(Pdb) n
>24039104>/Lesson08/1.debugging/salary_calculator.py(24)calculate_new_salary()
```

```
->rise = _manager_adjust(salary, rise)
```

接下来,我们检查今年收益是否良好。由于变量为 True,因此它不会进入分支并跳转到第 23 行;由于 Rose 是经理,因此程序确实存在该分支,它将执行经理的工资调整。

⑨ 通过执行"p rise"来打印执行_manager_adjust 函数提升薪资之前和之后的值。

我们可以运行 step 进入函数,但是错误可能并不在这里,因此让我们来打印执行函数之前和之后的工资提升比例。我们知道,由于她的工资大于或等于 100 万,因此她的工资将会被调整,执行后,加薪比例为 0.2:

```
(Pdb) p rise
0.3
(Pdb) n
/Lesson08/1.debugging/salary_calculator.py(27)calculate_new_salary()
->if rise >= 0.20:
(Pdb) p rise
0.19999999999999998
```

非常有趣的是,调整后的加薪比例为 0.199 999 999 999 999 998 而不是 0.20,到底发生了什么呢? 显然,_manager_adjust 函数中存在一些问题,我们必须重新启动调试并进行调查。

⑩ 再次执行这个函数,然后依次运行"c"、"c"、"ll"和"args"来打印当前的代码行和参数,如下:

```
(Pdb) b _manager_adjust
Breakpoint 2 at /Lesson08/1.debugging/salary_calculator.py:3
(Pdb) restart
```

输出如下:

```
Restarting salary_calculator.py with arguments:
    salary_calculator.py
/Lesson08/1.debugging/salary_calculator.py(1)<module>()
->"""Adjusts the salary rise of an employ""" (Pdb) c
/Lesson08/1.debugging/salary_calculator.py(14)calculate_new_salary()
->rise = promised_pct (Pdb) c
/Lesson08/1.debugging/salary_calculator.py(4)_manager_adjust()
->if rise < 0.10:
(Pdb) ll
3 Bdef _manager_adjust(salary, rise):
->   if rise < 0.10:
        # We need to keep managers happy.
        return 0.10
    if salary >= 1_000_000:
```

```
          # They are making enough already.
          return rise - 0.10
(Pdb) args
salary = 1000000
rise = 0.3
(Pdb)
```

由上述代码可知,输入没有问题(输入加薪比例为 0.3),但输出不正确,得到的是 0.199 999 999 999 999 98 而不是 0.2。让我们单步进入这个函数以了解函数执行的内容,连续执行 n 命令 3 次,直到函数结束运行。然后,使用 rv 查看函数返回的值,如下:

```
(Pdb) n
/Lesson08/1. debugging/salary_calculator.py(8)_manager_adjust()
 ->if salary >= 1_000_000:
(Pdb) n
/Lesson08/1. debugging/salary_calculator.py(10)_manager_adjust()
 ->return rise - 0.10 (Pdb) n
-- Return --
/Lesson08/1. debugging/salary_calculator.py(10)_manager_adjust() -
)0.19999999999999998
 ->return rise - 0.10
(Pdb) rv
0.19999999999999998
```

我们找到了错误:当我们用 0.30 减去 0.10 时,由于浮点数精度问题,得到的是 0.199 999 999 999 999 98 而不是 0.30。这是计算机科学中一个常见的问题。如果需要使用百分比(小数)判断两个数是否相等,则不应依赖浮点数,而应使用十进制(decimal)模块,正如在前面章节中介绍的那样。

在本练习中,我们已经知道如何在调试时识别错误,现在可以考虑如何修复这些错误并提出解决方案。

8.3　自动化测试

尽管我们已经探索并学习了如何调试应用程序并找到错误,但是我们还是不希望自己的应用程序出现错误。为了最大限度地减少代码库中的错误,很多开发人员都会依赖于自动化测试。

大多数开发人员在开发生涯的最初阶段,只会手动测试代码。通过提供一组输入并验证程序的输出,就可以基本确认代码是否可以正常工作。但是,这样的操作很快就会变得乏味,并且随着代码库的增长和演变将变得越来越复杂。自动测试能够帮助我们记录在代码中执行的一系列步骤和测试,并且会记录一系列预期输出。这将有效减少代码库中的错误数量,因为这样不仅验证了代码,而且还在实现代码的同时保留了所有验证的记录,以便将来能够对代码库进行修改。

我们为每行代码编写的测试代码量会因应用程序而异。有一些"著名"的示例,比如 SQLite,它们的测试代码比真正的代码还要多。但是,这样的测试代码可以大大提高软件的信任度,并且会使开发者能够快速发布新版本,因为在添加功能时无需关注其他系统要求的质量保证(Quality Assurance,QA)。

自动化测试类似于我们在其他工程领域中见到的 QA 流程。这是所有软件开发及系统构建时应考虑的关键步骤。

此外,使用自动测试还有助于我们进行故障排除,因为我们可以有一组测试方案,可以通过调整这些方案来模拟用户的使用环境和输入,并持续进行所谓的回归测试。这是在检查到问题之后添加的测试,用来确保问题不再发生。

8.3.1　测试分类

编写自动化测试时首先需要考虑的是"我们正在验证什么?"这将取决于我们所作测试的"水平"。关于如何根据验证的函数以及依赖项进行分类,我们可以查阅到很多文献。测试大型系统的源代码和验证一个可以连接到因特网并发送电子邮件的应用程序是非常不同的。当验证大型系统时,我们通常需要创建不同类型的测试,它们通常包括以下类型:

- 单元测试:这些测试只会验证代码的一小部分。通常,单元测试依赖于已经通过其他单元测试的代码,并且只会使用特定输入帮助我们验证文件中的某个函数的功能。
- 集成测试:这些测试更加粗略,它们会测试代码库不同组件之间的交互(称为无环境的集成测试),或者测试代码与其他系统和环境之间的交互(称为有环境的集成测试)。
- 功能性及端对端测试:这些测试通常是依赖于环境的高级测试,它们通常依赖于能够提供用户输入和验证输出的外部系统。

假设我们正在测试 Twitter 的功能,尝试使用已了解的测试方法:

- 单元测试将验证其中的某个函数,这个函数将验证推文中正文是否短于特定长度。
- 集成测试将验证推文发送到系统时调用其他用户的触发器。
- 端对端测试可以确保当用户撰写推文并单击 Send 按钮时,用户可以在它们的主页上看到这一条推文。

软件开发人员倾向于选择使用单元测试,因为它们没有外部依赖关系,且运行速度快。当测试越倾向于整体时,就会接触到越多的用户操作。但是,集成测试和端对端测试通常需要花费更长的时间,因为通常需要设置依赖项和外部环境,这些依赖项有时会出现一些奇怪的问题。例如,电子服务器某一天可能无法正常工作,以致我们无法运行测试。

8.3.2 测试覆盖率

有时编程社区的人会争论测试覆盖度的问题。在编写测试时,会尝试访问不同的代码运行路径。编写的测试越来越多,测试所能覆盖的代码路径就越多。能够测试的代码占总代码的百分比称为测试覆盖率,开发者经常争论代码至少需要达到多少的测试覆盖率才行。达到 100% 的测试覆盖率可能没有必要,但是在大型代码库执行某些任务(比如从 Python 2 到 Python 3 的迁移)时,却是非常有用的。但是,达到多少的测试覆盖率完全取决于愿意在测试应用程序时投入多少资金,以及每个开发人员针对每个项目目标设定的测试覆盖率。

此外,很重要的一点是,100% 的测试覆盖率并不意味着代码没有 bug。我们可以编写用于执行代码但是无法验证代码正确性的测试,因此,注意不要为了达到覆盖率而编写无意义的测试。测试应能模拟用户的输入来训练代码,并尝试寻找极端案例。这些极端(边缘)案例可以帮助我们验证编程时所做的假设是否正确,而不仅是验证输出结果。

8.3.3 在 Python 中编写单元测试

Python 标准库中附带了一个 unittest 模块,它可以用于编写测试方案并验证代码。通常,在测试时会创建一个文件来验证另一个文件中的源代码。在这个新创建的文件中,可以创建从 unittest.TestCase 继承的类,该类包含一些名字中有单词 test 的方法,可以在执行时运行。我们可以通过 assertEquals 和 assertTrue 等函数来记录期望的输出,这些函数是基础类的一部分,因此我们可以直接访问这些函数。

练习 8-2:使用单元测试检查示例代码。

在本练习中,我们为检查一个数字能否被另一个数字整除的函数编写和运行测试,这些测试有助于验证代码是否能够产生正确结果,并且可能有助于发现代码中潜藏的 bug。

① 创建一个名为 is_divisible 的函数,它可以用于检查数字能否被另一个数字整除。我们将此函数保存在名为 sample_code 的文件中。

sample_code.py 文件提供了此函数,且只包含此函数,用于检查数字能否被另一个数字整除,代码如下:

```python
def is_divisible(x, y):
    if x % y == 0:
        return True
    else:
        return False
```

创建一个 test 文件,它包括函数的测试用例,然后,添加测试用例的框架,代码如下:

```python
import unittest
```

```
from sample_code import is_divisible
class TestIsDivisible(unittest.TestCase):
    def test_divisible_numbers(self):
pass
if name == ' main ':
    unittest.main()
```

这段代码导入了被测试的函数 is_divisible 以及 unittest 模块,然后创建了通用框架来编写测试:一个从 unittest.TestCase 继承的类,以及允许运行代码并执行测试的几行代码。

② 编写测试代码,代码如下:

```
def test_divisible_numbers(self):
    self.assertTrue(is_divisible(10, 2))
    self.assertTrue(is_divisible(10, 10))
    self.assertTrue(is_divisible(1000, 1))
def test_not_divisible_numbers(self):
    self.assertFalse(is_divisible(5, 3))
    self.assertFalse(is_divisible(5, 6))
    self.assertFalse(is_divisible(10, 3))
```

现在,使用 self.assertX 方法编写了测试代码。不同类型的断点对应着不同的方法。比如,self.assertEqual 将会检验两个参数是否相等。这里使用了 self.assertTrue 和 self.assertFalse 两种方法。

③ 运行测试,代码如下:

```
python3.7 test_unittest.py - v
```

使用 Python 解释器执行测试代码。通过使用 - v 标记,可以获得有关测试项目(名称)的额外信息。

输出如下:

```
test_divisible_numbers (__main__.TestIsDivisible) ... ok
test_not_divisible_numbers (__main__.TestIsDivisible) ... ok

----------------------------------------------------------------------
Ran 2 tests in 0.016s

OK
```

④ 添加更复杂的输出,代码如下:

```
def test_dividing_by_0(self):
    with self.assertRaises(ZeroDivisionError):
        is_divisible(1, 0)
```

在上述代码中传入了参数 0 来检查程序在被除数为 0 时是否会引发异常;assertRaises 上下文管理器能够验证函数是否引发了异常。

因此,现在我们已经拥有了一个带有标准库 unittest 模块的测试套件。

单元测试是编写自动化测试的绝佳工具,但是 Python 社区的人们更喜欢使用一个名为 pytest 的第三方工具。这个工具使得用户只需要使用简单的 assert 即可编写测试。这意味着不必再使用复杂的"self. assertEquals(a, b)",而是可以使用简单的"assert a == b"即可。

此外,pytest 还附带了一些增强功能,比如捕获输出、模块化固件以及用户自定义的插件。如果要开发一个测试套件,而不是几个简单的测试,则可以考虑使用 pytest。

8.3.4   使用 pytest 编写测试

即使 unittest 是 Python 标准库的一部分,开发人员还是更倾向于使用 pytest 包来编写和运行测试,例如:

```
from sample_code import is_divisible
import pytest
def test_divisible_numbers():
    assert is_divisible(10, 2) is True
    assert is_divisible(10, 10) is True
    assert is_divisible(1000, 1) is True
def test_not_divisible_numbers():
    assert is_divisible(5, 3) is False
    assert is_divisible(5, 6) is False
    assert is_divisible(10, 3) is False
def test_dividing_by_0():
    with pytest.raises(ZeroDivisionError):
        is_divisible(1, 0)
```

此代码使用 pytest 模块创建了 3 个测试用例。它与标准库中 unittest 的一个主要区别就是,它在一个类中包含了 assert 方法。我们可以使用 Python 自带的 assert 关键字自由地创建测试函数,这也能够为我们提供更详细的错误报告。

8.4   创建 pip 包

编写 Python 代码时,我们需要区分源代码树、源代码分发和二进制分发。代码所在的文件夹称为源代码树,它本质上是在文件夹中显示代码的方式。源代码树中包含 Git 文件、配置文件以及其他相关内容。源代码分发是一种打包代码的方法,以便可以在任何计算机上执行和安装程序——它只包含所有源代码,而没有任何与开发相关的文件。二进制分发类似于源代码分发,但是它会附带准备安装到系统中的文件,客户端不需要进行编译等过程。wheel 是取代旧格式(Python eggs)的特定二进制标准。当在 Python 中使用 wheel 进行安装时,只需要准备一个文件,而无需任何编译或生成步骤,非常方便。wheel 格式在安装带有 C 语言扩展的包时非常有用。

当想要将代码分发给用户时,需要创建源或者二进制分发,然后将它们上传到仓库。最常见的 Python 仓库是 PyPI,这个仓库允许使用 pip 安装软件包。

8.4.1　Python 包索引

Python 包索引(Python Packaging Index,PyPI)是由 Python 软件基金会维护的官方软件包仓库。任何人都可以将自己的包发布到这个仓库,许多 Python 工具都会默认使用这个仓库中的包。使用 PyPI 的最常见方式是通过 pip 工具进行使用,它是安装 Python 包的官方推荐工具。

打包源代码的最常见工具是 setuptools。使用 setuptools 可以创建一个包含如何创建和安装代码包的 setup.py 文件。setuptools 附带了一个名为 setup 的方法,该方法应与我们用其创建包的所有元数据一起调用。

下面是一些示例代码,这些代码可以在创建包时直接复制粘贴使用:

```
import setuptools
setuptools.setup(
    name = "packt - sample - package",
version = "1.0.0", author = "Author Name",
author_email = "author@email.com",
description = "packt example package",
long_description = "This is the longer description and will appear in the web.",
py_modules = ["packt"],
classifiers = [
    "Programming Language :: Python :: 3",
    "Operating System :: OS Independent",
],
)
```

这里需要特别注意以下参数:

● name:PyPA 中包的名称。最好让它与库或者文件导入名称相匹配。

● version:标识包版本的字符串。

● py_modules:要打包的 Python 文件列表。我们也可以使用 package 关键字来定位完整的 Python 包,这将在练习 8-3 中进行介绍。

现在,可以通过运行以下命令来创建源代码分发:

```
python3.7 setup.py sdist
```

这将在 dist 文件夹中生成一个文件,这个文件即将被上传到 PyPI。

如果安装了 wheel 包,还可以运行以下命令来创建 wheel 包:

```
python3.7 setup.py bdist_wheel
```

生成了这个文件之后,接下来需要安装 twine,这是 PyPA 推荐的将包上传到 PyPI 的工具。安装 twine 之后,只需要运行下面的命令:

```
twine upload dist/ *
```

我们可以通过在 dist 文件夹中安装任何文件来测试包。

通常,不会只分发单个文件,而是需要分发整个文件夹中的一组文件。在这些情况下,无需逐个记录文件夹中的所有文件,只需要使用下面的代码取代 py_module 选项:

```
packages = setuptools.find_packages(),
```

这将查找 setup.py 文件所在目录中的所有文件并将其添加到参数中。

练习 8 - 3:创建并分发含有多个文件的包。

在本练习中,我们将创建自己的包并将其上传到 PyPI 的测试版本中,这个包中将包含多个文件。

① 创建虚拟环境并安装 twine 和 setuptools 工具。

首先创建具有我们需要的依赖项的虚拟环境。首先确保执行操作之前位于一个空文件夹中。

```
python3.7 - m venv venv
. venv/bin/activate
python3.7 - m pip install twine setuptools
```

现在,有了创建和分发包所需的所有依赖项。

② 创建要上传的包的源代码。

这里将创建一个名为 john_doe_package 的 Python 包。注意,请将这个名字修改为自己的名字,代码如下:

```
mkdir john_doe_package
touch john_doe_package/_init_.py
echo "print('Package imported')" > john_doe_package/code.py
```

第二行将创建一个 Python 文件,我们将把这个文件打包到 Python 包中。这将是一个基本的 Python 包,其中只包含__init__文件和另一个名为 code 的文件。我们可以根据需要来添加任意数量的文件。

③ 添加 setup.py 文件。

我们需要在源代码树的顶端添加 setup.py 文件,以指定如何打包代码。这里添加的 setup.py 文件如下:

```
import setuptools
setuptools.setup(
    name = "john_doe_package",
    version = "1.0.0",
```

```
author = "Author Name",
author_email = "author@email.com",
description = "packt example package",
long_description = "This is the longer description and will appear in the web.",
packages = setuptools.find_packages(),
classifiers = [
    "Programming Language :: Python :: 3",
        "Operating System :: OS Independent",
    ],
)
```

这里代码调用了一个 setup 函数，我们将所有的元数据作为参数传递到此函数中。

注意：一定要把 john_doe_package 修改为自己包的名字。

④ 调用 setup.py 文件创建分发，代码如下：

```
python3.7 setup.py sdist
```

这将会创建一个源代码分发。我们可以通过在本地安装对其进行测试，代码如下：

```
cd dist && python3.7 - m pip install *
```

⑤ 上传到 PyPI 进行测试，代码如下：

```
twine upload -- repository - url = https://test.pypi.org/legacy/ dist/ *
```

最后将文件上传到 PyPI 的测试版本。

若运行步骤⑤，则需要在 PyPI 测试版本中创建一个账户。我们可以在 https://test.pypi.org/ account/register/网站上创建账户。创建账户后，就可以运行如图 8 - 1 所示的命令，将包上传到仓库中了。

```
$ twine upload --repository-url=https://test.pypi.org/legacy/ dist/*
Uploading distributions to https://test.pypi.org/legacy/
Enter your username: mariocj89
Enter your password:
Uploading john_doe_package-1.0.0.tar.gz
100%|
```

图 8 - 1　将包上传到仓库中

它会提醒我们输入用户名和密码。上传之后，可以前往 https://test.pypi.org/manage/projects/并单击自己的项目，此时会在 PyPI 网站上看到如图 8 - 2 所示的内容。

恭喜你成功发布了一个软件包！在本练习中，我们学习了如何创建 Python 软件包并将其上传到 PyPI。

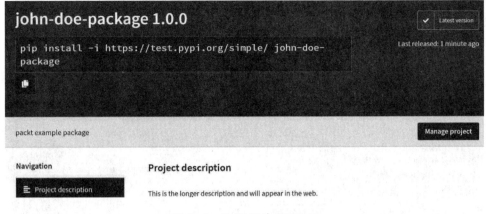

图 8 - 2　PyPI 网站项目显示

8.4.2　添加信息

我们已经学习了如何创建一个非常简单的包。当创建软件包时，还应包含一个 README 文件，这个文件是生成的项目描述，会作为源代码的一部分进行分发。默认情况下，此文件将被打包到软件包中。

尝试探索可用于 setuptools. setup 的不同属性。通过查看文档，可以找到许多可能适用于自己的软件包的有用元数据。

此外，为了便于测试，很多人认为将包的所有源代码放在 src 目录中是一个好习惯。这样做是为了防止 Python 解释器自动在当前路径查找软件包，因为它会自动将当前工作目录添加到 Python 路径中。如果软件包中包含对内置数据文件的逻辑操作，那么最好使用 src 目录，因为这样会使解释器使用系统中已安装的包的版本，而不是使用源代码树中的包。

PyPA 最近创建了一个有关如何打包项目的指南，其中包含很多更详细的信息。

8.5　创建文档

所有公开分发的软件都具有一个关键部分——文档。文档允许用户轻松地理解并调用我们提供的不同函数，而无需阅读源代码。在本节中，我们将讨论多种文档，将了解如何编写可以在控制台和互联网上使用的文档。我们应根据项目的目的和规模来编写文档，以及判断文档中应包括哪些内容。

8.5.1　文档注释

在 Python 中，文档是语言的一部分。当声明一个函数时，可以使用文档注释来记录这个函数的接口和作用，可以在声明函数之后使用三个引号来创建文档注释。这些内容可供源代码的读者使用,也可以由调用接口的用户使用,因为它是函数、类或者模块的__doc__属性的一部分。如果使用帮助函数调用这些对象,那么它将打印其中的内容。例如,查看并打印函数的__doc__属性的内容,代码如下:

```
print(print._doc_)
```

输出如图 8 - 3 所示。

```
print(value, ..., sep=' ', end='\n', file=sys.stdout, flush=False)

Prints the values to a stream, or to sys.stdout by default.
Optional keyword arguments:
file:  a file-like object (stream); defaults to the current sys.stdout.
sep:   string inserted between values, default a space.
end:   string appended after the last value, default a newline.
flush: whether to forcibly flush the stream.
```

图 8 - 3 查看并打印函数的__doc__属性的内容

它的内容与调用 help(print) 显示的内容相同。我们可以为自己的函数创建__doc__属性,如下:

```
> > > def example():
"""Prints the example text""" print("Example")
> > > example.    doc 'Prints the example text'
```

现在,可以使用 help 函数调用我们函数中的文档注释,执行"help(example)"后输出如下:

```
Help on function example in module __main__:
example()
    Prints the example text
```

文档注释通常包含函数的简短描述(标题)和详细介绍操作信息的正文。此外,我们还可以使用文档注释记录函数所需的所有参数类型、返回值类型以及能够引发的异常。编写良好的文档注释对将来用户甚至我们自己使用代码都是非常有帮助的。

8.5.2 使用 Sphinx

使用文档注释记录 API 非常有用,但是有时还需要记录更多的内容。我们希望生成一个网站,包含我们库的使用指南和其他一些信息。在 Python 中,实现这个目的的最常见方法是利用 Sphinx。Sphinx 允许我们轻松地使用 RST 生成多种带标记的格式(比如 PDF、epub 或者 html)的文档。Sphinx 还附带了很多插件,其中一些插件在 Python 中非常有用,例如从文档注释生成 API 文档或者允许我们查看指定 API 实现对应的代码。

通过 pip 安装了 Sphinx 之后,它会附带两个主要的 CLI 脚本与用户进行交互:sphinx - build 以及 sphinx - quickstart。第一个是用于在现有项目上使用 Sphinx 配置来生成文档,第二个可以用来快速引导项目。

当引导一个项目时,Sphinx 将会生成多个文件,其中最重要的几个文件如下:

- Conf. py:它包含用于生成文档的所有用户配置。当要自定义 Sphinx 输出中的某些内容时,这个文件就是所需配置参数的最常见位置。
- Makefile:一个易用的 makefile 脚本,可以使用简单的"make html"生成文档。还有一些其他有用的命令,比如使用 doctests 运行命令("make doctests")。
- Index. rst:文档的主要入口点。

通常,大多数项目都会在其源代码树的根目录下创建名为 docs 的文件夹,以包含与文档和 Sphinx 相关的内容;然后,可以通过安装或者将它添加到配置文件中来引用此文件夹。

除此之外,还可以轻松地使用插件进行扩展。当安装 Sphinx 时,一部分插件会默认进行安装。插件允许使用扩展功能,只需要编写单个指令即可自动执行创建模块、类和函数等文档的操作。

最后,当使用 Sphinx 生成文档时,可以使用多个主题,这些主题都可以在 conf. py 中进行配置。通常可以在 PyPI 上找到更多的 Sphinx 主题,并且可以通过使用 pip 轻松地进行安装。

练习 8 - 4:为计算整除的代码文件编写文档。

在本练习中,我们将使用 Sphinx 为练习 8 - 2 创建的 divisible. py 模块编写文档。

① 创建文件夹结构。

创建一个文件夹,其中仅包含 divisible. py 模块和另一个名为 docs 的空文件夹。divisible. py 模块包含以下代码:

```
def is_divisible(x, y):
    if x % y == 0:
        return True
    else:
        return False
```

② 运行 Sphinx 快速启动工具(quick - start tool)。

确保已经安装了 Sphinx(如果没有安装,请运行"python3. 7 - m pip install sphinx - user"进行安装),并且是在 docs 文件夹下运行的 sphinx - quickstart。我们可以在程序提示时按下回车键来保留函数的默认值,但是对于以下几个参数不能这样操作:

```
Project name:divisible.
Author name:Write your name here.
Project Release:1.0.0.
Autodoc:y.
```

```
Intersphinx: y.
```

使用这些选项,我们已经做好使用 Sphinx 生成文档以及输出 HTML 的准备。此外,我们还使用了两个最常见的插件:autodoc,用来从代码生成文档;intersphinx,允许引用其他的 Sphinx 项目,比如 Python 标准库。

③ 首次生成文档。

构建文档非常简单,我们只需要在 docs 目录下运行"make html"即可生成文档的 HTML 输出。现在可以在浏览器中打开 docs/build/html 文件夹下的 index. html 文件,输出如图 8 - 4 所示。

图 8 - 4　Sphinx 的第一个文档输出

由图 8 - 4 可知,该文件中并没有包含很多内容,但是相对于我们生成文档所使用的简短代码,它的效果已经超出了我们的预期。

④ 配置 Sphinx 查找我们的代码。

从 Python 源代码生成文档。为了做到这一点,我们要做的第一件事就是编辑 docs 文件夹下的 conf. py 文件,并对以下三行取消注释:

```
# import os
# import sys
# sys. path. insert(0, os. path. abspath('.'))
```

取消了这三行的注释之后,我们需要将最后一行修改为如下形式,因为我们的 divisible 模块的源代码在文档生成代码的父目录中:

```
sys. path. insert(0, os. path. abspath('..'))
```

更好的替代方案是确保在运行 Sphinx 时我们的软件包已经安装到系统中,这是一种更扩展但是更简单的解决方案。

最后,我们将使用另一个名为 Napoleon 的插件,它使得我们能够使用 Napoleon 语法格式化我们的函数。为此,我们需要在 conf. py 文件的扩展变量列表中"sphinx. ext. autodoc"的后面添加以下内容:

```
'sphinx. ext. napoleon',
```

⑤ 从源代码生成文档。

从模块向 Sphinx 添加文案非常简单,只需要将以下两行代码添加到 index. rst 文件中:

```
automodule:: divisible
:members:
```

添加了这两行之后,再次运行"make html"命令并检查是否产生了错误。如果没有出现错误,则说明设置已经完成。此时,我们已经配置了 Sphinx 来将源代码中的文档注释导出到 rst 文件中。

⑥ 添加文档注释。

为了给 Sphinx 一些可以处理的内容,我们可以为模块和函数各添加一些文档注释。

修改后的 divisible. py 文件如下:

```
"""Functions to work with divisibles"""
def is_divisible(x, y):
    """Checks if a number is divisible by another
    Arguments:
        x (int): Divisor of the operation.
        y (int): Dividend of the operation.
    Returns:
        True if x can be divided by y without reminder, False otherwise.
    Raises:
        :obj:'ZeroDivisionError' if y is 0.
    """
    if x % y == 0:
        return True
    else:
        return False
```

这里使用了 Napoleon 语法来标出函数需要的各个参数、返回的内容以及可以引发的异常。

注意:这里使用了特殊的语法来表明源代码可以产生异常。这种特殊语法将生成指向对象定义的链接。

再次运行"make html",输出如图 8 - 5 所示。

现在我们就可以将文档分发给用户了。注意,从源代码生成的文档始终是符合源代码的最新版本。

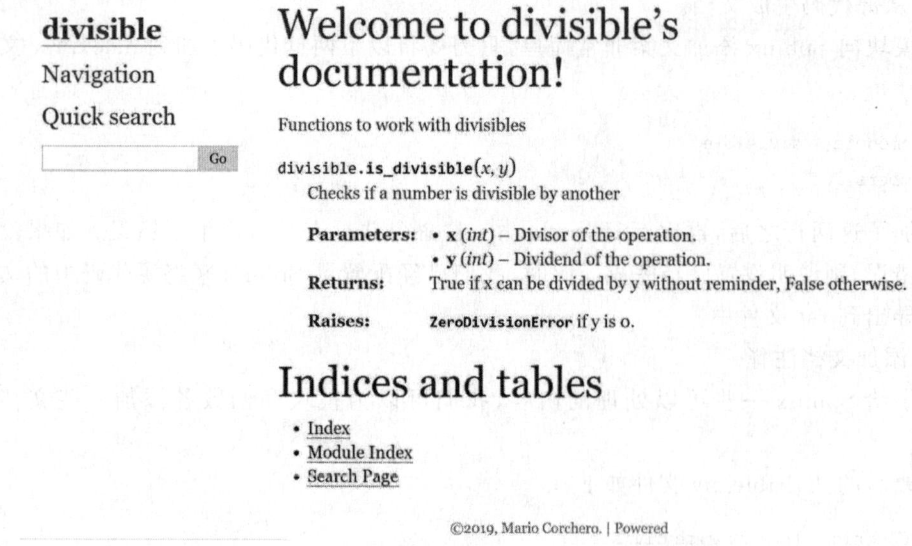

divisible

Navigation

Quick search

[_____] [Go]

Welcome to divisible's documentation!

Functions to work with divisibles

`divisible.is_divisible`(x, y)

　　Checks if a number is divisible by another

Parameters:	• **x** (*int*) – Divisor of the operation.
	• **y** (*int*) – Dividend of the operation.
Returns:	True if x can be divided by y without reminder, False otherwise.
Raises:	`ZeroDivisionError` if y is 0.

Indices and tables

- Index
- Module Index
- Search Page

©2019, Mario Corchero. | Powered

图 8-5　用 docstring 输出 HTML 文档

8.5.3　复杂文档

在之前的练习中,我们尝试为一个非常小的模块创建了一份简单的文档。大多数库随 API 文档还附带了教程和使用指南,以 Django、flask 或者 CPython 等项目为例,它们都是使用 Sphinx 创建的文档。

注意:如果打算让自己的库得到广泛应用,那么文档的好坏就相当重要了。当想要记录某个 API 的作用时,应使用之前生成的普通 API 文档;也可以在文档中针对特定功能或者教程创建小型指南,以引导用户完成开始项目的常见步骤。

此外,还可以使用一些工具,比如 Read the Docs,它可以大大简化文档的生成和托管步骤。我们将刚刚生成的项目文档通过 UI 界面链接到 Read the Docs,这样将会使我们的文档托管在互联网上,并且会在每次更新项目的主分支时自动更新文档。

8.6　源代码管理

当使用代码时,需要了解代码是如何演变的以及各个文件发生了怎样的更改。例如,假设对代码进行了错误的修改,比如使代码发生损坏等,希望能够返回以前的版本。许多人只是简单地将源代码复制到不同的文件夹中,然后根据复制时不同的时间用时间戳对它们进行命名。这是版本控制的最基础的方法。

版本控制是一个系统,可以通过该系统记录源代码随时间的变化。创建一个能够有效满足该需求的软件需要花费很长时间,目前最流行的版本控制软件是 Git。Git 是一个分布式版本控制系统,它允许开发者在编写软件时在本地管理其代码、查看历史记录以及与其他开发人员协作。Git 已经被用于管理一些国际项目,比如 Windows 内核、CPython、Linux 以及 Git 本身。但是,Git 也适用于小型项目。

8.6.1　存储库

存储库是一个独立的工作区,我们可以在其中处理更改,以及使用 Git 记录并跟踪这些更改。一个存储库可以包含任意多的文件和文件夹,这些文件和文件夹都将被 Git 跟踪。创建存储库有两种方法:使用"git clone <urI of the repository>"命令克隆一个现有的存储库,这将在当前路径创建指定存储库的本地副本;或者从现有文件夹使用"git init"命令创建存储库,程序将自动创建必要的文件并将该文件所在的文件夹标记为存储库。

我们在本地创建了存储库之后,就可以通过不同的命令使用我们的版本控制系统,执行类似于添加修改、查看历史版本等操作。

8.6.2　commit

commit 对象是存储库的历史记录。每个存储库都包含很多 commit(提交修改):每次调用 git commit 都会创建一个 commit 对象。每个 commit 对象都将包含 commit 标题、添加这个 commit 对象到存储库中的人员、修改的作者、修改日期、由 hash 值表示的 ID 以及父级 commit 对象的 hash 值。这样,就可以根据存储库中的所有 commit 对象创建树状图,使得我们能够查看源代码的历史记录。我们可以通过运行"git show <commit sha>"命令查看任何 commit 对象的内容。

当运行"git commit"命令时,程序会根据暂存区中的所有修改内容创建一个 commit 对象,随后将打开一个编辑器,其中包含一些元数据,比如标题和 commit 对象的正文。

8.6.3　暂存区

当在自己的计算机上对文件和源代码进行修改时,Git 将会报告这些更改,但是并不会保存。通过运行"git status"命令,我们可以看到哪些文件被修改了。如果决定保存某些更改到暂存区,就可以使用"git add <path>"命令添加这些被修改的文件。这个命令可以用于添加文件或者某个文件夹中的所有文件。一旦它们被添加到暂存区,接下来的"git commit"命令将会通过创建 commit 对象把所有更改保存到存储库中。

有时,我们并不希望将文件的所有内容都添加到暂存区,而只想要添加文件中的一部分内容。此时,"git commit"和"git add"命令都有一个选项来指导我们如何保存单个文件中的指定修改。这是通过 - p 选项实现的,这个选项将要求我们提供代码中每个发生修改且想要保存的块。

8.6.4　恢复本地修改

当处理文件时,可以运行"git diff"命令来查看本地进行的、但是未保存到暂存区或

commit 对象的所有更改。有时,我们会想要撤销更改,并且回到在暂存区或者上个 commit 提交时的代码版本,此时可以通过运行"git checkout <path>"命令来实现操作,其将对所有文件以及文件夹执行回档操作。

但是,如果想要将存储库恢复到历史 commit 的代码版本,则需要运行"git reset <commit sha>"命令。

8.6.5 历　史

正如之前提到的,存储库有历史提交记录,它包含以前执行过的所有提交操作。我们可以通过运行"git log"命令来查看历史 commit 提交,它将展示历史 commit 的标题、正文以及一些其他信息。这些 commit 对象最重要的部分是对象本身的 sha 值,它对应着唯一的 commit 对象。

8.6.6 忽略文件

当编写源代码时,总会有一些不希望 Git 跟踪的文件。在这种情况下,必须使用放置在源代码根目录的名为 .gitignore 的文件夹,这个文件夹将列出所有不希望被跟踪的文件。这样做对于 IDE 自动生成的文件、Python 的编译文件来说非常有用。

练习 8 - 5:使用 Git 对 CPython 进行修改。

在本练习中,我们将复制 CPython 存储库到本地并进行一些修改,我们只需要将我们的名字添加到项目的作者列表中。

① 复制 Cpython 存储库。

正如前面提到的,可以简单地通过克隆某个项目来创建一个存储库。这里可以通过运行以下代码来克隆 CPython 的源代码:

```
git clone https://github.com/python/cpython.git
```

这将在当前工作区中创建一个名为 cpython 的文件夹,如图 8 - 6 所示。别担心,克隆通常都需要一小段时间,因为 CPython 中包含很多代码和大量历史修改。

```
$ git clone https://github.com/python/cpython.git
Cloning into 'cpython'...
remote: Enumerating objects: 1, done.
remote: Counting objects: 100% (1/1), done.
remote: Total 745673 (delta 0), reused 0 (delta 0), pack-reused 745672
Receiving objects: 100% (745673/745673), 277.17 MiB | 2.38 MiB/s, done.
Resolving deltas: 100% (599013/599013), done.
Checking connectivity... done.
Checking out files: 100% (4134/4134), done.
```

图 8 - 6　CPython 的 Git 克隆输出

② 编辑 Misc/ACKS 文件并确认更改。

现在可以将我们的姓名添加到 Misc/ACKS 文件中。要做到这一点,只需要打开该路径中的文件,然后按照字母顺序添加我们的名字和姓氏。

通过运行"git status"来检查更改,此命令将显示是否有已被修改的文件,如图 8.7 所示。

```
$ git status
On branch master
Your branch is up-to-date with 'origin/master'.
Changes not staged for commit:
  (use "git add <file>..." to update what will be committed)
  (use "git checkout -- <file>..." to discard changes in working directory)

        modified:   Misc/ACKS

no changes added to commit (use "git add" and/or "git commit -a")
```

图 8-7　Git 状态输出

注意:它将指导我们如何添加更改到暂存区以准备提交或重置更改。让我们运行"git diff"命令来检查更改的内容,如图 8-8 所示。

```
$ git diff
diff --git a/Misc/ACKS b/Misc/ACKS
index ec5b017..f38f40b 100644
--- a/Misc/ACKS
+++ b/Misc/ACKS
@@ -326,6 +326,7 @@ David M. Cooke
 Jason R. Coombs
 Garrett Cooper
 Greg Copeland
+Mario Corchero
 Ian Cordasco
 Aldo Cortesi
 Mircea Cosbuc
```

图 8-8　"git diff"输出

这为我们提供了一些详细的、指示代码中的修改的输出。带有加号代码表示被添加的代码,带有减号的代码表示被删除的代码。

③ 提交更改。

现在,可以通过运行"git add Misc/ACKS"将修改的部分添加到暂存区,然后我们随时可以运行"git commit"来将这些修改提交到存储库中。commit 消息输出如图 8-9 所示。

```
Add Mario Corchero to Misc/ACKS file

Adds my name as I am experimenting how to user git
# Please enter the commit message for your changes. Lines starting
# with '#' will be ignored, and an empty message aborts the commit.
# On branch master
# Your branch is up-to-date with 'origin/master'.
#
# Changes to be committed:
#       modified:   Misc/ACKS
#
```

图 8-9　commit 消息输出

213

当运行"git commit"命令时,工具将打开一个编辑器来创建 commit 对象,添加标题和正文(用一个空行分隔)。

当关闭编辑器并保存时,就成功创建了一个 commit 对象,如图 8-10 所示。

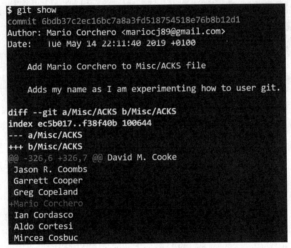

```
$ git commit
[master 6bdb37c] Add Mario Corchero to Misc/ACKS file
 1 file changed, 1 insertion(+)
```

图 8-10 "git commit"输出

此时我们已成功地创建了第一个 commit 对象。我们可以通过运行"git show"命令来检查其内容,如图 8-11 所示。

```
$ git show
commit 6bdb37c2ec16bc7a8a3fd518754518e76b8b12d1
Author: Mario Corchero <mariocj89@gmail.com>
Date:   Tue May 14 22:11:40 2019 +0100

    Add Mario Corchero to Misc/ACKS file

    Adds my name as I am experimenting how to user git.

diff --git a/Misc/ACKS b/Misc/ACKS
index ec5b017..f38f40b 100644
--- a/Misc/ACKS
+++ b/Misc/ACKS
@@ -326,6 +326,7 @@ David M. Cooke
 Jason R. Coombs
 Garrett Cooper
 Greg Copeland
+Mario Corchero
 Ian Cordasco
 Aldo Cortesi
 Mircea Cosbuc
```

图 8-11 Git 显示输出

8.7 总 结

在本章中,我们了解到软件开发并非只有编写 Python 代码。当想要扩大代码的规模,而不再只将其作为简单的脚本时,还需要知道如何对代码进行故障排除、分发、记录和测试。Python 的优秀生态为我们提供了执行这些所有过程的有用工具。我们学习了如何使用 pdb 对代码进行故障排除,以及如何通过检查日志和输入来逐渐缩小问题范围并对其进行识别;还了解了如何编写自动化测试以及编写自动化测试的重要性。除此之外,我们还初步学习了如何打包代码并在互联网上进行分发,如何为这些包编写文档以方便终端用户的调用和使用。最后,我们还了解了如何使用 Git 来管理更改,因为我们的代码总是在不断地演变。

在第 9 章中,我们将在之前学习到的内容的基础上,学习一些更加高级的内容。我们将探索一些问题,比如,如何处理代码,使其由代码包转化为产品;如何使用 Git 工具来通过 GitHub 与团队的其他成员协作;当代码速度不够快时应如何分析代码等。

第9章 Python 高级操作

在本章结束时,读者应能做到以下事情:

- 作为团队成员共同编写 Python 代码;
- 使用 conda 来记录和设置 Python 程序的依赖项;
- 使用 Docker 创建可重现的 Python 环境来运行代码;
- 编写利用计算机多个内核的应用程序;
- 编写可以从命令行配置的脚本;
- 解释 Python 程序的性能特征,并使用工具使程序运行得更快。

本章将深入介绍一些在现代专业开发环境中所需要的 Python 工具和知识。

9.1 概　述

在本章中,我们将以第 8 章介绍的知识为基础,从个人的 Python 开发转向团队的 Python 开发。解决复杂问题的大型项目需要很多工作者的专业知识,因此,将代码与一个或多个同事共享,在社区中一起工作是非常常见的。我们已在第 8 章了解了如何使用 Git 进行软件开发,在本章将使用这些知识来参与团队合作,并且还将使用 GitHub 分支以及拉取(pull)请求,使项目保持同步。

在 IT 领域中,当交付某个项目时,有时还需要连带向客户或者相关人员交付代码。部署项目的一个重要部分就是确保客户的系统中具备软件所需的库和模块,这些库和模块都需要与开发时使用的版本相同。为此,我们将学习如何使用 conda 创建具有特定库的基本 Python 环境,以及如何在另一个系统中复制这些环境。

接下来,将介绍 Docker,这是一种将软件部署到云服务器和云架构上的常用方法。我们将学习如何创建包含 conda 环境和自己的 Python 软件的容器,以及如何在 Docker 容器中运行程序。

最后,将介绍一些开发 Python 软件的实用技巧,包括如何并行编程、如何解析命令行参数以及如何分析 Python 代码以发现和修复第 10 章将要介绍的性能问题。

9.2 协同开发

在第 8 章中,我们尝试使用 Git 来跟踪对 Python 项目所做的更改。Git 还可以帮助团队的其他成员分享他们的更改，确保在完成自己任务的同时能够将其他同事对项目的更改包含在内。

开发人员可以使用 Git 以多种方式协同工作。Linux 核心的开发人员会各自维护自己的存储库，并通过电子邮件共享潜在的更改，这样他们就可以选择是否要合并其他人的更改。包括 Facebook 和 Google 这样的大公司，都在使用主干开发（Trunk-Based development，TBD），所有的更改都必须在主分支（"master."分支）上进行。

一个在 GitHub 用户界面中支持且普及的常见工作流程是 pull 请求。在 pull 请求的工作流程中，将维护从 GitHub 克隆的存储库，并将其作为典型版本（源头版本）的分支。在自己存储库中的命名分支中，可以进行一些更改来修复 bug 或者加入新功能，然后使用"git push"将更改上传到托管存储库。这些操作完成后，团队就可以通过 pull 请求查阅这些更改，并且选择将分支的哪些更改合并到主版本中。

pull 请求工作流程的优点是，它通过用户界面使得 Bitbucket、GitHub 以及 GitLab 等应用程序的操作变得非常简单；缺点是，创建 pull 请求并进行审核时，其他分支仍然会在更新中，这可能会导致主干存储库中的代码版本落后，并且可能会与后来进行的一些更改发生冲突，而这些冲突需要花费额外的时间来解决。

为了解决新更改导致的冲突，以防在合并 pull 请求时遇到大麻烦，我们可以使用 Git 来从上游存储库中获取更改，并将其合并到分支中，或者将分支根据上游代码更新。同步合并更改会将与两个分支有关的代码更改历史记录合并，进而使得我们可以在最新的代码基础上进行修改。

练习 9-1：在 GitHub 上进行团队 Python 编程。

在本练习中，我们将学习如何在 GitHub 上托管代码，执行 pull 请求以及批准代码的更改。

① 如果还没有账户，可前往 github.com 网站创建一个账户。

② 登录 github.com 网站，然后单击 New 按钮创建新的存储库，如图 9-1 所示。

③ 为存储库起一个适当的名字，比如 python-demo，然后单击 Create 按钮。

④ 单击 Clone or download 按钮，将会看到一个 HTTPS URL，但是，我们需要的是 SSH URL，因此，需要在 Clone or download 下拉列表框中选择 Use SSH，如图 9-2 所示。

⑤ 复制 GitHub 上的 SSH URL，然后，在命令提示符（比如 Windows 系统的 CMD）中克隆存储库，代码如下：

```
git clone git@github.com:andrewbird2/python-demo.git
```

⑥ 在刚才新建的 python-demo 目录中，创建一个 Python 文件。它里面包含了什么并不重要，比如，我们创建了一个简单的只包含一行代码的 test.py 文件，代码如下：

```
echo "x = 5" >> test.py
```

⑦ 提交更改，代码如下：

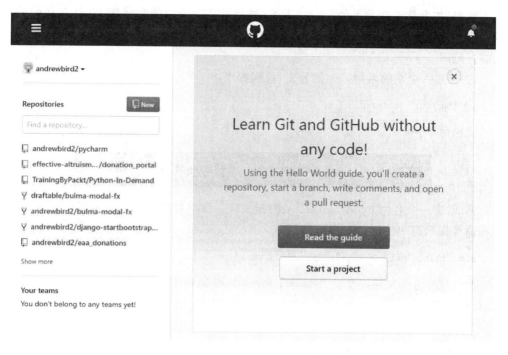

图 9 - 1　单击 New 按钮创建新的存储库

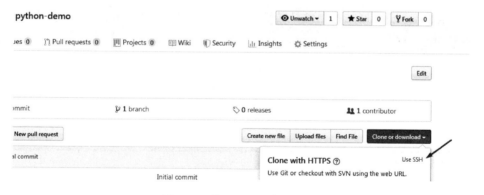

图 9 - 2　使用 SSH 登录 GitHub

```
git add .
git commit - m "Initial"
git push origin master
```

输出如下：

```
Enumerating objects: 3, done.
Counting objects: 100% (3/3), done.
Writing objects: 100% (3/3), 223 bytes | 111.00 KiB/s, done.
Total 3 (delta 0), reused 0 (delta 0)
To github.com:andrewbird2/python-demo.git
 * [new branch]      master -> master
```

此时,如果你正在与其他人协同工作,请及时克隆他们的存储库,并且在他们的代码库中执行以下步骤来体验协同工作;如果你是一位个人开发者,那么只需继续使用自己的存储库。

⑧ 创建一个新的名为 dev 的分支,代码如下:

```
git checkout - b dev
```

输出如下:

```
(base) C:\Users\andrew.bird\python-demo>git checkout -b dev
Switched to a new branch 'dev'
```

⑨ 创建一个名为 hello_world.py 的新文件。该步可以在文本编辑器中完成,也可以在命令提示符中使用以下简单命令:

```
echo "print("Hello World!")" >> hello_world.py
```

⑩ 现在,将新文件提交到 dev 分支,并将其推送到刚才创建的 python-demo 存储库,代码如下:

```
git add .
git commit - m "Adding hello_world"
git push -- set - upstream origin dev
```

⑪ 前往 GitHub 网站找到自己的项目存储库,然后单击 Compare & pull request 按钮,如图 9-3 所示。

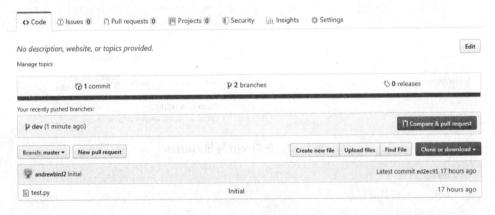

图 9-3　GitHub 存储库的主页

⑫ 在这里可以看到在 dev 分支上进行的列表更改。我们还可以向其他阅读代码的人提供注释,以便负责人能够决定是否将该分支的更改合并到主干代码中,如图 9-4 所示。

⑬ 单击 Create pull request 按钮在 GitHub 上审核代码。

⑭ 如果你有协作开发者,则可以切换到原先的存储库来查看他们的 pull 请求;如

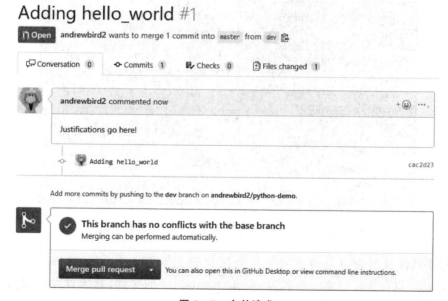

图 9 - 4 在 GitHub 上修改代码

果对提交的请求有任何疑问,则可以直接发表评论,否则只需单击 Merge pull request
按钮,如图 9 - 5 所示。

图 9 - 5 合并请求

现在我们已经了解了如何在 GitHub 上通过同一存储库进行协同工作,查看和讨
论彼此的代码,决定是否将分支合并到存储库。当我们作为开发者,想要使用单个存储
库来存储代码或者帮助世界各地的其他开发者时,这些操作将非常有用。

9.3　依赖项管理

在 IT 领域中,大多数复杂的 Python 程序都依赖于标准库以外的库。我们可能会使用 NumPy 或者 pandas 库来处理多维数据,或者可能会使用 matplotlib 以图像形式来可视化数据,或者使用其他一些实用的第三方库。

与个人开发的软件一样,其他团队开发的库也会经常随着 bug 修复、功能添加、旧代码删除或重构而频繁更改,这实际上就是重组现有代码的过程。这意味着让团队使用同一版本的库非常重要,这样可以确保库在所有成员的计算机上的工作方式相同。

此外,我们会希望客户或者部署软件的服务器也使用相同版本的库,这样可以确保程序的所有功能在其计算机上都能够正常工作。

有很多工具能够用于解决此问题,包括 pip、easy_install、brew 以及 conda 等。其中,我们对 pip 工具已经非常熟悉了,在某些情况下,使用这个工具跟踪依赖项就已经足够了。

例如,尝试在命令提示符中运行"pip freeze"命令,我们会看到如图 9 - 6 所示的输出。

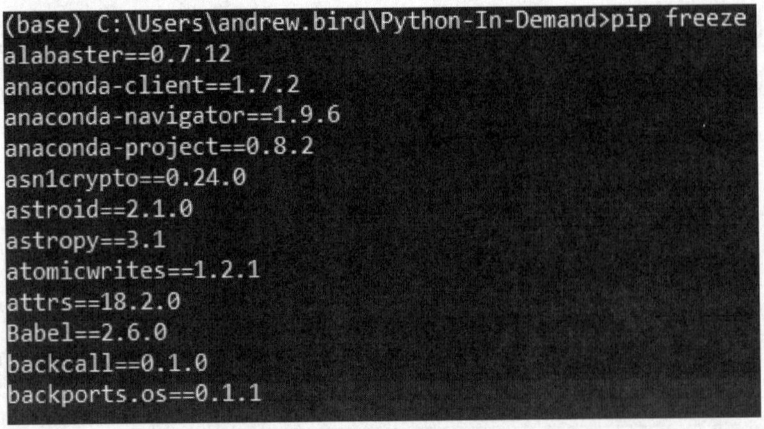

```
(base) C:\Users\andrew.bird\Python-In-Demand>pip freeze
alabaster==0.7.12
anaconda-client==1.7.2
anaconda-navigator==1.9.6
anaconda-project==0.8.2
asn1crypto==0.24.0
astroid==2.1.0
astropy==3.1
atomicwrites==1.2.1
attrs==18.2.0
Babel==2.6.0
backcall==0.1.0
backports.os==0.1.1
```

图 9 - 6　在命令提示符中运行"**pip frecz**"命令后的输出

这个软件包列表可以通过以下命令保存到文本文件中:pip freeze ＞ requirements. txt。这一步将创建一个名为 requirements. txt 的文件,它包含类似如图 9 - 7 所示的内容。

现在,已经有了有关软件包的信息,接下来就可以使用以下命令将这些包安装到另一台计算机或者另一个环境中:pip install - r requirements. txt。

```
requirements.txt - Notepad

File  Edit  Format  View  Help
alabaster==0.7.12
anaconda-client==1.7.2
anaconda-navigator==1.9.6
anaconda-project==0.8.2
asn1crypto==0.24.0
astroid==2.1.0
astropy==3.1
atomicwrites==1.2.1
attrs==18.2.0
Babel==2.6.0
backcall==0.1.0
backports.os==0.1.1
```

图 9 - 7　在记事本中查看要求

在本章中,我们将重点介绍 conda,它为依赖项管理提供了完善的解决方案。conda 在数据科学和机器学习领域广受欢迎。比如,在进行机器学习时,环境中的某些依赖项不能由 pip 工具进行管理,因为它们可能不是简单的 Python 包,此时 conda 就可以为我们解决这些问题。

9.3.1　虚拟环境

在本小节中,我们将使用 conda 来创建"虚拟环境"。当在 Python 中编写代码时,可能需要使用特定版本的软件包或者特定版本的 Python,但是,如果需要在一台计算机上同时处理两个项目,而每个项目都需要不同版本的软件包和 Python 解释器,那又该怎么办呢?假如每次切换项目都重新安装软件包,那么这个过程就会变得相当麻烦。"虚拟环境"就为我们解决了这一问题。虚拟环境包含特定版本的软件包和 Python 解释器,通过切换虚拟环境,就可以在不同的软件包版本之间进行切换。通常,正在处理的每个项目都会有不同的虚拟环境。

练习 9 - 2:创建和设置一个带有 NumPy 和 pandas 库的 conda 虚拟环境。

在本练习中,我们将使用 conda 创建一个虚拟环境,并执行一些简单的代码来导入基本库。本练习需要在 conda 环境中执行。

现在,使用计算机中安装的 conda 工具,就可以创建一个带有一些软件包(比如 NumPy)的全新 conda 环境。

① 现在,应能在计算机的 Anaconda Prompt 程序中运行以下命令:

```
conda create - n example_env numpy
```

输出如下:

```
(base) C:\Users\andrew.bird>conda create -n example_env numpy
Solving environment: done

==> WARNING: A newer version of conda exists. <==
  current version: 4.5.12
  latest version: 4.7.10

Please update conda by running

    $ conda update -n base -c defaults conda


## Package Plan ##

  environment location: C:\Users\andrew.bird\AppData\Local\conda\conda\envs\example_env

  added / updated specs:
    - numpy


The following packages will be downloaded:
```

② 激活 conda 环境，代码如下：

```
conda activate example_env
```

我们可以使用"conda install"命令将其他包添加到环境中。

③ 将 pandas 库添加到名为 example_env 的虚拟环境中，代码如下：

```
conda install pandas
```

输出如下：

```
(example_env) C:\Users\andrew.bird>conda install pandas
Solving environment: done

==> WARNING: A newer version of conda exists. <==
  current version: 4.5.12
  latest version: 4.7.10

Please update conda by running

    $ conda update -n base -c defaults conda


## Package Plan ##

  environment location: C:\Users\andrew.bird\AppData\Local\conda\conda\envs\example_env

  added / updated specs:
    - pandas


The following packages will be downloaded:
```

④ 输入"python"打开虚拟环境中的 Python 终端，然后验证能否导入刚才安装的
pandas 和 NumPy 库，代码如下：

```
python
import pandas as pd
import numpy as np
```

⑤ 使用 exit()方法退出虚拟环境中的 Python 终端,代码如下:

```
exit()
```

⑥ 停用虚拟环境,代码如下:

```
conda deactivate
```

9.3.2 保存并分享虚拟环境

现在,假设已经构建了一个依赖于多个 Python 包的应用程序,并且,决定在服务器上运行此应用程序,因此希望在服务器上设置一个与本地计算机编程时相同的虚拟环境。正如之前运行"pip freeze"命令导出库一样,同样可以轻松地将 conda 虚拟环境的元数据导出到一个文件中,并使用这个文件轻松地在另一台计算机上创建完全相同的环境。

练习 9 - 3:在 conda 服务器和本地系统间共享虚拟环境。

在本练习中,我们将导出在 9.3.1 小节的练习中创建的 example_env 虚拟环境的元数据到一个 text 文件中,并了解如何使用此文件重建一个相同的运行环境。本练习将在 conda 环境的命令行中执行。

① 激活示例环境 example_env,代码如下:

```
conda activate example_env
```

② 将虚拟环境导出到一个文本文件中,代码如下:

```
conda env export > example_env.yml
```

env export 命令将生成文本格式的元数据(主要包括 Python 包版本的列表),命令的">example_env.yml"部分将生成的元数据存储到一个文件中。注意,.yml 扩展名代表的是一种易于阅读的文件格式,通常用来存储配置信息。

③ 停用该环境并将其从 conda 中移除,代码如下:

```
conda deactivate
conda env remove -- name example_env
```

④ 现在计算机上不再有 example_env 环境,但是可以通过导入之前创建的 example_env.yml 文件来重新创建它,代码如下:

```
conda env create - f example_env.yml
```

现在,我们已经了解了如何将环境保存到文件中以及如何从保存的文件中创建环境。在与其他开发人员协作或者将代码部署到服务器时,就可以使用这个方法轻松地克隆运行环境了。

9.4　将代码部署为产品

现在,已经准备了一份完整的代码,并且可以将代码转移到其他计算机上运行。我们可以使用 pip 命令(已在第 8 章中介绍)来创建一个包,或者使用 conda 来创建一个能够运行代码的便携环境。这些工具仍为用户提供了几个步骤来指导启动和运行,每个步骤都可以扩展得更加复杂。

能够以一行命令设置和安装软件的常用工具是 Docker。Docker 是一种基于 Linux 的容器技术。由于 Linux 内核是开源的,所以开发人员还能够在 Windows 和 macOS 系统中运行 Docker 容器。开发员创建了 Docker 镜像,其中,镜像是一个包含应用所需的所有代码、工具和配置文件的 Linux 文件系统。用户只需下载这些镜像,并使用 Docker 软件执行这些镜像或者使用 docker-compose、Docker Swarm、Kubernetes 等类似的工具将其部署到网络上即可。

通过创建 Dockerfile 文件,我们能够将自己的程序包装为一个镜像。假如我们的程序是 Python 程序,那么镜像中就会包含 Python 解释器和我们的 Python 代码。

如果想要成功创建 Dockerfile 文件,我们必须先安装 Docker。为了测试 Docker 能否正常工作,请运行 hello-world 应用程序以确认 Docker 配置正确。hello-world 是一个简单的 Docker 应用程序,是 Docker 软件标准库的一部分。代码如下:

```
docker run hello-world
```

输出如下:

```
(base) C:\Users\andrew.bird\Python-In-Demand>
(base) C:\Users\andrew.bird\Python-In-Demand>docker run hello-world

Hello from Docker!
This message shows that your installation appears to be working correctly.

To generate this message, Docker took the following steps:
 1. The Docker client contacted the Docker daemon.
 2. The Docker daemon pulled the "hello-world" image from the Docker Hub.
    (amd64)
 3. The Docker daemon created a new container from that image which runs the
    executable that produces the output you are currently reading.
 4. The Docker daemon streamed that output to the Docker client, which sent it
    to your terminal.

To try something more ambitious, you can run an Ubuntu container with:
 $ docker run -it ubuntu bash

Share images, automate workflows, and more with a free Docker ID:
 https://hub.docker.com/

For more examples and ideas, visit:
 https://docs.docker.com/get-started/
```

现在已经成功地在本地计算机上安装和运行了 Docker。

练习 9 - 4：封装 Docker。

在本练习中，我们将使用 Docker 创建一个简单的 Python 脚本的可执行版本，这个 Python 脚本将创建一个数字序列。但是，当遇到 3 或者 3 的倍数时，程序将打印 Fizz；当遇到 5 的倍数时，程序将打印 Buzz。本练习需要在 docker 环境中执行。

① 创建一个名为 my_docker_app 的新目录并使用 cd 命令进入该目录，命令如下：

```
mkdir my_docker_app
cd my_docker_app
```

② 在该目录中，创建一个名为 Dockerfile 的空文件。我们可以使用 Jupyter Notebook 或者自己常用的文本编辑器来创建该文件。请确保该文件不包含任何扩展名，比如.txt。

③ 向 Dockerfile 文件添加第一行语句：

```
FROM python:3
```

这一行语句声明此文件使用了一个安装有 Python 3 的系统。具体来说，它将使用一个安装在名为 Alpine 的最小 Linux 发行版上的 Python 镜像。有关此镜像的更多详细信息请参阅 https://hub.docker.com/_/python。

④ 在 my_docker_app 文件夹中创建一个包含以下代码的 fizzbuzz.py 文件：

```
for num in range(1,101):
    string = ""
    if num % 3 == 0:
        string = string + "Fizz"
    ifnum % 5 == 0:
        string = string + "Buzz"
    if num % 5 != 0 and num % 3 != 0:
        string = string + str(num)
    print(string)
```

⑤ 向 Dockerfile 文件添加第二行语句。这一行语句将告诉 Docker 把 fizzbuzz.py 文件包含到应用程序中，代码如下：

```
ADD fizzbuzz.py /
```

⑥ 添加 Docker 必须运行的命令，代码如下：

```
CMD [ "python", "./fizzbuzz.py" ]
```

现在，Dockerfile 文件的内容应如下：

```
FROM python:3
ADD fizzbuzz.py /
CMD [ "python", "./fizzbuzz.py" ]
```

⑦ 构建 Docker 镜像。我们将其命名为 fizzbuzz_app，代码如下：

```
$ docker build - t fizzbuzz_app .
```

此命令在我们的系统上创建了一个 image 文件，其中包含了在一个最小 Linux 环境中执行我们的代码所需的所有信息。

现在，我们可以在 Docker 中运行自己的程序了，代码如下：

```
docker runfizzbuzz_app
```

输出如下：

```
(base) C:\Users\andrew.bird\Python-In-Demand\Lesson09\fizzbuzz_docker>docker run testapp
1
2
Fizz
4
Buzz
Fizz
7
8
Fizz
Buzz
```

我们可以通过执行"docker images"命令查看系统中已有 Docker 镜像的完整列表。该列表应包括刚才新建的 fizzbuzz_app 应用。

最后，假设 fizzbuzz 文件导入了第三方库，作为代码的一部分。比如，它可能用到了 pandas 库（实际上并没有用到）。在这种情况下，代码运行时会被中断，因为 Docker 镜像中并没有包含 pandas 包。

为了解决这个问题，可以简单地添加一行语句到 Dockerfile 文件中，即"pip install pandas"。更新后的 Dockerfile 文件的内容如下：

```
FROM python:3
ADD fizzbuzz.py /
RUN pip install pandas
CMD [ "python", "./fizzbuzz.py" ]
```

9.5　多进程

在现代软件系统中，经常需要并行执行多个任务。机器学习和科学仿真程序利用现代处理器提供的多个内核，将其工作分割为在多个互不相干的内核中运行的并发线程。图像用户界面和网络服务器也可以在后台执行工作的同时，留下一个线程用于响应用户事件或新请求。

这里给出一个简单的示例,假设程序必须执行 3 个步骤:A、B 和 C,这些步骤并不相互依赖,这意味着它们可以按任何不同的顺序来完成。通常情况下,只是按照顺序来执行它们,但是,如果可以同时执行所有这些步骤,而不是等一个步骤完成之后再进行下一个呢? 如果具有可以同时执行这些步骤的基础结构,那么执行速度有可能会更快。也就是说,每个步骤都可以由不同的线程来执行。

Python 本身内部使用了多个线程来执行某些工作,这一点限制了 Python 程序执行多线程工作的方式。3 种最安全的执行多线程的方式如下:

- 找到一个可以处理多进程操作的(已经经过仔细测试的)库,来帮助解决问题。
- 启动新的 Python 解释器,将其作为完全独立的进程来运行脚本副本;
- 在现有解释器中创建一个新线程,以便能够同时执行某些工作。

第一个方法是最容易成功的。第二个方法也相当简单,但是会使计算机承受比较大的压力,因为操作系统需要运行两个独立的 Python 脚本。第三个方法非常复杂,很容易出错,并且计算机仍会承受较大的压力,因为 Python 需要保持全局解释器锁(Global Interpreter Lock,GIL),这意味着一次只有一个线程能够用来解释 Python 指令。在这 3 种方法中,我们通常会始终使用第一个方法,如果一个库不能够满足需求,还可以寻找另一个库。如果需要在并发进程之间共享内存,或者并发工作需要处理 I/O,则可以考虑选择第三个方法。

9.5.1 execnet 库处理多进程

我们可以使用标准库中的 subprocess 模块来启动一个新的 Python 解释器。但是,当需要在"父"脚本和"子"脚本间共享数据时,这样做可能会导致额外的大量工作。

一个更常见易用的接口是 execnet 库。execnet 库使得启动一个新 Python 解释器来运行给定代码变得非常简单,它可以启动的 Python 解释器包括 Jython 和 IronPython 等,它们分别是与 Java 虚拟机和.net 通用语言集成时使用。它们会打开一条父脚本和子脚本之间的异步通信渠道,因此父脚本可以向子脚本发送数据进行处理,同时自己继续处理其他任务直到父脚本准备好接收子脚本处理的结果。如果父脚本在子脚本完成处理之前已经准备就绪,则父脚本需要等待子脚本处理完毕。

练习 9 – 5:使用 execnet 执行一个简单的 Python 开方程序。

在本练习中,我们将创建一个通过 execnet 库接收 x 的 squaring 进程,然后返回"x * * 2"。这个任务太过简单,并不需要使用多进程来处理,但是它确实可以演示如何使用 execnet 库。本练习可以在 Jupyter Notebook 上运行。

① 使用 pip 包管理器来安装 execnet 模块,代码如下:

```
$ pip install execnet
```

② 编写一个 square 函数,这个函数需要从通道接收数字并返回其平方的值,代码如下:

```
import execnet
def square(channel):
    while not channel.isclosed():
    number = channel.receive()
    number_squared = number ** 2
    channel.send(number_squared)
```

"while not channel.isclosed()"一行代码可以确保仅在父进程和子进程之间打开通道时才继续计算。"number＝channel.receive()"是指从父进程获取需要进行平方计算的数字，然后这个数字在"number_squared ＝ number ＊＊2"语句中进行平方。最后，我们将平方后的数字通过"channel.send(number_squared)"发回父进程。

③ 将 gateway 通道设置为运行此函数的远程 Python 解释器，代码如下：

```
gateway = execnet.makegateway()
channel = gateway.remote_exec(square)
```

gateway 通道管理父进程和子进程之间的通信，channel 用于在进程之间发送和接收数据。

④ 将一些整数从父进程发送到子进程，代码如下：

```
for i in range(10):
    channel.send(i)
    i_squared = channel.receive()
    print(f"{i} squared is {i_squared}")
```

输出如下：

```
0 squared is 0
1 squared is 1
2 squared is 4
3 squared is 9
4 squared is 16
5 squared is 25
6 squared is 36
7 squared is 49
8 squared is 64
9 squared is 81
```

这里循环遍历了 10 个整数，通过 channel.send 将其发送到 square 子进程，然后使用 channel.receive()函数接收计算结果。

⑤ 当使用远程 Python 解释器完成所有运算之后，关闭 gateway 通道使其退出。

```
gateway.exit()
```

在本练习中，我们学习了如何使用 execnet 在 Python 进程之间传递指令。在 9.5.2 小节中，我们将研究如何使用 multiprocessing 包处理多进程任务。

9.5.2　multiprocessing 包处理多进程

multiprocessing 模块位于 Python 的标准库中。与 execnet 库相似，它允许启动新的 Python 进程。但是，它提供的 API 比 execnet 库更接近底层。这意味着它更难使用，但却具有更大的灵活性。我们可以使用一对多进程处理队列来模拟 execnet 通道。

练习 9 - 6：使用 multiprocessing 包执行简单的 Python 程序。

① 创建一个名为 multi_processing.py 的新文本文件。

② 导入 multiprocessing 包，代码如下：

```
import multiprocessing
```

③ 创建一个 square_mp 函数，该函数将持续监视队列中的数字，当它发现数字时，它将获取数字、进行平方计算并将结果放置到输出队列中，代码如下：

```
def square_mp(in_queue, out_queue):
    while(True):
        n = in_queue.get()
        n_squared = n ** 2
        out_queue.put(n_squared)
```

④ 向 multi_processing.py 添加以下代码块：

```
if name == ' main ':
    in_queue = multiprocessing.Queue()
    out_queue = multiprocessing.Queue()
    process = multiprocessing.Process(target = square_mp, args = (in_queue, out_queue))
    process.start()
    for i in range(10):
        in_queue.put(i)
        i_squared = out_queue.get()
        print(f"{i} squared is {i_squared}")
    process.terminate()
```

回想一下"if name == '__main__'"语句的作用：如果模块在项目的其他位置导入，则该语句下面的内容将不会被执行。此外，in_queue 和 out_queue 都是队列对象，程序可以通过这些对象在父进程和子进程之间发送数据。在接下来的循环中可以看到，向 in_queue 队列添加整数并从 out_queue 队列获取计算结果。如果查看上述 square_mp 函数，就可以看到子进程是如何从 in_queue 对象获取要计算的值，并将结果通过 out_queue 对象传回父进程的。

⑤ 在命令行中使用以下指令运行程序：

```
python multi_processing.py
```

输出如下：

```
0 squared is 0
1 squared is 1
2 squared is 4
3 squared is 9
4 squared is 16
5 squared is 25
6 squared is 36
7 squared is 49
8 squared is 64
9 squared is 81
```

在本练习中,我们学习了如何使用 multiprocessing 库在父进程和子进程之间传递信息,这里使用子进程计算了一组数字的平方。

9.5.3 threading 包处理多进程

我们之前学习的 multiprocessing 和 execnet 都会创建一个新的 Python 进程来执行异步代码,而 threading 只会在当前进程中创建一个新线程。因此,它使用的系统资源比其他几种方案要少。新线程会和创建它的线程共享所有内存(包括全局变量等)。这两个线程并不是真正并发的,因为 GIL 意味着 Python 进程中的所有线程同一时间只能执行一个指令。最后,不能强行终止一个线程,因此,除非打算直接退出整个 Python 进程,否则就必须为 thread 函数提供退出的方法。在下面的练习中,我们将使用一个发送到队列中的特殊信号值来退出线程。

练习 9-7:使用 threading 包。

① 在 Jupyter Notebook 中导入 threading 和 queue 模块,代码如下:

```
import threading
import queue
```

② 创建两个新队列来处理进程之间的通信,代码如下:

```
in_queue = queue.Queue()
out_queue = queue.Queue()
```

③ 创建监听队列中的新数字并返回其平方值的函数。"if n == 'STOP'"语句允许通过 in_queue 对象中的 STOP 指令来终止线程,代码如下:

```
def square_threading():
    while True:
        n = in_queue.get()
        if n == 'STOP':
            return
        n_squared = n ** 2
        out_queue.put(n_squared)
```

④ 创建并启动一个新线程，代码如下：

```
thread =  threading.
Thread(target = square_threading)
thread.start()
```

⑤ 遍历 10 个数字，将它们传递到 in_queue 对象中，并通过 out_queue 对象获取输出结果，代码如下：

```
for i in range(10)：
    in_queue.put(i)
    i_squared =  out_queue.get()
    print(f"{i} squared is {i_squared}")
in_queue.put('STOP')
thread.join()
```

输出如下：

```
0 squared is 0
1 squared is 1
2 squared is 4
3 squared is 9
4 squared is 16
5 squared is 25
6 squared is 36
7 squared is 49
8 squared is 64
9 squared is 81
```

在本练习中，我们学习了如何使用 threading 包在父线程和子线程之间传递任务。在 9.6 节中，我们将介绍如何在脚本中解析命令行参数。

9.6　解析命令行参数

脚本通常需要获取用户输入，以便对脚本的用途或运行方式进行配置。比如，想要编写一个脚本来训练一个用于图像分类的深度学习网络。用户将告诉脚本训练图像的位置及其各自的标签，并且希望选择要使用的模型、保存训练后模型配置的位置以及其他一些功能。

使用命令行参数是一种非常常见的操作。命令行参数，其实就是用户在运行脚本时从 shell 或者另一个脚本中获取的值。使用命令行参数可以使用户能够更加轻松地以不同的方式调用脚本，并且对于具有使用 Unix 终端或者 Windows 命令行经验的用户来说，这种方式更加友好。

Python 的标准库提供了一个用于解析命令行参数的模块——argparse，它提供了大量的功能，并且能够轻松地以与其他工具一致的方式向脚本添加参数解析功能。我们可以添加必需参数（用户必须提供的值）或者可选参数（具有某些默认值，用户可以跳过的值）。argparse 模块将自动创建脚本的使用方法，用户可以通过使用"--help argument"参数来读取，进而自行检查提供的参数的有效性。

使用 argparse 模块需要 4 个步骤：首先，需要创建一个 parser 对象；其次，将程序接收的参数添加到 parser 对象；再次，告诉 parser 对象来解析脚本的 argv（argument vector 的缩写，在启动脚本时提供给脚本的参数列表），它将检查参数列表的一致性并存储参数的值；最后，parser 对象将返回一个新的对象，我们可以在脚本中访问该对象来获取参数中提供的值。

当运行本节中的所有练习时，都需要在 .py 文件中输入 Python 代码，并通过操作系统的命令行（而不是 Jupyter Notebook）来运行它们。

练习 9 - 8：导入 argparse 模块以接收用户输入。

在本练习中，我们将创建一个使用 argparse 来获取用户单个输入（名为 flag 的可选参数）的程序。如果用户没有输入 flag，则将返回 False，反之将返回 True。本练习需要在 Python 终端中执行。

① 创建一个名为 argparse_demo.py 的 Python 文件。

② 导入 argparse 库，代码如下：

```
import argparse
```

③ 创建一个新的 parser 对象，代码如下：

```
parser = argparse.ArgumentParser(description = "Interpret a Boolean flag.")
```

④ 添加一个参数，这个参数允许用户在执行程序时传递-flag 参数，代码如下：

```
parser.add_argument('-- flag', dest = 'flag', action = 'store_true', help = 'Setthe flag value to True.')
```

store_true 操作意味着，如果用户输入 flag 参数，则解析器会将参数的值设置为 True，反之则设置为 False。此外，使用 store_false 操作可以达到完全相反的效果。

⑤ 调用 parse_args() 方法，它将真正执行参数的处理，代码如下：

```
arguments = parser.parse_args()
```

⑥ 打印参数的值，以查看上面的操作是否有效，代码如下：

```
print(f"The flag's value is {arguments.flag}")
```

⑦ 直接执行 argparse_demo.py 文件，不附带任何参数。此时，arguments.flag 的值应为 False，代码如下：

```
python argparse_example.py
```

输出如下：

```
(base) C:\Users\andrew.bird\Python-In-Demand\Lesson09>python argparse_demo.py
The flag's value is False
```

⑧ 再次运行脚本,这次加入--flag 参数,以将参数变量的值设置为 True,代码如下:

```
python argparse_demo.py -- flag
```

输出如下:

```
(base) C:\Users\andrew.bird\Python-In-Demand\Lesson09>python argparse_demo.py --flag
The flag's value is True

(base) C:\Users\andrew.bird\Python-In-Demand\Lesson09>
```

⑨ 现在输入以下代码,查看 argparse 模块从我们提供的参数描述中提取出来的帮助文本,代码如下:

```
python argparse_demo.py - help
```

输出如下:

```
(base) C:\Users\andrew.bird\Python-In-Demand\Lesson09>python argparse_demo.py --help
usage: argparse_demo.py [-h] [--flag]

Interpret a Boolean flag.

optional arguments:
  -h, --help  show this help message and exit
  --flag      Set the flag value to True.
```

位置参数介绍如下:

某些脚本具有对其正常工作极其重要的参数。例如,执行复制文件操作的脚本始终需要知道源文件和目标文件的位置。始终输入参数名称的方法效率非常低,比如,在这种情况下每次使用脚本时,都需要完整地输入"python copyfile. py --source infile --destination outfile"。此时,就可以使用位置参数来定义这些参数,但是始终需要按照特定顺序提供的参数。位置参数和命名参数之间的区别在于,命名参数以连字符(-)开头,比如练习 9 - 8 中的 --flag;而位置参数无需以连字符开头。

练习 9 - 9:使用位置参数接收用户输入的源文件和目标文件的位置。

在本练习中,我们将创建一个使用 argparse 模块从用户处获取两个输入参数的程序,两个输入参数分别为 source 和 destination。本练习需要在 Python 终端中执行。

① 创建一个名为 positional_args. py 的新 Python 文件。

② 导入 argparse 库:

```
import argparse
```

③ 创建一个新的 parser 对象,代码如下:

```
parser = argparse.Argument
```

```
Parser(description = "Interpret positional arguments.")
```

④ 添加两个参数来获取 source 和 destination 的值,代码如下:

```
parser.add_argument('source', action = 'store', help = 'The source of an operation.')
parser.add_argument('dest', action = 'store', help = 'The destination of the operation.')
```

⑤ 调用 parse_args()方法,它将对用户输入的参数进行处理,代码如下:

```
arguments = parser.parse_args()
```

⑥ 打印参数的值,以检查上述代码能否正常工作,代码如下:

```
print(f"Picasso will cycle from {arguments.source} to {arguments.dest}")
```

⑦ 在不附带任何参数的情况下执行该文件,这样会导致运行错误,因为该脚本需要两个位置参数,代码如下:

```
python positional_args.py
```

输出如下:

```
(base) C:\Users\andrew.bird\Python-In-Demand\Lesson09>python positional_args.py
usage: positional_args.py [-h] source dest
positional_args.py: error: the following arguments are required: source, dest
```

⑧ 接下来附带两个位置参数,再次尝试运行脚本,代码如下:

```
$ python positional_args.py Chichester Battersea
```

输出如下:

```
(base) C:\Users\andrew.bird\Python-In-Demand\Lesson09>python positional_args.py Chichester Battersea
Picasso will cycle from Chichester to Battersea
```

在本练习中,我们学习了如何使用 argparse 包来接收位置参数并在脚本中对其进行处理。

9.7 性能和分析

人们通常认为 Python 不是一种高性能的语言,尽管它确实能够提供比较快速的实现途径。简洁的语法以及强大的标准库意味着,利用 Python 实现自己的想法得到结果所需的时间可能比其他具有更好运行时性能的语言要短得多。

但是我们必须承认,Python 不是世界上运行得最快的编程语言之一,而有时运行速度这一点又非常重要。例如,编写一个网络服务器程序时,需要处理尽可能多的网络请求,并且要及时响应用户发出的请求。编写科学模拟或者深度学习引擎时,模拟或者训练时间可能会远远大于程序员编写代码的时间。在任何情况下,减少运行应用程序的时间都可以降低成本,无论是以云托管服务的账单来衡量还是以笔记本电脑的电池来衡量,都是如此。

9.7.1　更换 Python 解释器

加速 Python 程序的最快方法通常是直接使用不同的 Python 解释器。本章前面已经提到,Python 多线程的执行速度会被 GIL 拖慢,这意味着在给定进程中,同一时间只能有一个 Python 线程在执行指令。针对 Java 虚拟机和.net 公共语言运行时设计的 Jython 和 IronPython 环境,并没有 GIL,因此它们可以更快地执行多线程 Python 程序。此外,还有两个解释器(PyPy 和 CPython)是专门为提高 Python 性能而设计的,我们将在之后两节利用它们来加速程序。

9.7.2　PyPy

首先让我们来了解另一个 Python 环境——PyPy。Guido van Rossum (Python 的发明者)曾说过:"想要让你的代码运行得更快? 你可能需要 PyPy。"(If you want your code to run faster, you should probably just use PyPy.)

PyPy 的秘诀是使用即时编译(Just-In-Time compilation,简称 JIT 编译),它会将 Python 程序在运行时编译为机器语言(比如 Cython),而无需开发人员专门执行编译(称为预先编译,ahead-Of-Time compilation,简称 AOT 编译)。对于长时间运行的进程,JIT 编译器可以尝试采用不同的策略来编译同一代码,进而找到在程序环境中效率最高的代码。程序的执行将不断加速,直到找到效率最高的版本并长期执行。接下来让我们在下面的练习中尝试使用 PyPy。

练习 9 - 10:查看使用 PyPy 找到指定质数列表的时间。

在本练习中,我们将执行一个 Python 程序,以毫安小时为单位查看程序找到指定指数列表所花费的时间。但是,我们对使用 PyPy 工具执行同一程序所能减少的时间更感兴趣。

① 运行 pypy3 命令,屏幕上将显示以下内容:

```
pypy3
Python 3.6.1 (dab365a465140aa79a5f3ba4db784c4af4d5c195, Feb 18 2019,10:53:27)
[PyPy 7.0.0 - alpha0 with GCC 4.2.1 Compatible Apple LLVM 10.0.0 (clang - 1000.11.45.5)]
on darwin
Type "help", "copyright", "credits" or "license" for more information. And now for some-
thing completely different: "release 1.2 upcoming"
> > > >
```

注意:直接导航到 pypy3.exe 文件所在的文件夹下并执行命令,会比按照安装说明创建符号链接更方便。

② 按 Ctrl＋D 快捷键退出 PyPy。

这里将再次使用埃氏筛法查找质数。我们对其进行两处改动:第一,为了增大程序工作量,将质数限制为 1 000 以下;其次,使用 Python 的 timeit 模块检测其运行花费的时间。timeit 将多次执行 Python 语句并记录其花费的时间。这里将告诉 timeit 运行埃氏筛法 10 000 次(默认是执行 100 000 次,这样花费的时间太长)。

③ 创建名为 eratosthenes.py 的文件并输入以下代码:

```
import timeit
class PrimesBelow:
    def init(self, bound):
        self.candidate_numbers = list(range(2,bound))
    def iter (self):
        return self
    def next (self):
        if len(self.candidate_numbers) == 0:
            raise StopIteration
        next_prime = self.candidate_numbers[0]
        self.candidate_numbers = [x for x inself.candidate_numbers if x % next_prime != 0]
        return next_prime
print(timeit.timeit('list(PrimesBelow(1000))', setup = 'from main import PrimesBelow',
number = 10000))
```

④ 使用 Python 解释器运行该文件,代码如下:

```
python eratosthenes.py
```

输出如下:

```
(base) C:\Users\andrew.bird\Python-In-Demand\Lesson09>python eratosthenes.py
17.597791835
```

注意:不同的计算机上显示的数字会有所不同。

这里表示执行 list(PrimesBelow(1000))语句 10 000 次总共花费了 17.6 s,也就是说,每次迭代花费 1 760 μs。现在,使用 PyPy(而不是 CPython)来执行同一程序,代码如下:

```
$ pypy3 eratosthenes.py
```

输出如下:

```
4.81645076300083
```

这里,每次迭代只需要花费 482 μs。

在本练习中,我们会发现,利用 PyPy 执行程序只需花费普通 Python 解释器 30% 的时间。因此,通过简单地将解释器更换为 PyPy,就可以实现出色的性能提升。

9.7.3 Cython

Python 模块可以被编译为 C 代码,同时包装器可以保证其仍然能够从其他 Python 代码访问该模块。编译代码只是意味着代码由一种语言转化为另一种语言。这里,编译器读取 Python 代码并将其用 C 语言表示,这样的工具称为 Cython,它通常可以生成比原始模块内存占用更少、执行时间更短的模块。

练习 9 - 11:查看使用 Cython 找到指定质数列表的时间。

在本练习中,我们将安装 Cython,并且与练习 9 - 10 相似,需要找到指定质数列表并计算其执行代码所使用的时间。本练习将在 Python 终端中执行。

① 安装 Cython,屏幕上将显示以下内容:

```
$ pip install cython
```

② 回到练习 9 - 10 所编写的代码,并将埃氏筛法(用于遍历质数)所在的类提取到一个名为 sieve_module. py 的文件中,代码如下:

```
class PrimesBelow:
    def init (self, bound):
        self.candidate_numbers = list(range(2,bound))
    def iter (self):
        return self
    def next (self):
        if len(self.candidate_numbers) == 0:
            raise StopIteration
        next_prime = self.candidate_numbers[0]
        self.candidate_numbers = [x for x in self.candidate_numbers if x % next_prime ! = 0]
        return next_prime
```

③ 使用 Cython 将其编译为 C 模块。创建一个名为 setup. py 的文件,并输入以下内容:

```
drom distutils.core import setup
from Cython.Build import cythonize
setup(
    ext_modules = cythonize("sieve_module.py")
)
```

④ 在命令行中执行 setup. py 脚本来构建模块,屏幕上将出现以下内容:

```
$ python setup.py build_ext -- inplace running build_ext
building 'sieve_module' extension creating build
creating build/temp.macosx - 10.7 - x86_64 - 3.7
gcc - Wno - unused - result - Wsign - compare - Wunreachable - code - DNDEBUG - g
- fwrapv - O3 - Wall - Wstrict - prototypes - I/Users/leeg/anaconda3/include
- arch x86_64 - I/Users/leeg/anaconda3/include - arch x86_64 - I/Users/leeg/ anaconda3/
include/python3.7m - c sieve_module.c - o build/temp.macosx - 10.7 - x86_64 - 3.7/sieve_
module. o
gcc - bundle - undefined dynamic_lookup - L/Users/leeg/anaconda3/lib - arch x86_64 - L/
```

```
Users/leeg/anaconda3/lib - arch x86_64 - arch x86_64 build/temp. macosx - 10.7 - x86_64
- 3.7/sieve_module.o - o /Users/leeg/Nextcloud/Documents/ Python Book/Lesson_9/sieve_
module.cpython - 37m - darwin.so
```

在 Linux 和 Windows 上输出的文件类型是不同的,但是我们应该不会在这一步看到任何错误提示。

⑤ 导入 timeit 模块,并在一个名为 cython_sieve.py 的脚本中使用它,代码如下:

```
import timeit
print(timeit. timeit ('list (PrimesBelow (1000))', setup = 'from sieve_ module import
PrimesBelow', number = 10000))
```

⑥ 运行程序并查看计时:

```
$ python cython_sieve.py
```

输出如下:

```
3.830873068
```

这里,执行脚本花费了 3.83 s,也就是说,每次迭代花费 383 μs,大约是 CPython 解释器版本花费时间的 40% 多一点,但是 PyPy Python 仍能使该代码运行得更快。使用 Cython 的优点是,可以制作一个与 CPython 兼容的模块,因此在需要加速自己的模块代码时无需要求其他人切换到不同的 Python 解释器。

9.8　性能测量

当已经用尽了可以提高代码性能的小技巧时,还想加快运行速度,就需要进行一些实际工作了。编写高性能的代码没有什么太好的方法,如果有,我们就会在第 1~8 章中介绍了,而无需在第 9 章专门对此进行介绍了。当然,速度并不是唯一的性能目标,我们可能还希望能够减少内存的使用或者增加同时运行的操作数。但是,程序员通常使用"性能"作为"缩短完成时间"的同义词,这里将对其进行详细分析。

提高性能是一个科学的过程:需要观察代码的行为方式,假设潜在的改进以及做出改变,然后再次观察以检测代码性能是否提高了。在这个过程中,有一个工具能够有效地支持我们的观察步骤,即 cProfile,接下来我们将学习此工具的使用方法。

cProfile 是生成代码执行记录文件的模块。每次 Python 程序进入或退出函数或其他可执行部分时,cProfile 都会记录它是什么以及花费了多少时间,然后我们就可以由此分析如何能花更少的时间来执行这部分任务。请记住,一定要将修改代码前的性能记录和修改后的性能记录进行比较,以确保代码性能确实提高了! 正如将在练习 9‐12 中看到的那样,并非所有的"优化"都能使代码更快,我们需要仔细地测量和考虑每个地方的优化是否值得追求和保留。实际上,cProfile 通常用于尝试查找为什么代码执行的时间比与预期的要长。例如,可以尝试编写一个迭代计算,在次数大于 1 000 次时突然需要花费十几分钟来进行计算。使用 cProfile 后,我们就可能会发现造成这种较低性能的原因,进而避免这种问题以加速代码运行。

练习 9 - 12:使用 cProfile 测量性能。

本练习将帮助我们了解如何使用 cProfile 来诊断代码性能,它可以帮助我们了解代码的哪些部分执行时间最长。

这是一个很长的示例,重点并不在于确保输入内容并理解代码含义,而是在于了解分析过程,考虑改进措施,并观察这些修改对代码性能的影响。

该示例将在命令行中执行。

① 生成一个质数的无限序列,代码如下:

```
class Primes:
    def init (self):
        self.current = 2
    def iter (self):
        return self
    def next (self):
        while True:
            current = self.current
            square_root = int(current ** 0.5)
            is_prime = True
            if square_root >= 2:
                for i in range(2, square_root + 1):
                    if current % i == 0:
                        is_prime = False
                        break
            self.current += 1
            if is_prime:
                return current
```

② 必须使用 itertools. takewhile()将其转化为一个有限的序列,这样就生成一个较大的质数列表,并使用 cProfile 来研究其性能,代码如下:

```
import cProfile
import itertools
cProfile.run('[p for p in itertools.takewhile(lambda x: x < 10000,Primes())]')
```

输出如下:

```
2466 function calls in 0.021 seconds
Ordered by: standard name
ncalls tottime percal cumtime percall filename :lineno( function)
1   0.000   0.000   0.000   0.000   ⟨ipython - input - 1 - 5aedc56b5f71⟩:2(__init__)
1   0.000   0.000   0.000   0.000   ⟨ipython - input - 1 - 5aedc56b5f71⟩:4(__iter__)
```

```
1230  0.020  0.000  0.020  0.000  〈ipython - input - 1 - 5aedc56b5f71〉:6(__next__ )
1230  0.000  0.000  0.000  0.000  〈string〉:1(〈lambda〉)
1  0.001  0.001  0.021  0.021  〈string〉:1(〈listcomp〉)
1  0.000  0.000  0.021  0.021  〈string〉:1(〈module〉)
1  0.000  0.000  0.021  0.021  {built - in method builtins . exec}
1  0.000  0.000  0.000  0.000  {method 'disable' of '_lsprof. Profiler' objects}
```

next()函数是调用次数最多的。这并不奇怪,因为它是迭代的主要部分。从性能测量结果来看,它占用了整体运行时间的大部分。那么,有办法让它变得更快吗?

我们提出这样一种假设,该方法执行了大量的冗余除法。假设数字 101 正在被测试是否为质数。在原来的代码中,程序首先会测试它是否可被 2 整除(否),然后是否可被 3 整除(否),然后是否可被 4 整除,但是 4 是 2 的倍数,而且我们已经知道这个数不能被 2 整除,因此没有必要测试其能否被 4 整除。

③ 根据上述假设,修改 next()函数,使其只搜索已知质数的列表。我们知道,如果正在测试的数字能被某个较小的数字整除,那么这些较小的数字中至少有一个本身就是质数,代码如下:

```
class Primes2:
    def init (self): self.known_primes = []
        self. current = 2
    def iter (self):
        return self
    def next (self):
        while True:
            current = self.current
            prime_factors = [p for p in potential_factors if current % p == 0]
        self. current += 1
        if len(prime_factors) == 0: self.known_primes. append(current)
            return current
    cProfile. run('[p for p in itertools. takewhile(lambda x: x < 10000,Primes2())]')
```

输出如下:

```
23708 function calls in 0. 468 seconds
Ordered by: standard name
ncalls tottime percall cumtime percall filename :lineno(function)
10006  0.455  0.000  0.455  0.000
〈ipython - input - 2 - c6ffd796f813〉:10( 〈listcomp〉)
1  0.000  0.000  0.000  0.000  〈ipython - input - 2 - C6ffd796f813〉:2(__init__ )
1  0.000  0.000  0.000  0.000  〈ipython - input - 2 - C6ffd796f813〉:5(__iter__ )
1230  0.011  0.000  0.466  0.000  〈ipython - input - 2 - C6ffd796f813〉:7(__next__ )
1230  0.000  0.000  0.000  0.000  〈string〉:1(〈lambda〉)
1  0.001  0.001  0.468  0.468  〈string〉:1(〈listcomp〉)
1  0.000  0.000  0.468  0.468  〈string〉 :1(〈module〉)
```

```
1   0.000   0.000   0.468   0.468   {built – in method builtins. exec}
10006  0.001   0.000   0.001   0.000   {built – in method builtins.1en}
1230  0.000   0.000   0.000   0.000   {method ' append' of' list' objects}
1   0.000   0.000   0.000   0.000   {method 'disable' of ' 1sprof . Profiler' objects}
```

现在，next()函数不再是性能列表中调用次数最多的函数了，但这并不是一件好事，因为上述代码中引入了一个列表解析式，这个解析式甚至被调用了更多次，整个过程所花费的时间比之前长了 30 倍！

④ 在从测试一系列连续因数到测试已知质数列表的转换中，有一处地方发生了改变：测试的数字上限不再是待定质数的平方根。回到刚才对 101 的测试，最初代码测试了 2 到 10 之间的所有数字，而新的测试却测试了 2 到 97 之间的所有质数！重新引入平方根上限，然后使用 takewhile()函数来筛选质数列表，代码如下：

```
class Primes3:
    def init (self):
        self. known_primes = []
        self. current = 2
    def iter (self):
        return self
    def next (self):
        while True:
            current = self.current
            sqrt_current = int(current ** 0.5)
            potential_factors = itertools. takewhile(lambda x: x < sqrt_ current,
            self. known_primes)
            prime_factors = [p for p in potential_factors if current % p == 0]
            self. current += 1
            if len(prime_factors) == 0: self. known_primes. append(current)
                return current
    cProfile. run('[p for p in itertools. takewhile(lambda x: x < 10000, Primes3())]')
```

输出如下：

```
291158 function calls in 0.102 seconds
Ordered by: standard name
ncalls tottime percall cumtime percall filename:lineno(function)
267345  0.023   0.000   0.023   0.000
    〈ipython – input – 3 – 10d4133C7618〉:11( 〈lambda〉)
10006   0.058   0.000   0.081   0.000
    〈ipython – input – 3 – 10d4133C7618〉:12(〈1istcomp〉)
1   0.000   0.000   0.000   0.000
    〈ipython – input – 3 – 10d4133C7618〉:2(__init__)
1   0.000   0.000   0.000   0.000
    〈ipython – input – 3 – 10d4133C7618〉:5(__iter__)
```

```
1265   0.018   0.000   0.100   0.000
    〈ipython-input-3-10d4133C7618〉:7(__next__)
1265   0.000   0.000   0.000   0.000   〈string〉:1(〈1ambda〉)
1   0.001   0.001   0.102   0.102   〈string〉:1(〈listcomp〉)
1   0.000   0.000   0.102   0.102   〈string〉:1(〈module〉)
1   0.000   0.000   0.102   0.102   {built-in method builtins. exec}
10006   0.001   0.000   0.001   0.000   {built-in method builtins.1en}
1265.   0.000   0.000   0.000   0.000   {method 'append' of 'list' objects}
1   0.000   0.000   0.000   0.000   {method 'disable' of '1sprof. Profiler' objects}
```

⑤ Primes3 比 Primes2 好多了,但是它花费的时间仍是原始算法的 7 倍。其实,我们还有一个方法可以尝试。从上面的性能测试可以看出,代码执行时间花费最长的就是第 12 行的列表解析式,我们可以将其转换为 for 循环,在找到待定质数的主要因数后就尽快跳出循环,代码如下:

```python
class Primes4:
    def init(self):
        self.known_primes = []
        self.current = 2
    def iter(self):
        return self
    def next(self):
        while True:
            current = self.current
            sqrt_current = int(current ** 0.5)
            potential_factors = itertools.takewhile(lambda x: x < sqrt_current,
            self.known_primes)
            is_prime = True
            for p in potential_factors:
                if current % p == 0:
                    is_prime = False
                    break
            self.current += 1
            if is_prime == True:
                self.known_primes.append(current)
                return current
cProfile.run('[p for p in itertools.takewhile(lambda x: x < 10000,Primes4())]')
```

输出如下:

```
64802function calls in 0.033 seconds
Ordered by: standard name
ncalls  tottime  percall  cumtime     percall filename: lineno (function)
61001   0.007   0.000   0.607     0.000 〈ipython-input-4-4f9e19e7ebde〉:11(〈lambda〉)
```

1	0.000	0.000	0.000	0.000 ⟨ipython − input − 4 − 4f9e19e7ebde⟩:2(__init__)
1	0.000	0.000	0.000	0.000 ⟨ipython − input − 4 − 4f9e19e7ebde⟩:5(__iter__)
1265	0.024	0. 000	0.032	0.000 ⟨ipython − input − 4 − 4f9e19e7ebde⟩:7(__next__)
1265	0.000	0.000	0.000	0.000 ⟨string⟩:1(⟨lambda⟩)
1	0.001	0.001	0.033	0.033 ⟨string⟩:1(⟨listcomp⟩)
1	0.000	0.000	0.033	0.033 ⟨string⟩:1(⟨module⟩)
1	0.000	0.000	0.033	0.033 {built − in methodbuiltins.exec)
1265	0.000	e.000	0.000	0.000 {method 'append' of 'list' objects}
1	0.000	0.000	0.600	0.000 (method 'disable' of 'Isprof.Profiler' objects)

这一次,代码性能再次有了提升,但是它的性能仍没有原始代码好,占用运行时间最长的是第 11 行的匿名函数表达式,它会测试之前发现的质数是否小于候选指数的平方根。因此,我们无法从该版本算法中删除它。另外,在这种情况下,花费一些时间找到一个质数比完成一个最小功能模块要快得多。

恭喜你成功找到运行代码的最佳优化方法!通过观察运行代码所需的时间,我们可以有针对性地调整代码以解决效率低下的问题。

9.9 总 结

在本章中,我们学习了一些从 Python 程序员过渡到 Python 软件工程师所需的一些工具和技能,已经了解了如何使用 Git 和 GitHub 与其他程序员协作,如何使用 conda 管理依赖项和虚拟环境,以及如何使用 Docker 部署 Python 应用程序。我们已经探索了用于提高 Python 代码性能的多进程工具和性能测试工具,这些新技能将使我们更有能力在复杂生产环境中与团队协作处理大型问题。这些技能不仅是学术技能,也是任何有抱负的 Python 开发者应具备的基本技能。

第 10 章将开始介绍有关 Python 在数据科学中的应用,我们将了解用于处理数值数据的热门模块(库),以及导入、探索、清理和分析真实数据的技术。

第 10 章　pandas 和 NumPy 数据分析

在本章结束时，读者应能做到以下事情：

- 使用 pandas 库查看、创建、分析和修改数据框（DataFrame）；
- 使用 NumPy 执行统计并加快矩阵计算；
- 使用 read、transpose、loc、iloc 和 concatenate 来组织和修改数据；
- 通过删除或操作 NaN 值以及强制列类型来清理数据；
- 通过构造、修改和解释直方图和散点图来可视化数据；
- 使用 pandas 和 statsmodels 生成和解释统计模型；
- 使用数据分析技术解决实际问题。

本章将介绍数据科学，这是 Python 的核心应用。同时，在讲解数据学的过程中将用到 NumPy 和 pandas 模块，这里将对其进行详细讲解。

10.1　概　述

在第 9 章中，我们学习了如何使用 GitHub 与团队成员协作，还使用 conda 记录和设置 Python 程序与 Docker 的依赖关系，以创建可复现的 Python 环境来运行代码。

数据科学正在以前所未有的速度蓬勃发展，数据科学家已成为当今世界最热门的职业之一。大多数先进公司都有数据科学家来分析和解释它们的数据。

数据分析和机器学习是数据科学的两个主要领域，我们将在第 11 章专门讨论机器学习，而本章将主要介绍数据分析。

数据分析侧重于大数据分析。随着科技的发展，现在每天产生的数据比以往任何一个时代都要多得多——任何人都无法用视觉分析的数据量。先进的 Python 开发人员，比如 Wes McKinney 和 Travis Oliphant，通过创建专门的 Python 库（尤其是 pandas 和 NumPy）来处理大数据，大大降低了数据分析的门槛。

pandas 和 NumPy 在处理大数据方面非常专业，且具有优秀的速度、效率、可读性和易用性。

pandas 为我们提供了查看和修改数据的独特框架，它可以处理任何与数据相关的任务，比如创建 DataFrame、导入数据、从网络上搜集数据、合并数据、透视数据、串联数据等。

NumPy 是 Numerical Python 的简称，它更专注于计算，它能够以 NumPy 数组的形式将 pandas 中的 DataFrame 的行和列解释为矩阵。当涉及描述性统计量（比如均值、中位数、众数和四分位数)的计算时,NumPy 的速度非常快。

数据分析的另一个关键模块是 matplotlib,它是一个处理散点图、直方图、回归线等的图形库。数据图非常重要,因为大多数非技术人员都需要使用它们来解释结果。

10.2　NumPy 与基本统计

10.2.1　NumPy

NumPy 旨在快速处理大量数据。根据 NumPy 文档,它包含以下基本组件:

- 强大的 n 维数组对象;
- 先进的函数(broadcasting,一种向量化数组操作方法);
- 用于集成 C/C++和 Fortran 代码的工具;
- 线性代数、傅里叶变换和随机数功能。

我们将在后续内容中大量使用 NumPy 数组,而非之前使用的列表。NumPy 数组是 NumPy 包的基本元素。我们通常使用两种类型的 NumPy 数组,即一维数组和二维数组。

NumPy 数组很容易产生索引,并且可以包含多种类型的数据,比如浮点、整数、字符串和对象。

练习 10-1:将列表转换为 NumPy 数组。

在本练习中,我们将把一个列表转换为 NumPy 数组,以下步骤将帮助我们完成本练习。

① 打开一个新的 Jupyter Notebook。

② 导入 NumPy,代码如下:

```
import numpy as np
```

③ 创建一个名为 test_scores 的列表并确认数据类型,代码如下:

```
test_scores = [70,65,95,88]
type(test_scores)
```

输出如下:

```
list
```

④ 将分数列表转换为 NumPy 数组,并检查数组的数据类型。尝试输入以下代码:

```
scores = np.array(test_scores)
type(scores)
```

输出如下:

```
numpy.ndarray
```

在本练习中,我们成功地将分数列表转换为 NumPy 数组。

平均值是最常见的统计指标之一。传统上,平均值可以通过所有条目的数值总和除以条目数求得;而在 NumPy 中,可以使用. mean 方法计算平均值。

练习 10 - 2:计算测试分数的平均值。

在本练习中,我们将使用练习 10 - 1 中创建的 NumPy 数组,计算其中存储的测试分数的平均值。以下步骤将帮助我们完成本练习。

① 继续使用练习 10 - 1 中使用的 Jupyter Notebook。

② 查找测试分数的平均值,直接使用. mean 方法,代码如下:

```
scores.mean()
```

输出如下:

```
79.5
```

输入的测试分数为 70、65、95 和 88,得到的平均值为 79.5,符合预期输出。在本次练习中,我们使用 NumPy 的 mean()函数找到了 test_scores 的平均值。在下面的练习中,我们将使用 NumPy 找出中位数。

中位数是位于一组数字中心的数字,虽然它并不是衡量测试分数的最佳指标,但它是衡量平均收入的优秀指标。

练习 10 - 3:从收入数据集中查找中位数。

在本练习中,我们将从社区收入数据集中找出中位数,并帮助百万富翁根据收入数据决定其是否应在该社区建造他的梦想之家。这里将使用 NumPy 的 median 方法。以下步骤将帮助我们完成本练习。

① 打开一个新的 Jupyter Notebook。

② 导入 NumPy 包并将其命名为 np,然后创建一个 NumPy 数组并赋值给 income 数据,代码如下:

```
import numpy as np
income = np.array([75000, 55000, 88000, 125000, 64000, 97000])
```

③ 求收入数据的平均值,代码如下:

```
income.mean()
```

输出如下:

```
84000
```

到目前为止似乎还可以,84 000 是这个社区的平均收入。现在,假设一个百万富翁决定在空置的角落建造他梦想中的房子。于是,街区总收入需要加上 1 200 万的薪水。

④ 将 1 200 万这个值追加到当前数组中,然后找到平均值,代码如下:

```
income = np.append(income, 12000000)
```

```
income.mean()
```

输出如下：

```
1786285.7142857143
```

新的平均收入是 170 万。但是，社区里实际上没有其他人能获得近 170 万。这不是一个有代表性的平均值。此时，中位数就可以发挥作用了。

⑤ 现在将 income 数组传入 median() 函数中，代码如下：

```
np.median(income)
```

输出如下：

```
88000
```

这个结果表明，一半的邻居能够挣到 88 000 以上，而一半的邻居挣不到这些。这将帮助百万富翁对邻居们的收入水平进行合理的估计。在此特定情况下，中位数对收入的估计要比平均值好得多。

10.2.2　偏斜数据和异常值

这里有关 1 200 万工资的平均值计算出现了一些奇怪的情况。附近并没有他人能够达到这个收入水平。在统计中，这里有一个专业术语。我们通常说数据被 12 000 000 这个异常值倾斜，具体地说，数据是右倾斜的，因为 12 000 000 在所有其他数据点的右侧。右倾斜数据将均值从中位数拉离。如果均值比中位数小得多，就是出现了左偏移数据。

不幸的是，我们没有通用方法来计算单个异常值。请记住，异常值通常远离其他数据点，并且会扭曲整体数据。

10.2.3　标准差

标准差是数据点分布的精确统计测量。在下面的练习中，我们将使用标准差。

练习 10 - 4：计算收入数据的标准差。

在本练习中，我们将使用练习 10 - 3，从收入数据集中查找中位数，并通过计算发现百万富翁的收入与社区普通居民收入之间的偏差量。以下步骤将帮助我们完成本练习。

① 继续使用练习 10 - 3 的 Jupyter Notebook。

② 现在使用 std() 函数检查标准差，尝试输入以下代码：

```
income.std()
```

输出如下：

```
4169786.007331644
```

正如我们所看到的，这里的标准差是一个非常巨大的数字——大约 400 万，这意味着我们绘制的数据几乎毫无意义。现在尝试将列表转换为 NumPy 数组中 test_scores

数据的标准差。

③ 在这个 Jupyter Notebook 中再次输入 test_scores 列表,代码如下:

```
test_scores = [70,65,95,88]
```

④ 现在将其转换为 NumPy 数组,代码如下:

```
scores = np.array(test_scores)
```

⑤ 使用 std() 函数找到 test_scores 的标准差,代码如下:

```
scores.std()
```

输出如下:

```
12.379418403139947
```

在本次练习中,我们可以观察到社区的收入数据非常偏斜,400 万的标准差实际上意味着数据毫无意义。但是,测试分数的标准差为 12.4,这是一个非常有意义的数据——标准差为 12.4、平均成绩为 79.5 的数据意味着分数大部分聚集在平均值 ± 12 分的范围内。

如果需要查找 NumPy 数组的最大值、最小值或者数值总和呢? 接下来,以 test_scores 的数据为例,尝试查找它的最大值、最小值和数值总和。

我们可以使用 NumPy 数组的 max() 方法来从数组中查找最大值,使用 min() 方法从数组中查找最小值,使用 sum() 方法求数值总和,这样可以很容易地在 NumPy 数组中找到最大值 max、最小值 min 和数值总和 sum。

输入以下代码找到最大值:

```
test_scores = [70,65,95,88]
scores = np.array(test_scores)
scores.max()
```

输出如下:

```
95
```

输入以下代码找到最小值:

```
scores.min()
```

输出如下:

```
65
```

输入以下代码找到数值总和:

```
scores.sum()
```

输出如下:

318

10.3 矩　阵

10.3.1 简　介

矩阵 e 通常由很多行组成,并且每行的列数相同。从一个大的角度看,它是一个包含大量数字的二维网格,也可以被解释为一系列列表的列表或者一系列数组的数组。

在数学中,矩阵是具有特定行数和列数的矩形数字数组。它的标准为先行后列,比如,2×3 维矩阵由 2 行 3 列组成,而 3×2 维矩阵由 3 行 2 列组成。例如,一个随机 $4\times$

4 维矩阵:$\begin{bmatrix} 9 & 13 & 5 & 2 \\ 1 & 11 & 7 & 6 \\ 3 & 7 & 4 & 1 \\ 6 & 0 & 7 & 10 \end{bmatrix}$。

练习 10 - 5:矩阵。

NumPy 具有创建矩阵或 n 维数组的方法,我们可以在矩阵的每一个位置上填充 $0\sim1$ 之间的随机数。在本练习中,我们将实现各种 NumPy 矩阵方法并观察输出(回忆一下,random. seed 可以重现相同的数字,当然想要生成自己的随机数也是可以的)。以下步骤将帮助我们完成本练习。

① 打开一个新的 Jupyter Notebook。
② 生成一个随机 5×5 维矩阵,代码如下:

```
import numpy as np
np. random. seed( seed = 60)
random_square = np. random. rand(5,5)
random_square
```

输出如下:

```
array(
[[0.30087333, 0.18694582, 0.32318268, 0.66574957,0.5669708 ],
[0.39825396, 0.37941492, 0.01058154,0.1703656 , 0.12339337],
[0.69240128, 0.87444156,0.3373969 , 0.99245923, 0.13154007],
[0.50032984, 0.28662051, 0.22058485, 0.50208555, 0.63606254],
[0.63567694, 0.08043309, 0.58143375, 0.83919086, 0.29301825]])
```

在上述代码中,我们使用了 random. seed 方法。我们只需调用 random. seed(),就会使用当前时间作为随机数种子。这意味着每次运行脚本都会得到不同的随机值序列。

这与本书其余部分要处理的 DataFrame 非常相似。接下来让我们通过一些代码来获取特定行、列和条目。

③ 找到刚才生成的行和列。

使用矩阵[row，column]的一个常识是，如果忽略指定列，那么 NumPy 将默认选取全部列，代码如下：

```
# First row
random_square[0]   //选取全部列
```

输出如下：

```
array([0.30087333，0.18694582，0.32318268，0.66574957，0.5669708 ])
```

或

```
# First column
random_square[:,0]
```

输出如下：

```
array([0.30087333，0.39825396，0.69240128，0.50032984，0.63567694])
```

④ 通过指定矩阵[row，column]的行和列来查找指定条目，代码如下：

```
# First entry
random_square[0,0]
```

输出如下：

```
0.30087333004661876
```

还可以用另外一种方式来取出第一个条目：

```
random_square[0][0]
```

输出如下：

```
0.30087333004661876
```

取出第二行、第三列的内容：

```
random_square[2,3]
```

输出如下：

```
0.9924592256795676
```

现在，要查找矩阵的平均值。我们将使用 square.mean()方法分别查找整个矩阵的平均值、单行的平均值、单列的平均值，代码分别如下：

首先求整个矩阵的平均值：

```
random_square.mean()
```

输出如下：

0.42917627159618377

然后求第一行的平均值：

random_square[0].mean()

输出如下：

0.4087444389228477

接下来求最后一列的平均值：

random_square[:, - 1].mean()

输出如下：

0.35019700684996913

在本练习中，我们创建了一个随机 5×5 维矩阵，并在矩阵上实现了一些基本操作。

10.3.2 大型矩阵的计算时间

现在，我们已经掌握了创建随机矩阵的诀窍，下面将进行一次有趣的尝试，看看生成大型矩阵并计算平均值需要多长时间。

```
% % time
np. random. seed( seed = 60)
big_matrix = np. random. rand( 100000，100)
```

输出如下：

```
Wall time 101 ms
```

seed( )用于指定随机数生成时所用算法开始的整数值。如果使用相同的 seed( )值，则每次生成的随即数都相同；如果不设置该值，则系统将根据时间自己选择该值，此时每次生成的随机数会因时间差异而不同。设置的 seed( )值仅一次有效。下面的程序就是没有设置该值，而是由系统自己选择，最后生成的随机数就不同。

```
% % time
big_matrix = np. random. rand( 100000，100)
big_matrix.mean( )
```

输出如下：

```
Wall time 130 ms
```

该代码在其他计算机上花费的时间与这里会不一样，但单位应该都是毫秒。

练习 10 - 6：创建数组来实现 NumPy 计算。

在本练习中，我们将生成一个新的矩阵并执行数学运算。与传统列表不同，

NumPy 数组允许用户轻松地操作列表的每个成员。以下步骤将帮助我们完成本练习。

① 打开一个新的 Jupyter Notebook。

② 现在导入 NumPy 并创建一个从 1 到 100 的 ndarray,代码如下:

```
import numpy as np
np.arange(1, 101)
```

输出如下:

```
array([  1,   2,   3,   4,   5,   6,   7,   8,   9,  10,  11,  12,  13,
        14,  15,  16,  17,  18,  19,  20,  21,  22,  23,  24,  25,  26,
        27,  28,  29,  30,  31,  32,  33,  34,  35,  36,  37,  38,  39,
        40,  41,  42,  43,  44,  45,  46,  47,  48,  49,  50,  51,  52,
        53,  54,  55,  56,  57,  58,  59,  60,  61,  62,  63,  64,  65,
        66,  67,  68,  69,  70,  71,  72,  73,  74,  75,  76,  77,  78,
        79,  80,  81,  82,  83,  84,  85,  86,  87,  88,  89,  90,  91,
        92,  93,  94,  95,  96,  97,  98,  99, 100])
```

③ 将数组重塑为 20 行 5 列的数组,代码如下:

```
np.arange(1, 101).reshape(20,5)
```

输出如下:

```
array([[  1,   2,   3,   4,   5],
       [  6,   7,   8,   9,  10],
       [ 11,  12,  13,  14,  15],
       [ 16,  17,  18,  19,  20],
       [ 21,  22,  23,  24,  25],
       [ 26,  27,  28,  29,  30],
       [ 31,  32,  33,  34,  35],
       [ 36,  37,  38,  39,  40],
       [ 41,  42,  43,  44,  45],
       [ 46,  47,  48,  49,  50],
       [ 51,  52,  53,  54,  55],
       [ 56,  57,  58,  59,  60],
       [ 61,  62,  63,  64,  65],
       [ 66,  67,  68,  69,  70],
       [ 71,  72,  73,  74,  75],
       [ 76,  77,  78,  79,  80],
       [ 81,  82,  83,  84,  85],
       [ 86,  87,  88,  89,  90],
       [ 91,  92,  93,  94,  95],
       [ 96,  97,  98,  99, 100]])
```

④ 将 mat1 定义为包含从 1 到 100 的 20×5 维数组,然后用 mat1 减去 50,代码如下：

```
mat1 = np.arange(1, 101).reshape(20,5)
mat1 - 50
```

输出如下：

```
array([[-49, -48, -47, -46, -45],
       [-44, -43, -42, -41, -40],
       [-39, -38, -37, -36, -35],
       [-34, -33, -32, -31, -30],
       [-29, -28, -27, -26, -25],
       [-24, -23, -22, -21, -20],
       [-19, -18, -17, -16, -15],
       [-14, -13, -12, -11, -10],
       [ -9,  -8,  -7,  -6,  -5],
       [ -4,  -3,  -2,  -1,   0],
       [  1,   2,   3,   4,   5],
       [  6,   7,   8,   9,  10],
       [ 11,  12,  13,  14,  15],
       [ 16,  17,  18,  19,  20],
       [ 21,  22,  23,  24,  25],
       [ 26,  27,  28,  29,  30],
       [ 31,  32,  33,  34,  35],
       [ 36,  37,  38,  39,  40],
       [ 41,  42,  43,  44,  45],
       [ 46,  47,  48,  49,  50]])
```

⑤ 令 mat1 与 10 相乘,然后观察输出的改变,代码如下：

```
mat1 * 10
```

输出如下：

```
array([[  10,  20,  30,  40,  50],
       [  60,  70,  80,  90, 100],
       [ 110, 120, 130, 140, 150],
       [ 160, 170, 180, 190, 200],
       [ 210, 220, 230, 240, 250],
       [ 260, 270, 280, 290, 300],
       [ 310, 320, 330, 340, 350],
       [ 360, 370, 380, 390, 400],
       [ 410, 420, 430, 440, 450],
       [ 460, 470, 480, 490, 500],
       [ 510, 520, 530, 540, 550],
```

```
       [ 560,  570,  580,  590,  600],
       [ 610,  620,  630,  640,  650],
       [ 660,  670,  680,  690,  700],
       [ 710,  720,  730,  740,  750],
       [ 760,  770,  780,  790,  800],
       [ 810,  820,  830,  840,  850],
       [ 860,  870,  880,  890,  900],
       [ 910,  920,  930,  940,  950],
       [ 960,  970,  980,  990,1000]])
```

⑥ 使 mat1 与其自身相加,代码如下:

```
mat1 + mat1
```

输出如下:

```
array([[  2,   4,   6,   8,  10],
       [ 12,  14,  16,  18,  20],
       [ 22,  24,  26,  28,  30],
       [ 32,  34,  36,  38,  40],
       [ 42,  44,  46,  48,  50],
       [ 52,  54,  56,  58,  60],
       [ 62,  64,  66,  68,  70],
       [ 72,  74,  76,  78,  80],
       [ 82,  84,  86,  88,  90],
       [ 92,  94,  96,  98,100],
       [102, 104, 106, 108,110],
       [112, 114, 116, 118,120],
       [122, 124, 126, 128,130],
       [132, 134, 136, 138,140],
       [142, 144, 146, 148,150],
       [152, 154, 156, 158,160],
       [162, 164, 166, 168,170],
       [172, 174, 176, 178,180],
       [182, 184, 186, 188,190],
       [192, 194, 196, 198,200]])
```

⑦ 使 mat1 与自己相乘,代码如下:

```
mat1 * mat1
```

输出如下:

```
array([[   1,    4,    9,   16,   25],
       [  36,   49,   64,   81,100],
       [ 121,  144,  169,  196,  225],
       [ 256,  289,  324,  361,  400],
```

```
[  441,   484,   529,   576,   625],
[  676,   729,   784,   841,   900],
[  961,  1024,  1089,  1156,  1225],
[ 1296,  1369,  1444,  1521,  1600],
[ 1681,  1764,  1849,  1936,  2025],
[ 2116,  2209,  2304,  2401,  2500],
[ 2601,  2704,  2809,  2916,  3025],
[ 3136,  3249,  3364,  3481,  3600],
[ 3721,  3844,  3969,  4096,  4225],
[ 4356,  4489,  4624,  4761,  4900],
[ 5041,  5184,  5329,  5476,  5625],
[ 5776,  5929,  6084,  6241,  6400],
[ 6561,  6724,  6889,  7056,  7225],
[ 7396,  7569,  7744,  7921,  8100],
[ 8281,  8464,  8649,  8836,  9025],
[ 9216,  9409,  9604,  9801, 10000]])
```

⑧ 使 mat1 与本身的转置点乘,代码如下:

```
np.dot(mat1, mat1.T)
```

输出如下:

```
array([[   55,   130,   205,   280,   355,   430,   505,   580,   655,   730,   805,
         880,   955,  1030,  1105,  1180,  1255,  1330,  1405,  1480],
       [  130,   330,   530,   730,   930,  1130,  1330,  1530,  1730,  1930,  2130,
        2330,  2530,  2730,  2930,  3130,  3330,  3530,  3730,  3930],
       [  205,   530,   855,  1180,  1505,  1830,  2155,  2480,  2805,  3130,
        3455,  3780,  4105,  4430,  4755,  5080,  5405,  5730,  6055,  6380],
       [  280,   730,  1180,  1630,  2080,  2530,  2980,  3430,  3880,  4330,
        4780,  5230,  5680,  6130,  6580,  7030,  7480,  7930,  8380,  8830],
       [  355,   930,  1505,  2080,  2655,  3230,  3805,  4380,  4955,  5530,
        6105,  6680,  7255,  7830,  8405,  8980,  9555, 10130, 10705, 11280],
       [  430,  1130,  1830,  2530,  3230,  3930,  4630,  5330,  6030,  6730,
        7430,  8130,  8830,  9530, 10230, 10930, 11630, 12330, 13030, 13730],
       [  505,  1330,  2155,  2980,  3805,  4630,  5455,  6280,  7105,  7930,
        8755,  9580, 10405, 11230, 12055, 12880, 13705, 14530, 15355, 16180],
       [  580,  1530,  2480,  3430,  4380,  5330,  6280,  7230,  8180,  9130,
       10080, 11030, 11980, 12930, 13880, 14830, 15780, 16730, 17680, 18630],
       [  655,  1730,  2805,  3880,  4955,  6030,  7105,  8180,  9255, 10330,
       11405, 12480, 13555, 14630, 15705, 16780, 17855, 18930, 20005, 21080],
```

在本练习中,我们对数组进行计算并向数组添加值,之后实现了不同的 NumPy 计算。在 10.4 节中,我们将介绍 pandas,这是 Python 提供的另一个库,能够使开发人员处理数据更加轻松。

10.4　pandas 库

　　pandas 是处理各种格式数据的 Python 库,它可以在称为 DataFrame 的对象中导入数据、读取数据和显示数据。数据框架由行和列组成。感受 DataFrame 最简单的一个方法就是亲自创建一个 DataFrame。

　　在 IT 行业中,pandas 被广泛应用于数据操作,还被用于预测、统计、分析、大数据以及数据科学中。

　　在接下来的练习中,我们将使用 DataFrame 进行不同的计算。

　　练习 10 - 7:使用 DataFrame 操作存储的学生测试分数数据。

　　在本练习中,我们将创建一个字典,这是创建 pandas DataFrame 的许多方法之一,然后根据要求操作这组数据。要使用 pandas 模块,必须先在程序中导入此模块并将其命名为 pd。pandas 和 NumPy 非常常用,因此在执行任何类型的数据分析之前首先导入它们是一个好习惯。以下步骤将帮助我们完成本练习。

　　① 导入 pandas 并将其命名为 pd,代码如下:

```
import pandas as pd
```

现在已经导入 pandas,接下来将创建一个 DataFrame。

　　② 创建一个包含测试分数的字典 test_dict,代码如下:

```
# Create dictionary of test scores
test_dict = {'Corey':[63,75,88], 'Kevin':[48,98,92], 'Akshay': [87, 86, 85]}
```

　　③ 使用 DataFrame 方法将其放入 Dataframe 对象中,代码如下:

```
# Create DataFrame
df = pd.DataFrame(test_dict)
```

　　④ 显示 Dataframe,代码如下:

```
# Display DataFrame
df
```

输出如下:

	Corey	Kevin	Akshay
0	63	48	87
1	75	98	86
2	88	92	85

让我们检查一下 DataFrame。首先,每个字典键都列为一列;其次,默认情况下,行标记的索引从 0 开始;最后,Dataframe 的视觉布局清晰明了。

DataFrame 的每一行和每一列都被正式地表示为系列(serie),系列是一个一维 ndarray。

现在,旋转 DataFrame,在标准 pandas 方法中称为转置。我们可以通过转置将行转换为列,将列转换为行。

⑤ 输入以下代码,以在 DataFrame 上执行转置:

```
# Transpose DataFrame
df = df.T
df
```

输出如下:

	Quiz_1	Quiz_2	Quiz_3
Corey	63	75	88
Kevin	48	98	92
Akshay	87	86	85

在此练习中,我们创建了一个 DataFrame,其中保存了 testscores 的值,然后我们对其进行了转置并输出。在练习 10 - 8 中,我们将尝试对列重命名以及从 DataFrame 中选取数据,这是使用 DataFrame 的一个重要部分。

练习 10 - 8:对学生的测试分数数据进行 DataFrame 计算。

在本练习中,我们将重命名 DataFrame 的列,然后选择 DataFrame 中要输出的数据。

① 打开一个新的 Jupyter Notebook。

② 将 pandas 导入为 pd 并输入,然后将其转换为 DataFrame 对象,代码如下:

```
import pandasas pd
```

输出如下:

```
# Create dictionary of test scores
test_dict = {'Corey':[63,75,88], 'Kevin':[48,98,92], 'Akshay': [87, 86, 85]}
# Create DataFrame
df = pd.DataFrame(test_dict)
```

③ 将列重命名为更精确的名称。我们可以使用 DataFrame 的 .columns 属性来重命名列,代码如下:

```
# Rename Columns
df.columns = ['Quiz_1', 'Quiz_2', 'Quiz_3']
df
```

输出如下:

	Quiz_1	Quiz_2	Quiz_3
0	63	48	87
1	75	98	86
2	88	92	85

现在,从特定行和特定列中选择一系列值。我们将使用.iloc 和索引来进行操作,这是 pandas DataFrame 中内置的函数。具体步骤如下:

④ 选择一行,代码如下:

```
# Access first row by index number
df.iloc[0]
```

输出如下:

```
Quiz_1    63
Quiz_2    48
Quiz_3    87
Name：0,dtype：int64
```

⑤ 使用列的名称选择一列。可以通过将单引号引起来的列名称放在方括号内来访问特定列,代码如下:

```
# Access firstcolumn by name
df['Quiz_1']
```

输出如下:

```
0    63
1    75
2    88
Name：Quiz_1,dtype：int64
```

⑥ 使用点(.)标记来选择一列,代码如下:

```
# Access first column using dot notation
df.Quiz_1
```

输出如下:

```
0    63
1    75
2    88
Name：Quiz_1,dtype：int64
```

在本练习中,我们实现并更改了 DataFrame 的列名称,随后使用.iloc 方法根据我们的要求从 DataFrame 中选取了指定的数据。

在练习 10-9 中,我们将在 DataFrame 上实现其他不同的计算。

练习 10-9:在 DataFrame 数据上进行 DataFrame 计算。

在本次练习中,我们将使用与练习 10 - 8 中相同的测试分数数据,并在 DataFrame 上执行更多计算。以下步骤将帮助我们完成本练习。

① 打开一个新的 Jupyter Notebook。

② 将 pandas 导入为 pd 并导入练习 10 - 8 中使用的测试分数数据,然后将其转换为 DataFrame 对象,代码如下:

```
import pandas as pd
# Create dictionary of test scores
test_dict = {'Corey':[63,75,88],'Kevin':[48,98,92], 'Akshay': [87, 86, 85]}
# Create DataFrame
df = pd.DataFrame(test_dict)
```

③ 操作 DataFrame 的行。我们可以使用与列表和字符串切片相同的方括号([ ])表示形式,列出指定的行,代码如下:

```
# Limit DataFrame to first 2 rows
df[0:2]
```

输出如下:

	Corey	Kevin	Akshay
0	63	48	87
1	75	98	86

④ 转置 DataFrame,代码如下:

```
df = df.T
df
```

⑤ 将列重命名为 Quiz_1、Quiz_2 和 Quiz_3,此方法我们已经在练习 10 - 8 中介绍过了,代码如下:

```
# Rename Columns
df.columns = ['Quiz_1', 'Quiz_2', 'Quiz_3']
df
```

输出如下:

	Quiz_1	Quiz_2	Quiz_3
Corey	63	75	88
Kevin	48	98	92
Akshay	87	86	85

⑥ 从前两行和后两列定义一个新的 DataFrame 对象。我们可以先按名称选择行和列,代码如下:

```
# Defining a new DataFrame from first 2 rows and last 2 columns
rows = ['Corey', 'Kevin']
cols = ['Quiz_2', 'Quiz_3']
df_spring = df.loc[rows, cols]
df_spring
```

输出如下：

	Quiz_1	Quiz_2
Corey	63	75
Kevin	48	98

⑦ 使用索引选择前两行和后两列。我们可以利用.iloc 方法通过索引选择行和列,代码如下：

```
# Select first 2 rows and last 2 columns using index numbers
df.iloc[[0,1], [1,2]]
```

输出如下：

	Quiz_2	Quiz_3
Corey	75	88
Kevin	98	92

现在,让我们添加一个新列,用来存放学生的测验平均值。

有很多方法可以用来生成新列,其中,一种可行的方法就是使用内置计算方法,比如 mean 方法(求平均值)。在 pandas 中,指定轴是非常重要的,这里轴 0 表示沿列从上到下执行方法,轴 1 表示沿行从左到右执行方法。

⑧ 创建一个新列来存放均值,代码如下：

```
# Define new column as mean of other columns
df['Quiz_Avg'] = df.mean(axis = 1)
df
```

输出如下：

	Quiz_1	Quiz_2	Quiz_3	Quiz_Avg
Corey	63	75	88	75.333333
Kevin	48	98	92	79.333333
Akshay	87	86	85	86.000000

我们还可以先通过名称选择行或列,然后将一个列表添加为该行或该列。

⑨ 创建一个新列并用一个列表对其赋值,代码如下：

```
df['Quiz_4'] = [92,95,88]
df
```

输出如下：

	Quiz_1	Quiz_2	Quiz_3	Quiz_Avg	Quiz_4
Corey	63	75	88	75.333333	92
Kevin	48	98	92	79.333333	95
Akshay	87	86	85	86.000000	88

如果想要删除刚才创建的列，又该怎么办呢？我们可以使用 del 函数来实现这一点。使用 del 函数可以轻松地删除 pandas 中的列。

⑩ 删除 Quiz_Avg 这一列，代码如下：

```
del df['Quiz_Avg']
df
```

输出如下：

Quiz_1	Quiz_2	Quiz_3	Quiz_4
63	75	88	92
48	98	92	95
87	86	85	88

向 pandas DataFrame 添加新行并不是一件很容易的事情。常见的方法是先生成新的 DataFrame，然后将它们的值串联。

假设有一个新生只参加了第四次测验，那么在其他三次测验的地方应放什么数据呢？答案是 NaN，它是 Not a Number（不是数字）的缩写。

NaN 是一个官方 NumPy 术语，我们可以通过 np. NaN 来使用它。NaN 是大小写敏感的，在以后的练习中，我们将了解如何使用 NaN。在练习 10－10 中，我们将了解如何串联 DataFrame 以及如何使用空（null）值。

练习 10－10：将测试分数与空值串联并求出平均值。

在本练习中，我们将串联在练习 10－9 中使用的、具有四组分数的测试分数，并求取带有空值的数据的平均值。以下步骤将帮助我们完成本练习。

① 打开一个新的 Jupyter Notebook。

② 导入 pandas 和 NumPy，使用 testscores 数据创建一个字典并将其转换为 DataFrame 对象，代码如下：

```
import pandas as pd
# Create dictionaryof testscores
test_dict = {'Corey':[63,75,88], 'Kevin':[48,98,92], 'Akshay': [87, 86, 85]}
# Create DataFrame
```

```
df = pd.DataFrame(test_dict)
```

③ 转置 DataFrame 并重命名所有列,代码如下:

```
df = df.T
df
# Rename Columns
df.columns = ['Quiz_1', 'Quiz_2', 'Quiz_3']
df
```

输出如下:

	Quiz_1	Quiz_2	Quiz_3
Corey	63	75	88
Kevin	48	98	92
Akshay	87	86	85

④ 像练习 10-9 那样添加新列,代码如下:

```
df['Quiz_4'] = [92, 95, 88]
df
```

输出如下:

	Quiz_1	Quiz_2	Quiz_3	Quiz_4
Corey	63	75	88	92
Kevin	48	98	92	95
Akshay	87	86	85	88

⑤ 为 Adrian 的成绩添加一个新行,代码如下:

```
import numpy as np
# Create new DataFrame of one row
df_new = pd.DataFrame({'Quiz_1':[np.NaN], 'Quiz_2':[np.NaN], 'Quiz_3':[np.NaN], 'Quiz_4':[71]},
index = ['Adrian'])
```

⑥ 将 DataFrame 与 Adrian 这一行串联,并使用 df 显示 DataFrame 的新值,代码如下:

```
# Concatenate DataFrames
df = pd.concat([df, df_new])
# Display new DataFrame
df
```

输出如下:

	Quiz_1	Quiz_2	Quiz_3	Quiz_4
Corey	63	75	88	92
Kevin	48	98	92	95
Akshay	87	86	85	88
Adrian	NaN	NaN	NaN	71

现在,可以计算新的平均值,但是必须跳过 NaN 值,否则 Adrian 将没有平均得分。现在将在步骤⑦中对此进行修复。

⑦ 忽略 NaN 并计算平均值,然后使用这些值创建名为 Quiz_Avg 的新列,代码如下:

```
df['Quiz_Avg'] = df.mean(axis = 1, skipna = True)
df
```

输出如下:

	Quiz_1	Quiz_2	Quiz_3	Quiz_4	Quiz_Avg
Corey	63	75	88	92	79.50
Kevin	48	98	92	95	83.25
Akshay	87	86	85	88	86.50
Adrian	NaN	NaN	NaN	71	71.00

注意:除了 Quiz_4 列之外,其他成绩都是浮点数。有时需要将特定列中的所有值都转换为另一种数据类型。

为了保持类型一致性,这里做一些小处理,将 Quiz_4 中的所有整数转换为浮点数,代码如下:

```
df.Quiz_4.astype(float)
```

输出如下:

```
Df.Quiz_4.astype(float)
Corey92.0
Kevin95.0
Akshay88.0
Adrian71.0
Name:Quiz_4,dtype:int6
```

我们可以通过检查 DataFrame 来观察值的变化。

10.5　数　据

在 10.4 节中已经介绍了 NumPy 和 pandas 库,接下来将用它们来分析以下真实的数据。

10.5.1　下载数据

数据有很多种格式,而 pandas 可以处理大部分格式。通常在查找要分析的数据时,可以使用关键字"数据集"(dataset)。其中,数据集就是数据的集合。

10.5.2　读取数据

现在,数据下载好了,Jupyter Notebook 打开了,我们已经做好读取这些文件的准备了。读取文件最重要的部分就是扩展名,我们的数据文件是 .csv 文件,所以需要一种可以读取 .csv 文件的方法。

CSV 代表 Comma-Separated Values(逗号分隔值)文件。CSV 文件是一种存储和检索数据的常用方法,pandas 对它们有良好的支持。

pandas 能够读取的数据格式列表以及读取它们的方法代码如下:

```
type of file          code
CSV files:            pd.read_csv('file_name')
excel files:          pd.read_excel('file_name')
feather files:        pd.read_feather('file_name')
html files:           pd.read_html('file_name')
json files:           pd.read_json('file_name')
sql database:         pd.read_sql('file_name')
```

如果文件是规范整洁的,那么 pandas 模块将能够轻松地正确读入它们。然而,有时文件并不是那么规范,因此就有可能需要修改函数参数。我们建议在发生错误时复制错误提示并在线搜索解决方案。

另一个需要考虑的是,数据需要被读入到 DataFrame 中。pandas 在读取数据时能够自动将数据转换为 DataFrame 对象,但是我们需要将这个 DataFrame 对象保存为变量。

练习 10 - 11:读取和查看数据集。

在本练习中,我们的目标是在 Jupyter Notebook 中读取和查看住房数据集。

① 打开一个新的 Jupyter Notebook。

② 将 pandas 导入为 pd:

```
import pandas as pd
```

③ 选择一个变量来存储 DataFrame,并将 HousingData.csv 文件放在本练习的文件夹下,然后运行以下命令:

```
housing_df = pd.read_csv('HousingData.csv')
```

如果没有抛出错误,则说明程序已经成功读入文件。现在,我们可以检查和查看文件了。

④ 输入以下命令来查看该文件：

```
housing_df.head()
```

pandas.head 方法：它将默认选取前五行进行输出，且可以通过在括号中输入数字指定显示数据的行数。

输出如下：

	CRIM	ZN	INDUS	CHAS	NOX	RM	AGE	DIS	RAD	TAX	PTRATIO	LSTAT	MEDV
0	0.00632	18	2.31	0	0.538	6.575	65.2	4.09	1	296	15.3	4.98	24
1	0.02731	0	7.07	0	0.469	6.421	78.9	4.9671	2	242	17.8	9.14	21.6
2	0.02729	0	7.07	0	0.469	7.185	61.1	4.9671	2	242	17.8	4.03	34.7
3	0.03237	0	2.18	0	0.458	6.998	45.8	6.0622	3	222	18.7	2.94	33.4
4	0.06905	0	2.18	0	0.458	7.147	54.2	6.0622	3	222	18.7	NaN	36.2

现在，我们已经知道了数据集中的值都意味着什么，接下来将对数据集执行一些高级操作。

练习 10-12： 获得数据集的整体概况。

在本练习中，我们将执行一些更高级的操作，并使用 pandas 方法来了解数据集，进而获取所需要的概况。以下步骤将帮助我们完成本练习。

① 打开一个新的 Jupyter Notebook，并将数据集文件复制到单独的文件夹中，接下来需要在这个文件夹中执行本练习。

② 导入 pandas 模块并选择一个变量来存储 DataFrame 对象以及存放 Housing-Data.csv 文件中的数据，代码如下：

```
import pandas as pd
housing_df = pd.read_csv('HousingData.csv')
```

③ 使用 describe() 方法显示每列的关键统计度量值，包括均值、中位数和四分位数等，代码如下：

```
housing_df.describe()
```

输出如下：

	CRIM	ZN	INDUS	CHAS	NOX	RM	AGE	DIS	RAD	TAX	PTRATIO	LSTAT	MEDV
count	486.000000	486.000000	486.000000	486.000000	506.000000	506.000000	486.000000	506.000000	506.000000	506.000000	506.000000	486.000000	506.000000
mean	3.611874	11.211934	11.083992	0.069959	0.554695	6.284634	68.518519	3.795043	9.549407	408.237154	18.455534	12.715432	22.532806
std	8.720192	23.388876	6.835896	0.255340	0.115878	0.702617	27.999513	2.105710	8.707259	168.537116	2.164946	7.155871	9.197104
min	0.006320	0.000000	0.460000	0.000000	0.385000	3.561000	2.900000	1.129600	1.000000	187.000000	12.600000	1.730000	5.000000
0.250000	0.081900	0.000000	5.190000	0.000000	0.449000	5.885500	45.175000	2.100175	4.000000	279.000000	17.400000	7.125000	17.025000
0.500000	0.253715	0.000000	9.690000	0.000000	0.538000	6.208500	76.800000	3.207450	5.000000	330.000000	19.050000	11.430000	21.200000
0.750000	3.560262	12.500000	18.100000	0.000000	0.624000	6.623500	93.975000	5.188425	24.000000	666.000000	20.200000	16.955000	25.000000
max	88.976200	100.000000	27.740000	1.000000	0.871000	8.780000	100.000000	12.126500	24.000000	711.000000	22.000000	37.970000	50.000000

在此输出中，让我们了解一下每一行的含义：

count：具有特定数值的行数。它表示所有行中具有非空值（Null）的行的数量。

mean：所有条目的总和除以条目数量，即平均值。

std：预期偏离平均值的程度，即标准差。它可以用来衡量一个数据集的离散程度。

min：每列中最小的条目。

0.250000：第一四分位数。0.250000 的数据小于这个数值。

0.500000：中位数，即数据的中间标记。

0.750000：第三四分位数。0.750000 的数据小于这个数值。

max：每列中最大的条目。

④ 使用 info() 方法提供完整的列的列表。

info() 方法是非常有价值的，当我们有数百列数据时，可能会需要很长时间才能水平滚动到想要看的那一列：

```
housing_df.info()
```

输出如下：

```
<class 'pandas.core.frame.DataFrame'>
RangeIndex: 506 entries, 0 to 505
Data columns (total 13 columns):
CRIM       486 non-null float64
ZN         486 non-null float64
INDUS      486 non-null float64
CHAS       486 non-null float64
NOX        506 non-null float64
RM         506 non-null float64
AGE        486 non-null float64
DIS        506 non-null float64
RAD        506 non-null int64
TAX        506 non-null int64
PTRATIO    506 non-null float64
LSTAT      486 non-null float64
MEDV       506 non-null float64
dtypes: float64(11), int64(2)
memory usage: 51.5 KB
```

由上述输出内容可知，.info() 将显示哪些列具有空值，以及每列中具有哪些类型的数据。在此数据集中，总共有 506 行 13 列。要确认这一点，可以使用 .shape 方法进行查看。

⑤ 确认数据集中的行数和列数，代码如下：

```
housing_df.shape
```

输出如下：

```
(506, 13)
```

这表明我们的数据共有 506 行 13 列。注意，shape 后面并没有加任何括号，这是因为它实际上是一个属性或预计算数据。

在本练习中,我们对数据集执行了一些基本操作,比如描述数据集和查找数据集中的行数和列数。

10.6 Null(空)值

10.6.1 Null(空)值简介

我们需要对 Null 值进行一些处理工作。在处理空值时,通常有以下几种常见的选择:

① 消除行:如果空值仅占数据集的很少一部分(比如仅占 1%),那么这会是一个非常好的方法。

② 替换为显著值:比如替换为中位数或者平均值,如果每一行都很重要,而且相对比较平衡,那么这会是一种非常棒的方法。

③ 替换为最可能的值:当中位数可能毫无用处时,这种方法比第二种方法更可取一些。

练习 10-13:数据集上的空值操作。

在此练习中,我们将执行一些对空值的操作。这里只选择数据集中具有空值的列。

① 打开一个新的 Jupyter Notebook,并在单独的文件夹中复制数据文件,我们将在该文件夹中执行此练习。

② 导入 pandas 模块并选择一个变量来存储 DataFrame 对象以及存放 Housing-Data.csv 文件中的数据,代码如下:

```
import pandas as pd
housing_df = pd.read_csv('HousingData.csv')
```

③ 在数据集中查找含有 Null 值的列,代码如下:

```
housing_df.isnull().any()
```

输出如下:

```
CRIM      True
ZN        True
INDUS     True
CHAS      True
NOX       False
RM        False
AGE       True
DIS       False
RAD       False
```

TAX	False
PTRATIO	False
LSTAT	True
MEDV	False
dtype: bool	

.isnull()方法将根据是否为 Null 值显示整个 DataFrame 的 True/False 值,而.any()方法则会返回各个列的 True/False 值。让我们更进一步选取包含这些列的 DataFrame。

④ 使用 DataFrame 找到这些空值列。

我们可以使用.loc 方法。这里我们将选取前五行、选取所有含空值的列,代码如下:

```
housing_df.loc[:5, housing_df.isnull().any()]
```

输出如下:

	CRIM	ZN	INDUS	CHAS	AGE	LSTAT
0	0.00632	18.0	2.31	0.0	65.2	4.98
1	0.02731	0.0	7.07	0.0	78.9	9.14
2	0.02729	0.0	7.07	0.0	61.1	4.03
3	0.03237	0.0	2.18	0.0	45.8	2.94
4	0.06905	0.0	2.18	0.0	54.2	NaN
5	0.02985	0.0	2.18	0.0	58.7	5.21

⑤ 在数据集的空列上使用.describe()方法。

housing_df 就是指定的 DataFrame,.loc 方法允许我们指定行和列,":"可以选择所有行,housing_df.isnull().any()将仅选择具有空值的列,.describe()将列出统计信息,代码如下:

```
housing_df.loc[:, housing_df.isnull().any()].describe()
```

输出如下:

	CRIM	ZN	INDUS	CHAS	AGE	LSTAT
count	486.000000	486.000000	486.000000	486.000000	486.000000	486.000000
mean	3.611874	11.211934	11.083992	0.069959	68.518519	12.715432
std	8.720192	23.388876	6.835896	0.255340	27.999513	7.155871
min	0.006320	0.000000	0.460000	0.000000	2.900000	1.730000
25%	0.081900	0.000000	5.190000	0.000000	45.175000	7.125000
50%	0.253715	0.000000	9.690000	0.000000	76.800000	11.430000
75%	3.560262	12.500000	18.100000	0.000000	93.975000	16.955000
max	88.976200	100.000000	27.740000	1.000000	100.000000	37.970000

考虑第一列 CRIM。平均值高于中位数（50％），这表明由于异常值的存在，数据出现了一定的右斜。事实上，我们可以看到 88.976 200 的最大值比第三四分位数（75％）的 3.560 262 大得多，这使得使用平均值替换这一列的空值效果不佳。

在检查了每一列后，我们可以发现中位数替换是一个很好的候选项。虽然中位数替换在某些情况下并不如平均值，但是在这种特定情况下，使用平均值替换显然效果更差（比如 CRIM、ZN 和 CHAS）。

选择哪种替换方法取决于我们最终想要对数据进行什么样的操作。如果打算直接进行数据分析，那么可以考虑删除所有含有 Null 值的行。但是，如果目标是使用机器学习来预测数据，那么将 Null 值替换为合适的值可能会得到更好的效果。具体选择什么方法是不能提前判断的，要根据实际情况而定。

我们可能需要根据数据情况进行更彻底的检查。例如，如果正在分析新的药物，那么将更多的时间和精力投入到 Null 值的处理上是非常值得的。在这种情况下，我们希望能够执行更多的分析，以确定 Null 值应替换为什么数值，这个要综合更多的其他因素。

在此特定情况下，我们有必要将所有 Null 值替换为中位数。我们将在接下来的示例中深入探讨这一点。

10.6.2　替换空值

pandas 包含了一个很好的方法，即 fillna，它可以用来替换空值，同时适用于单个列或者整个 DataFrame。在下面的示例中，我们将分别使用三种替换方法，这里将使用之前的住房数据集。

用平均值替换特定列中的所有 Null 值：

```
housing_df['AGE'] = housing_df['AGE'].fillna(housing_df.mean())
```

用特定值替换特定列中的所有 Null 值：

```
housing_df['CHAS'] = housing_df['CHAS'].fillna(0)
```

用中位数替换 DataFrame 中的所有 Null 值：

```
housing_df = housing_df.fillna(housing_df.median())
```

最后，检查是否所有 Null 值都已经被替换：

```
housing_df.info()
```

输出如下：

```
⟨class 'pandas.core.frame.DataFrame'⟩
RangeIndex: 506 entries, 0 to 505
Data columns (total 13 columns):
CRIM        506 non-null        float64
ZN          506 non-null        float64
```

INDUS	506 non-null	float64
CHAS	506 non-null	float64
NOX	506 non-null	float64
RM	506 non-null	float64
AGE	506 non-null	float64
DIS	506 non-null	float64
RAD	506 non-null	int64
TAX	506 non-null	int64
PTRATIO	506 non-null	float64
LSTAT	506 non-null	float64
MEDV	506 non-null	float64

dtypes: float64(11), int64(2)

memory usage: 51.5 KB

消除所有空值之后,数据集会干净整洁许多。但是,数据集中仍会存在不切实际的异常值或极端值,它们会导致糟糕的预测结果。这些异常值通常可以通过可视化分析来检测,我们将在 10.7 节中进行介绍。

10.7 可视化分析

大多数人都是通过视觉来直观地解释数据的,但他们更希望看到色彩缤纷、有意义的图表,这样可以使数据的意义更加清晰。作为一名数据科学的实践者,创建这些图表同样是自己的工作之一。

本节将主要关注两种图形,即直方图和散点图,将使用 Python 来创建这些图形。尽管 Tableau 之类的软件相当受欢迎,它们只需要轻松拖拽就能实现图表的建立,但是请记住,Python 是一种通用编程语言,限制你的只有你的想象力。

10.7.1 matplotlib 库

matplotlib 库是一个非常流行的、用于创建图形的 Python 库。它通常被引入为 plt,如下所示:

```
import matplotlib.pyplot as plt
% matplotlib inline
```

请注意第二行代码,它表示在 Jupyter Notebook 中显示所有图形,而不是将它们导出到外部文件。当想要在 Jupyter Notebook 中查看图形时,就可以加上这一行代码。

10.7.2 直方图

创建直方图非常简单,通过选择一列并将其放在 plt. hist()中即可得到。通常,直方图会将数据进行一定的组合。在我们的例子中,中位数根据其值的大小被分到不同的组中,每一组的高度取决于属于该特定范围的值的数量。默认情况下,matplotlib 会生成 10 组。

为了使图形更有意义,还应添加一些标签。我们可以使用 seaborn 库,只需要将 seaborn 导入为 sns,就可以得到一些不错的额外视觉效果。

练习 10 - 14:使用数据集创建直方图。

在本练习中,让我们使用 MEDV 来作为机器学习的目标列。以下步骤将帮助我们完成本练习:

① 打开一个新的 Jupyter Notebook 并将数据集文件复制到单独的文件夹中,我们将在该文件夹中执行此练习。

② 导入 pandas 模块并选择一个变量来存储 DataFrame 对象以及存放 Housing-Data.csv 文件中的数据,代码如下:

```
import pandas as pd
housing_df = pd.read_csv('HousingData.csv')
```

③ 将 matplotlib 模块导入为 plt,代码如下:

```
import matplotlib.pyplot as plt
% matplotlib inline
```

④ 绘制数据集的直方图,代码如下:

```
plt.hist(housing_df['MEDV'])
plt.show()
```

输出如下:

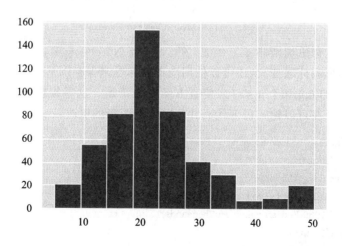

⑤ 使用 seaborn 模块沿图形添加值,使直方图更有意义,代码如下:

```
import seaborn
as sns
# Set up seaborn dark grid
sns.set()
```

⑥ 将更改绘制到直方图上，代码如下：

```
plt.hist(housing_df['MEDV'])
plt.title('Median Boston Housing Prices')
plt.xlabel('1980 Median Value in Thousands')
plt.ylabel('Count')
plt.show()
```

输出如下：

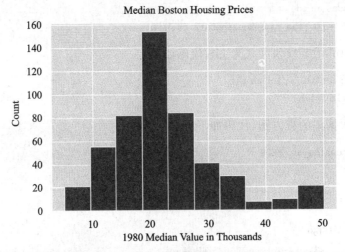

现在图表意义更加清晰了。但是，在 Jupyter Notebook 中，图形有一点小。接下来我们将把图形和标题变大，还可以使用图形的标题来保存图形。

⑦ 通过增加 dpi 和 fontsize 来使直方图更加清晰。这里根据我们的需要，输出可以更加灵活。现在可以输入以下代码并观察输出图形的更改：

```
title = 'Median Boston Housing Prices'
plt.figure(figsize = (10,6))
plt.hist(housing_df['MEDV'])
plt.title(title, fontsize = 15)
plt.xlabel('1980 Median Value in Thousands')
plt.ylabel('Count')
plt.savefig(title, dpi = 300)
plt.show()
```

输出如下：

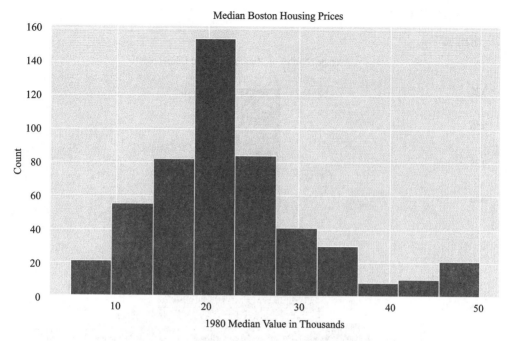

至此,我们已经能够根据需要绘制一个非常完美的直方图了。

现在,假设想要创建另一个直方图,那么应复制一份相同的代码吗?重复复制代码从来都不是一个好主意,这可以通过编写函数来解决。

10.7.3　直方图函数

现在定义一个直方图函数,代码如下:

```
def my_hist(column, title, xlab, ylab):
    title = title
    plt.figure(figsize = (10,6))
    plt.hist(column)
    plt.title(title, fontsize = 15)
    plt.xlabel(xlab)
    plt.ylabel(ylab)
    plt.savefig(title, dpi = 300)
    plt.show()
```

使用 matplotlib 创建函数并非易事,现在来看一下它所需的参数。列(column)是一个基本参数,它将指定我们绘制图形所使用的数据的列。接下来,有一个标题(title),后面还有 x 轴和 y 轴的标签文本。函数内部基本上与之前运行的代码相同。接下来将尝试为一个新列绘制直方图——房间数量(RM)。

下面将通过调用直方图函数来实现这一点,代码如下:

```
my_hist(housing_df['RM'], 'Average Number of Rooms in Boston Households', 'Average Number
```

of Rooms', 'Count')

输出如下：

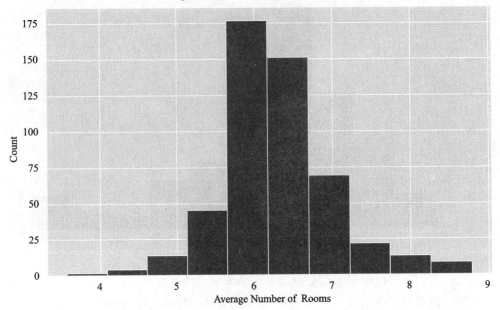

看起来似乎还可以，但是这里有一个明显的问题，那就是柱体的分布。看起来大多数房间数量的平均值都在 6 左右，但是其中有多少数值是位于 6～7 之间的呢？如果直方图中每个柱体都明显介于两个数字之间，那么图形就可以清晰地显示出这一点。通过使用.describe()方法查看最大值（max）和最小值（min），可以知道平均房间数介于 3 到 9 之间。这就意味着应该有 6 个柱体。

除了更改柱体数量之外，还可以添加选项来修改柱体的颜色和透明度。

现在改进一下刚才用来构建直方图的函数，代码如下：

```
def my_hist(column, title, xlab, ylab, bins = 10, alpha = 0.7, color = 'c'):
    title = title
    plt.figure(figsize = (10,6))
    plt.hist(column, bins = bins, range = (3,9), alpha = alpha, color = color)
    plt.title(title, fontsize = 15)
    plt.xlabel(xlab)
    plt.ylabel(ylab)
    plt.savefig(title, dpi = 300)
    plt.show()
```

默认情况下，直方图中柱体的数量为 10，但是我们可以随时对它进行修改。alpha 是一个很酷的工具，它能够使柱体部分透明，其中，1.0 代表完全不透明，0.0 代表完全透明。我们可以根据自己的喜好选择透明程度。

调用修改过的直方图函数：

```
my_hist(housing_df['RM'], 'Average Number of Rooms in Boston', 'Average Number of Rooms',
'Count',bins = 6)
```

输出如下：

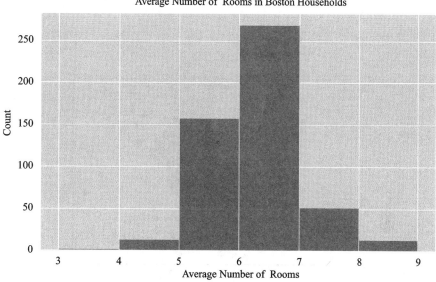

现在可以很清楚地看到，数量最多的房间数量平均值位于 6 到 7 之间。此外，注意，该数据集是按房屋群平均数进行记录的，而非按照单个房屋。

现在，我们已经充分了解了直方图，下面将介绍另一种类型的可视化数据分析——散点图。

10.7.4 散点图

散点图在数据分析中是非常重要的。绘制散点图需要 x 值和 y 值，它们通常取自 DataFrame 的两个数值列。这里使用平均房间数作为 x 值，将平均收入中位数作为 y 值。

练习 10-15：为数据集创建散点图。

① 打开一个新的 Jupyter Notebook 并将数据集文件复制到单独的文件夹中，我们将在该文件夹中执行此练习。

② 导入 pandas 模块并选择一个变量来存储 DataFrame 对象以及存放 Housing-Data.csv 文件中的数据，代码如下：

```
import pandas as pd
housing_df = pd.read_csv('HousingData.csv')
```

③ 将 matplotlib 导入为 plt，代码如下：

```
import matplotlib.pyplot as plt
% matplotlib inline
```

④ 将数据绘制为散点图,代码如下:

```
x = housing_df['RM']
y = housing_df['MEDV']
plt.scatter(x, y)
plt.show()
```

输出如下:

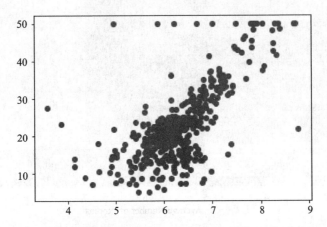

由上述输出结果可看到明显的正相关! 正相关表示当 x 值增大时,y 值随之上升。在统计学中,有一个确定关联性的特殊概念,叫作相关度(correlation)。

10.7.5 相关度

相关度是一个介于 +1 到 −1 的统计度量,用于指示两个变量的关联程度。相关度为 +1 或 −1 表示变量是相互依赖的,并且它们符合线性关系。相关度为 0 表示一个变量的增加不会对另一个变量产生任何影响。相关度通常落在 −1 到 0 或 0 到 +1 区间中的某个地方。例如,相关度 0.75 表示两个变量之间有着较强的相关关系,而相关度 0.25 表明两个变量之间仅有较弱的相关关系。

练习 10 - 16: 数据集中的相关度。

在本练习中,我们将从住房数据集中找到相关度的值。以下步骤将帮助我们完成本练习。

① 打开一个新的 Jupyter Notebook 并将数据集文件复制到单独的文件夹中,我们将在该文件夹中执行此练习。

② 导入 pandas 模块并选择一个变量来存储 DataFrame 对象,以及存放 Housing-Data.csv 文件中的数据,代码如下:

```
import pandas as pd
housing_df = pd.read_csv('HousingData.csv')
```

③ 将 matplotlib 模块导入为 plt，代码如下：

```
import matplotlib.pyplot as plt
% matplotlib inline
```

④ 找到数据集的相关度，代码如下：

```
housing_df.corr()
```

输出如下：

	CRIM	ZN	INDUS	CHAS	NOX	RM	AGE	DIS	RAD	TAX	PTRATIO	LSTAT	MEDV
CRIM	1.000000	-0.191178	0.401863	-0.054355	0.417130	-0.219150	0.354342	-0.374166	0.624765	0.580595	0.281110	0.444943	-0.391363
ZN	-0.191178	1.000000	-0.531871	-0.037229	-0.513704	0.320800	-0.563801	0.656739	-0.310919	-0.312371	-0.414046	-0.414193	0.373136
INDUS	0.401863	-0.531871	1.000000	0.059859	0.764866	-0.390234	0.638431	-0.711709	0.604533	0.731055	0.390954	0.590690	-0.481772
CHAS	-0.054355	-0.037229	0.059859	1.000000	0.075097	0.104885	0.078831	-0.093971	0.001468	-0.032304	-0.111304	-0.047424	0.181391
NOX	0.417130	-0.513704	0.764866	0.075097	1.000000	-0.302188	0.731548	-0.769230	0.611441	0.668023	0.188933	0.582641	-0.427321
RM	-0.219150	0.320800	-0.390234	0.104885	-0.302188	1.000000	-0.247337	0.205246	-0.209847	-0.292048	-0.355501	-0.614339	0.695360
AGE	0.354342	-0.563801	0.638431	0.078831	0.731548	-0.247337	1.000000	-0.744844	0.458349	0.509114	0.269226	0.602891	-0.394656
DIS	-0.374166	0.656739	-0.711709	-0.093971	-0.769230	0.205246	-0.744844	1.000000	-0.494588	-0.534432	-0.232471	-0.493328	0.249929
RAD	0.624765	-0.310919	0.604533	0.001468	0.611441	-0.209847	0.458349	-0.494588	1.000000	0.910228	0.464741	0.479541	-0.381626
TAX	0.580595	-0.312371	0.731055	-0.032304	0.668023	-0.292048	0.509114	-0.534432	0.910228	1.000000	0.460853	0.536110	-0.468536
PTRATIO	0.281110	-0.414046	0.390954	-0.111304	0.188933	-0.355501	0.269226	-0.232471	0.464741	0.460853	1.000000	0.375966	-0.507787
LSTAT	0.444943	-0.414193	0.590690	-0.047424	0.582641	-0.614339	0.602891	-0.493328	0.479541	0.536110	0.375966	1.000000	-0.735822
MEDV	-0.391363	0.373136	-0.481772	0.181391	-0.427321	0.695360	-0.394656	0.249929	-0.381626	-0.468536	-0.507787	-0.735822	1.000000

确切的相关度如上述输出内容所示。比如，要查看哪些变量与房屋价值的中位数最相关，就可以查看 MEDV 这一列的内容。在那里，我们会发现 RM 的最大相关度是 0.695 360。但是，我们也可以看到 LSTAT（阶级较低的人口比例）的最小相关度是 —0.721 975。seaborn 模块提供了一种很棒的查看相关性的方法——热图。

现在，你需要根据相关度获取热图。

⑤ 将 seaborn 模块导入为 sns，代码如下：

```
import seaborn
as sns
# Set up seaborn dark grid
sns.set()
```

⑥ 找到 heatmap 函数，代码如下：

```
corr = housing_df.corr()
plt.figure(figsize = (8,6))
sns.heatmap(corr, xticklabels = corr.columns.values, yticklabels = corr.columns.values,
cmap = "Blues", linewidths = 1.25, alpha = 0.8)
plt.show()
```

输出如下：

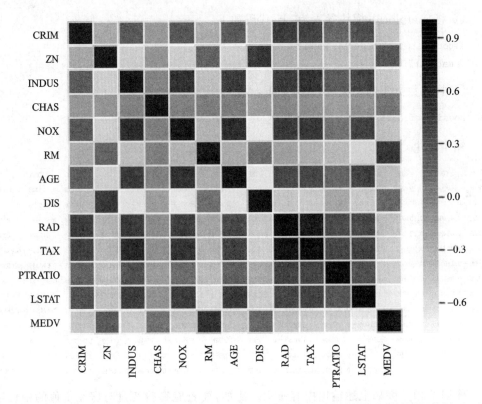

在本练习中,我们已经能够使用数据集中的相关度,并根据输出的数据绘制了可视化的热图。在下一小节中,我们将介绍回归的内容。

10.7.6 回 归

散点图中可以添加的最重要的部分可能就是回归线了。回归是由 Francis Galton 爵士提出的,他调查了一些身高差距较大的夫妇,测量了他们后代的身高,发现这些后代很少比较高的父母更高,也较少比较低的父母更低,他们更接近于父母二人的平均身高。Francis Galton 爵士使用了"回归均值"来形容这一现象,意思是他们后代的身高更接近他们父母的均值。"回归"这一词就此诞生。

在统计中,回归线是一条尝试与散点图的点尽可能吻合的线。通常,散点图中一半的点高于回归线,另一半的点低于回归线。最流行的线性回归方法是最小二乘法,它综合了每个点到回归线的距离的平方。

1. 绘制回归线

要创建数据集的回归线,代码如下:

```
plt.figure(figsize = (10, 7))
sns.regplot(x,y)
plt.show()
```

输出如下:

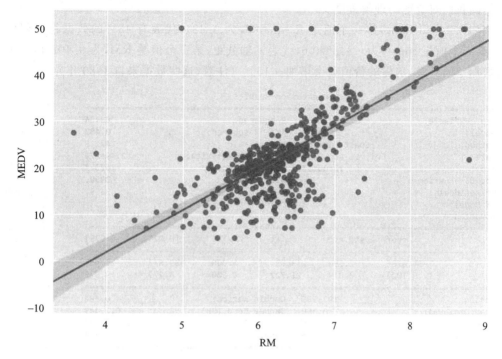

读者可能想要知道线条的阴影区域代表什么。它实际上指 95％ 的置信区间,这意味着实际回归线落在该范围的概率为 95％。由于阴影区域在整个图表中占比非常小,因此,这意味着计算出的回归线非常准确。

回归线可以用来预测新 x 值和新 y 值。例如,如果有一栋八个房间的房子,那么可以使用回归来获取其价值的估计值。我们将在第 11 章使用机器学习版本的线性回归,将该方法应用到更复杂的方法中去。

虽然这并不是一个有关统计的课程,但是我们仍希望能够提供足够多的介绍,以便读者能够对数据进行分析。另外,回归还有一点值得分享,那就是回归线本身的数据。

2. 用 StatsModel 输出回归结果

我们将导入 StatsModel 并使用其方法打印出回归线的摘要,代码如下:

```
import statsmodels.api as sm
X = sm.add_constant(x)
model = sm.OLS(y, X)
est = model.fit()
print(est.summary())
```

代码最奇怪的地方就是添加常量的步骤。它相当于 y 轴截距,如果不添加这个常量,y 轴截距就是 0。在我们的例子中,y 轴截距是 0 并没有问题,如果只有 0 个房间,那么价值也理应为 0。但是,在代码中保存 y 轴截距通常是一个好习惯,这也是之前使用的 seaborn 绘图库的默认选项。尝试使用这两种方法,对比分析二者的区别,将会大大提高我们对统计的理解程度。

如图 10-1 所示,第一个值是 R-squared,为 0.484,代表有 48％的数据符合回归线;第二个值是 const,为-34.670 6,代表 y 轴截距;第三个值是 RM,为 9.102 1,代表每增加一间卧室,房屋的价值就会增加 9 102。(注意,这些数据来自 1980 年)

```
                        OLS Regression Results
==============================================================================
Dep. Variable:                   MEDV   R-squared:                       0.484
Model:                            OLS   Adj. R-squared:                  0.483
Method:                 Least Squares   F-statistic:                     471.8
Date:                Fri, 16 Aug 2019   Prob (F-statistic):           2.49e-74
Time:                        19:06:34   Log-Likelihood:                -1673.1
No. Observations:                 506   AIC:                             3350.
Df Residuals:                     504   BIC:                             3359.
Df Model:                           1
Covariance Type:            nonrobust
==============================================================================
                 coef    std err          t      P>|t|      [0.025      0.975]
------------------------------------------------------------------------------
const        -34.6706      2.650    -13.084      0.000     -39.877     -29.465
RM             9.1021      0.419     21.722      0.000       8.279       9.925
==============================================================================
Omnibus:                      102.585   Durbin-Watson:                   0.684
Prob(Omnibus):                  0.000   Jarque-Bera (JB):              612.449
Skew:                           0.726   Prob(JB):                    1.02e-133
Kurtosis:                       8.190   Cond. No.                         58.4
==============================================================================

Warnings:
[1] Standard Errors assume that the covariance matrix of the errors is correctly specified.
```

图 10-1　回归线信息

标准误差表明实际值与回归线的平均值相差有多远。例如,[0.025　0.975]列下的数字给出了 95％的置信区间,这意味着统计模型有 95％的把握确信每增加一间卧室,房屋的平均价值的增加介于 8 279 到 9 925 之间。

10.8　其他模型

Python 中提供了大量的数据分析方式,到目前为止,我们仅详细介绍了直方图和散点图。下面我们将继续介绍另外两种绘图类型——箱型图和小提琴图。

练习 10-17:箱型图。

箱型图为给定数据列的平均值、中位数、四分位数和异常值提供了非常好的视觉效果。

① 打开一个新的 Jupyter Notebook 并将数据集文件复制到单独的文件夹中,我们将在该文件夹中执行此练习。

② 导入 pandas 模块并选择一个变量来存储 DataFrame 对象以及存放 Housing-Data.csv 文件中的数据,代码如下:

```
import pandas as pd
```

```
housing_df = pd.read_csv('HousingData.csv')
import matplotlib.pyplot as plt
% matplotlib inline
import seaborn as sns
# Set up seaborn dark grid
sns.set()
```

输入以下代码段创建箱型图：

```
x = housing_df['RM']
y = housing_df['MEDV']
plt.boxplot(x)
plt.show()
```

输出如下：

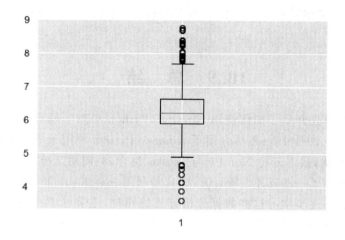

注意：外部的圆圈被视为异常值；方框中间的线代表中位数；方框上下边缘分别指第三四分位数（Q3）和第一四分位数（Q1）；末端的两条线（内限）分别表示第三四分位数外 1.5 倍四分位距（Q3＋1.5IQR）和第一四分位数外 1.5 倍四分位距（Q1－1.5IQR），其中四分位距为第三四分位数与第一四分位数之差（即 IQR＝Q3－Q1）。这 1.5 倍四分位距之内出现的值为温和的异常值，1.5 到 3 倍四分位距（外限）内出现的值为极端的异常值，此处不再赘述。

在本练习中，我们创建了一个箱型图来表示数据。

练习 10-18：小提琴图。

小提琴图是一种用来传达相似信息的特殊图表，实现代码如下：

```
plt.violinplot(x)
plt.show()
```

输出如下：

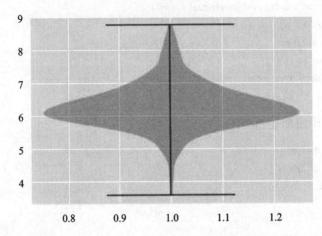

在小提琴图中,上限和下限代表最大值和最小值,绘图的宽度代表包含该特定值的行数。小提琴图和箱型图的区别在于,小提琴图显示了数据的整体分布。

10.9　总　结

本章中,我们首先介绍了如何使用 NumPy(Python 中用于处理海量矩阵运算的高速计算库)来进行数据分析;然后介绍了 pandas(Python 中用于处理 DataFrame 的库)的基本使用方法;接下来将 NumPy 与 pandas 组合,共同用于分析房屋数据集,在分析过程中,还使用了一些描述性统计方法,比如利用 matplotlib 和 seaborn 绘图库将数据可视化;接着在逐步学习这些数据分析方法的同时,还学习了一些基本的统计概念,包括平均值、标准差、中位数、四分位数、相关度、偏斜数据和异常值等;最后,学习了创建干净整洁、标记清晰的可视化数据图形的高级方法。

在第 11 章中,我们将遇到一些更有趣的机器学习概念,比如回归、数据集上不同类型的分类、决策树等,将共同学习 Python 是如何在机器学习领域中大展身手的。

第 11 章　机器学习

在本章结束时,读者应能做到以下事情:

- 应用机器学习算法解决不同的问题;
- 比较、对比和应用不同类型的机器学习算法,包括线性回归、logistic 回归、决策树、随机森林、朴素贝叶斯和自适应提升算法(AdaBoost)等;
- 分析过度拟合并应用正则化;
- 使用 GridSearchCV 和 RandomizedSearchCV 来调整超参数;
- 使用混淆矩阵和交叉验证来评估算法;
- 使用前面介绍的机器学习算法来解决实际问题。

本章将介绍机器学习的概念,并探讨使用 Python 构建机器学习算法所需要的步骤。

11.1　概　述

计算机算法使计算机能够从数据中学习。算法接收到的数据越多,算法越有可能检测出数据中的潜在关系。在第 10 章中,我们已经学习了如何使用 pandas 和 NumPy 来查看和分析大数据。在本章中,我们将使用这些方法构建能够从数据中学习的算法。

卷积神经网络是一种能够区分图像的机器学习算法。在接收到标记为猫和非猫的图像时,该算法会通过调整方程的参数来寻找像素点间潜在的关系,直到它找到一个最大限度减少误差的方程。

在算法根据它已经接收到的数据选定可能的最佳方程之后,就能够使用此方程来预测未来数据。当算法被输入一个新图像时,算法就会将新图像带入方程计算,以确定图像内容是否为猫。

本章将主要介绍机器学习,介绍如何构建线性回归、logistic 回归、决策树、随机森林、朴素贝叶斯和 AdaBoost 算法。这些算法可用于解决各种各样的问题,比如预测降雨量、检测信用卡诈骗和识别疾病等。

然后,我们将了解 Ridge 和 Lasso,这是两种正则化机器学习算法,是线性回归的变体;将了解如何使用正则化和交叉验证,以便能够使用算法从新数据中获得准确的结果。

在学习了如何使用 scikit - learn 构建基于线性回归的机器学习模型后,我们将用类似的方法来构建基于 K 最近邻(KNN)、决策树和随机森林的机器学习模型,学习如何调整超参数来拓展这些模型,这是一种微调模型以满足当前数据要求的方法。

接下来,我们将讨论分类问题,这里机器学习模型将用于确定电子邮件是否为垃圾邮件,以及某个天体是否为行星。所有分类问题都可以通过 logistic 回归来解决。此外,还将使用朴素贝叶斯、随机森林以及其他类型的算法解决分类问题。分类结果可以用混淆矩阵和分类报告来解释,我们将深入讨论这两种结果的内涵。

最后,我们将学习如何应用 boosting 方法,增强机器学习的性能。特别地,我们将学习如何使用 AdaBoost,这是迄今为止最成功的机器学习算法之一。

总之,学习本章之后,我们将能够利用多种机器学习算法来解决分类和回归问题;将能够使用一些高级工具,比如混淆矩阵和分类报告来解释结果;还将能够使用正则化和超参数对自己的模型进行调优。简而言之,我们将能够使用机器学习来解决包括预测成本和对象分类在内的各种实际问题。

11.2　线性回归

机器学习是指计算机能够通过一定算法从数据中进行学习。机器学习的迷人之处在于,它能够根据以往的数据对未来数据进行预测。如今,机器学习已经被广泛应用于预测天气、预测股票价格、预测电影推荐、预测利润、预测错误、预测点击、预测购买以及预测用于完成句子的单词等。

机器学习的空前成功将导致企业决策方式的根本转变。过去,企业根据成员影响力的大小来做出决定。而现在,先进的公司会根据以往的数据进行预测,并做出决策。为了做出适应未来的决策,我们将学习的机器学习就是一个能够将原始数据转换为决策参考的绝佳工具。

构建机器学习算法的第一步就是要知道我们将要预测什么。查看 DataFrame 时,我们应当选择一列作为目标列或自变量列。根据定义,目标列就是算法通过训练要预测的内容。

11.2.1　简化问题

简化问题通常会很有用。比如我们只使用一列,如卧室数量,并且用它来预测房屋价值中位数,结果会怎么样呢?

显然,房子的卧室越多,房屋价值就越高。随着卧室数量的增加,房屋的价格也随之升高。表示这种正相关关系的标准方法就是使用一条直线。

在第 10 章中,我们用线性回归建立了一个卧室数量和房屋价值中位数之间关系的模型,如图 11-1 所示。

事实证明,线性回归同样是一种非常流行的机器学习算法。当目标列是一系列连续值时,线性回归将是一种非常值得尝试的方法。比如在此数据集中,房屋的价值通常被认为是连续的。从单纯的技术角度而言,房屋的价值可能有多高是没有限制的,但

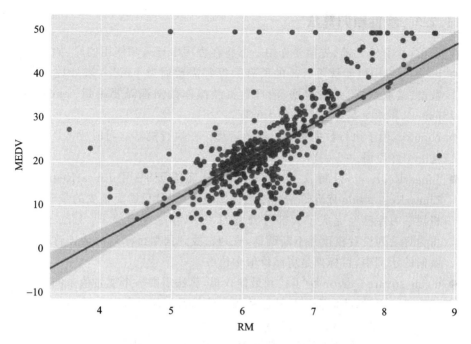

图 11 - 1   中位值与卧室数量的线性回归线

是,我们通常会对它进行一定范围限制和四舍五入等处理。

相比之下,如果要预测某个房子能否在一个月内在市场上售出,那么得到的答案只有两种:是和否。在这种情况下,目标列就不是连续的,而是二元的。

11.2.2   从一维到 N 维

维度是机器学习中的一个重要概念。在数学中,坐标平面通常会使用两个维度,即 x 和 y。在物理中,我们通常会使用三个维度(x、y 和 z 轴)作为空间维度。由于我们生活在一个三维空间中,因此对于空间维度这个概念,最多只能具有三个维度。然而,在数学中,理论上可以使用的维度数量是没有限制的。在超弦理论中,我们也经常使用 12 或者 13 个维度。但是,在机器学习中,维度数量通常指自变量列的数量。

我们没必要用线性回归将我们的数据限制为单列。其他维度(本例中为其他相关列)的数据将为我们提供有关房屋价值中位数的更多信息,进而使得我们的模型更有价值。

在一维线性回归中,斜率-截距方程为 $y = mx + b$,这里的 y 指目标列,x 指输入,m 是斜率,b 是 y 轴截距。我们可以将这个方程扩展到任意维度,得到 $Y = MX + B$,这里 Y、M 和 X 是任意长度的矢量。这里的 M 不再指斜率,而是指权重。

在房屋数据集中,线性回归将为每个列计算权重。为了预测房屋价值的中位数(我们的目标列),我们将权重乘以每列的数值,然后求和得到预测值。

接下来将看看这一点在实践中是如何运作的。

11.2.3　线性回归算法

在实现这个算法之前,先简要介绍一下将在程序中导入和使用的库,如下:

- pandas:应用机器学习所需的所有数据都需要通过 pandas 来处理。由于加载数据、读取数据、查看数据、清理数据及操作数据都需要用到 pandas 库,因此 pandas 将永远是第一个要导入的库。
- NumPy:用于执行数据集上的数学运算。在执行机器学习时导入 NumPy 始终是一个好习惯。
- LinearRegression:每次进行线性回归都需要使用 LinearRegression 库。LinearRegression 库允许构建线性回归模型,并且只需要很少的步骤进行测试。机器学习库已经完成了大部分繁重的工作,在这种情况下,LinearRegression 将为每一列设置权重并不断调整,直到它找到预测目标列的最佳解决方案。在我们的示例中,目标列是房屋价值中位数。
- mean_squared_error:为了找到最佳权重,算法需要一个度量值来测试它预测得怎么样。通常,我们会测量算法的预测值与目标值之差。为了避免误差正负相抵,可以使用 mean_squared_error。要计算 mean_squared_error,程序将会用目标列的实际值减去对应的预测值,并将结果进行平方运算。对每一行(每一组数据)的平方进行求和并计算平均值,最后开方保证单位相同。
- train_test_split:Python 的 train_test_split 库提供了一些方法来将数据集拆分为训练集和测试集。将数据集拆分为训练集和测试集是非常重要的,因为它允许用户直接测试模型。使用机器从未见过的数据来测试模型是构建模型的重要部分,因为它能够反映模型在实际应用中的表现。

大多数数据都将被划分到训练集中,因为更多的数据能够训练出更健壮的模型。通常,测试集占总数据的一小部分,为 20%。80:20 的拆分比例是默认值,我们也可以根据实际需要对其进行调整。当模型在训练集上进行优化后,就可以使用测试集进行评分。

这些库是 scikit-learn 的一部分。scikit-learn 为初学者提供了丰富的在线资源,更多相关信息请参阅 https://scikit-learn.org/stable/。

练习 11-1:使用线性回归算法准确预测数据集中的房屋价值中位数。

本练习的目标是使用线性回归构建机器学习模型,该模型将预测房屋价值的中位数,并在此基础上得出预测值是否是最佳的结论。以下练习将在 Jupyter Notebook 中执行。

① 打开一个新的 Jupyter Notebook。

② 导入必要的库,代码如下:

```
import pandas as pd
import numpy as np
from sklearn.linear_model import LinearRegression
```

```
from sklearn.metrics import mean_squared_error
from sklearn.model_selection import train_test_split
```

现在,已经载入了所需的库,接下来将加载数据并声明自变量和目标列。

③ 加载数据集并查看 DataFrame 的前五行,代码如下:

```
# load data
housing_df = pd.read_csv('HousingData.csv')
housing_df.head()
```

回忆一下,在第 10 章中用 pandas 和 NumPy 进行数据分析时介绍过,"housing_df = pd.read_cs('HousingData.csv')"这行代码将读取 CSV 文件并将其存储在名为 housing_df 的 DataFrame 中,然后 housing_df.head()默认显示 housing_df DataFrame 的前五行。

输出如下:

	CRIM	ZN	INDUS	CHAS	NOX	RM	AGE	DIS	RAD	TAX	PTRATIO	LSTAT	MEDV
0	0.00632	18	2.31	0	0.538	6.575	65.2	4.09	1	296	15.3	4.98	24
1	0.02731	0	7.07	0	0.469	6.421	78.9	4.9671	2	242	17.8	9.14	21.6
2	0.02729	0	7.07	0	0.469	7.185	61.1	4.9671	2	242	17.8	4.03	34.7
3	0.03237	0	2.18	0	0.458	6.998	45.8	6.0622	3	222	18.7	2.94	33.4
4	0.06905	0	2.18	0	0.458	7.147	54.2	6.0622	3	222	18.7	NaN	36.2

④ 输入以下代码,使用.dropna()清理数据集中的 Null 值,代码如下:

```
# drop null values
housing_df = housing_df.dropna()
```

在第 10 章中,通过统计 Null 值的数量以及衡量 Null 值对中心趋势的影响来清除 Null 值。而在本章中,将使用更加快速的方法来简化这一步骤。"housing_df = housing_df.dropna()"这行代码将从 housing_df DataFrame 中删除所有的 Null 值。

现在数据已经变得整洁,是时候准备 X 和 y 值了。

⑤ 声明 X 和 y 变量,其中 X 为自变量列,y 为目标列,代码如下:

```
# declare X and y
X = housing_df.iloc[:,:-1]
y = housing_df.iloc[:, -1]
```

目标列为 MEDV,这是房屋价值的中位数;自变量列包括其他所有列。通常,标准的表示法就是使用 X 作为自变量列,y 作为目标列。

由于最后一列是目标列(即 y),因此需要从自变量列(即 X)中将这一列去除。我们可以通过索引切片来实现这一过程,如上面的代码所示。

⑥ 构建实际的线性回归模型。

尽管很多机器学习模型都非常复杂,但是却可以通过很少的代码来构建它们。在练习中,构建模型需要三步,该模型利用给定的所有输入列可预测房屋价值的中位数。

第一步,使用 train_test_split() 将 X 和 y 拆分为训练集和测试集。我们将使用训练集来构建模型。将 X 和 y 拆分为训练集和测试集的代码如下:

```
# Create training and test sets
X_train, X_test, y_train, y_test = train_test_split(X, y, test_size = 0.2)
```

其中,"test_size = 0.2"表示测试集占数据集的 20%。这是一个默认值,不需要显式添加这个参数。上述代码中添加了这个参数,是为了让读者知道如何修改这个比例。

第二步,创建一个空的 LinearRegression() 模型,代码如下:

```
# Create the regressor: reg
reg = LinearRegression()
```

第三步,使用.fit()方法将模型与数据拟合,代码如下:

```
# Fit the regressor to the training data
reg.fit(X_train, y_train)
```

这里的参数 X_train 和 y_train 就是拆分出来的训练集。reg.fit(X_train, y_train) 是实际进行机器学习的函数。在这行代码中,LinearRegression() 模型将根据训练数据调整自身模型。根据机器学习算法,模型将不断更新权重,直至找到一组将预测误差降至最低的权重为止。

输出如下:

```
LinearRegression(copy_x = True, fit_intercept = True, n_jobs = None, normalize = False)
```

此时,reg 是一个具有特定权重的机器学习模型。每个 X 列都具有一个权重,将这些权重乘以对应的条目,即可得到尽可能接近目标值 y,房屋价值中位数的预测值。

⑦ 检查模型的准确性。这里可以使用模型从未见过的测试集数据来进行测试,代码如下:

```
# Predict on the test data:
y_pred y_pred = reg.predict(X_test)
```

为了进行预测,这里使用了一个.predict()方法。此方法将根据输入的数据行生成预测输出。这里输入 X_test,即拆分出来的测试集的 X,输出就是预测的 y 值。

⑧ 将预测的 y 值(y_pred)与实际的 y 值(y_test)进行对比,代码如下:

```
# Compute and print RMSE
rmse = np.sqrt(mean_squared_error(y_test, y_pred))
print("Root Mean Squared Error: {}".format(rmse))
```

误差(两个 np.array 之间的差值)可以被计算为 mean_squared_error(均方误差)。我们对均方误差进行开方运算,以确保误差与目标列具有相同的单位。

均方根误差为 4.41,意味着机器学习模型得到的预测值,平均而言距目标值相差

4.41 个单元,这个结果在准确性方面并不是很好,我们希望能够找到一个接近于 1 的值。由于房屋价值(1980 年)的中位数是以千为单位的,因此预测实际偏离了 4.41 千。

在练习 11 - 1 中,我们已经能够加载数据集、清理数据并使用线性回归训练模型,进而使用模型进行预测并找出其准确度。

11.2.4　线性回归函数

在练习 11 - 1 中,我们已经知道我们的模型根据住房数据集的预测是非常准确的。但是,如果需要在一个函数中输入整个代码,然后多次运行它以查看不同的结果就显得过于复杂了。我们可以将上面的过程组合成一个函数来简化。

下面的示例同样将使用住房数据集。让我们将所有的机器学习代码放在一个函数中,然后再次运行它:

```
def regression_model(model):
# Create training and test sets
X_train, X_test, y_train, y_test = train_test_split(X, y, test_size = 0.2)
# Create the regressor: reg_all reg_all = model
# Fit the regressor to the training data
reg_all.fit(X_train, y_train)
#Predict on the test data: y_pred y_pred = reg_all.predict(X_test)
# Compute and print RMSE
rmse = np.sqrt(mean_squared_error(y_test, y_pred)) print("Root Mean Squared Error: {}"
.format(rmse))
```

现在多次运行函数以查看结果:

```
regression_model(LinearRegression())
```

输出如下:

```
Root Mean Squared Error: 5.003090543631306
```

现在,再次运行函数:

```
regression_model(LinearRegression())
```

输出如下:

```
Root Mean Squared Error: 5.115437513793641
```

最后运行一次函数:

```
regression_model(LinearRegression())
```

输出如下:

```
Root Mean Squared Error: 4.247568305060626
```

这样是不是很麻烦? 而且程序总是得到不同的测试分数。结果不同是因为每次都将数据集拆分为不同的训练集和测试集,而模型是基于不同的训练集生成的,而且测试集不同也会导致不同的评分。

为了使机器学习的结果变得更有意义,我们希望能够最大限度地减少其波动并提高其准确性。我们将在 11.3 节中了解如何做到这一点。

11.3 交叉验证

在交叉验证(Cross Validation,CV)中,训练数据将被分为 5 份(也可以是其他份数,但是 5 份为默认的标准),机器学习算法每次拟合一份训练数据并在其余数据中进行测试,我们将会得到 5 份不同的训练集和测试集,但它们却来自相同的数据集。测试分数的平均值通常会被认为是模型的准确性。

交叉验证是机器学习的核心工具。不同组的平均测试分数比一组的平均测试分数更加可靠。如果只进行了一组训练和测试,那么就无法根据测试分数分析它是高是低;而 5 组数据得到的分数可以帮助我们更好地了解模型的准确性。

交叉验证可以通过多种方法实现,其中一种标准方法是使用 cross_val_score,它会返回每组数据的分数作为一个数组,并且会帮助我们把 X 和 y 拆分为训练集和测试集。

现在通过练习 11 - 2 修改线性回归的机器学习函数,将 cross_val_score 包含到其中。

练习 11 - 2:使用 cross_val_score 函数来获取数据集上的准确结果。

本练习的目的是使用交叉验证来获得更加准确的机器学习结果。

① 继续使用练习 11 - 1 中的 Jupyter Notebook。

② 导入 cross_val_score,代码如下:

```
from sklearn.model_selection import cross_val_score
```

定义一个 regression_model_cv 函数,该函数将拟合模型作为一个参数;超参数 k=5 给出了函数重复的次数。在 Jupyter Notebook 中输入以下代码来定义函数:

```
def regression_model_cv(model, k = 5):
    scores = cross_val_score(model, X, y, scoring = 'neg_mean_squared_ error', cv = k)
    rmse = np.sqrt( - scores)
    print('Reg rmse:', rmse)
    print('Reg mean:', rmse.mean ())
```

在 sklearn 中,评分选项通常有一定局限性。由于 mean_squared_error 不是一个 cross_val_score 中可选的选项,所以选择 neg_mean_squared_error 误差来代替。cross_val_score 将默认使用最大值为误差,默认最大负均方误差为 0。

将 LinearRegression()模型输入之前定义的 regression_model_cv 函数中,代码

如下：

```
regression_model_cv(LinearRegression())
```

输出如下：

Reg rmse：[3.31019446 4.52933531 5.82923297.96787469 5.23782851]
Reg mean：5.374893173850953

将数据拆分为 3 组，并代入 regression_model_cv 函数中，代码如下：

```
regression_model_cv(LinearRegression(), k = 3)
```

输出如下：

Reg rmse：[3.8161063 6.1498341 19.59919407]
Reg mean：9.855044825045715

然后将数据拆分为 6 组，并代入 regression_model_cv 函数中，代码如下：

```
regression_model_cv(LinearRegression(), k = 6)
```

输出如下：

Reg rmse：[3.27848996 4.08492834 5.71341746 4.00943836 10.69563717 4.21089188]
Reg mean：5.3321338625470736

恭喜你成功发现不同数据分组之间存在着很大差异这一现象。这是因为我们的数据集实在是太小了。在现实世界中，由于数据量巨大，不同的数据拆分方式产生的结果并不会有太大区别。

11.4　正则化：Ridge 回归和 Lasso 回归

正则化是机器学习中的一个重要概念，它通常被用来抵消过度拟合。在大数据世界中，模型很容易对训练集过度拟合。发生这种情况时，模型在测试集上的表现（通过均方误差或其他误差来反应）就会比较差。

读者可能会想知道，为什么要将测试集放在一旁？最准确的机器学习模型难道不应是通过拟合所有数据得到的吗？根据多年的研究和试验，机器学习社区得到的结论是，这样的想法很可能是错误的。

使用所有数据拟合机器学习模型存在两个主要问题：

● 没有额外的数据用于测试模型。机器学习模型在预测新数据时非常有优势。模型根据已知的数据进行训练，但是它要预测的是现实世界中从未训练过的数据。查看模型与已知结果（训练集）的拟合效果并不重要，真正重要的是模型在从未训练过的数据（测试集）上的表现。

● 模型可能会过度拟合训练集数据。模型可能会拟合出一种对训练集数据拟合非常好,但是对其他数据的表现却很差的结果。如图 11-2 所示的 14 个黑点,我们可以使用一个 14 项多项式来完美拟合这些点,但是这个模型对其他数据的预测却很差。图中的绿线实际上是一个更好的预测。

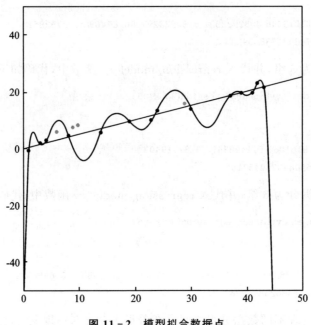

图 11-2 模型拟合数据点

有很多模型和方法可以抵消过度拟合,如 Ridge() 和 Lasso(),具体如下:

● Ridge() 是线性回归的一个简单替代方法,它旨在抵消过度拟合。Ridge() 包含了一个 L2 惩罚项,该项会根据线性系数的大小决定线性系数。系数就是权重,是确定每列对输出影响的数字。该模型中大的权重也会带来大的惩罚项。

● Lasso() 是线性回归的另一种正则化替代方案。Lasso() 将添加一个大小等于系数绝对值的惩罚项。这种 L1 正则化可以消除很多列,并且会导致模型相对比较稀疏。

下面将通过一个例子来查看 Ridge() 和 Lasso() 在住房数据集上的表现。在此示例中,将使用 Ridge() 和 Lasso() 对数据集进行正则化,以抵消过渡拟合。我们可以在练习 11-2 的 Jupyter Notebook 中继续执行以下步骤。

第一步,将 Ridge() 作为参数输入到 regression_model_cv 中,代码如下:

```
from sklearn.linear_model import Ridge
regression_model_cv(Ridge())
```

输出如下:

```
Reg rmse:[3.234699 4.71188071 5.51843 7.88266603 5.27284466]
Reg mean: 5.3241040809215985
```

Ridge() 的误差分数仅比线性回归稍好,这也在我们的预料之中。这表明线性回归模型对数据并没有产生很严重的过度拟合。但是,读者的结果可能会与我们的不太相同,但是二者的误差分数应该非常接近。

另外一个比较基础的对比就是二者的最差分数。使用 Ridge()时,我们得到了 8.977 396 3 这个最差的分数;而在线性回归中,我们得到了 11.092 265 15 这个最差的分数。这表明 11.092 265 15 从训练数据中产生了较严重的过度拟合;而在使用 Ridge()时,这种过度拟合被部分修正了。

第二步,将 Lasso()作为参数输入到 regression_model_cv 中,代码如下:

```
from sklearn.linear_model import Lasso
regression_model_cv(Lasso())
```

输出如下:

```
Reg rmse: [3.58985413 5.83321136 7.85631651 7.04894412 4.38655519]
Reg mean: 5.742976262084836
```

当想要使用 LinearRegression()时,最好尝试一下 Lasso()和 Ridge()。因为过度拟合真的非常常见,而且它们实际上只需要几行额外的代码进行测试,并没有增加很多工作量。

正则化是实现机器学习算法的重要工具。无论选择什么样的模型,都请务必研究一下如何使用正则化方法来提高结果的准确性,正如我们在上面的例子中看到的那样。

现在来回答开发人员的另外一个疑问:尽管之前一直专注于减少数据的过拟合,但是数据同样也有拟合不足的可能,对吗? 实际上,在大数据世界中,这种情况不太常见。如果使用一条直线作为模型来拟合数据,那么有可能会发生拟合不足,但是可以尝试更多项的多项式来拟合数据。通过尝试更多的模型,将能找到拟合最佳的模型。

到目前为止,我们已经学会了如何将线性回归作为机器学习模型,已经学会了如何执行交叉验证以获得更准确的结果,并且还学会了如何使用另外两个模型 Ridge()和 Lasso()来抵消过度拟合。

现在,我们已经了解了如何使用 scikit-learn 来构建机器学习模型了,接下来将介绍一些不同类型的模型,这些模型同样可以处理回归问题。

11.5 K 最近邻、决策树和随机森林

除了 LinearRegression()之外,是否还有其他机器学习算法适用于住房数据集呢? 答案是肯定的。scikit-learn 库中还有很多回归算法(regressor)可以使用。回归算法通常被认为是一类适合计算连续目标值的机器学习算法。除了线性回归、Ridge()和 Lasso()之外,我们还可以尝试 K 最近邻、决策树和随机森林等算法模型。这些算法模型在大量的数据集上都表现良好,接下来将对它们进行尝试和分析。

11.5.1　K 最近邻

K 最近邻(K-Nearest Neighbor,KNN)的思想其实很简单,即对于测试集中的某一行自变量(新的输入实例),算法会在训练集中找到与该行最接近的 K 行(K 个实例),输出与这 K 个实例相同的结果,其中 K 可以是任何正整数。

例如,假设 K＝3,给定一个新的输入实例,我们将该输入(行)的 n 列放在 n 维空间中,然后寻找与之最接近的 3 个点,而这 3 个点已经具有其对应的目标列(真实值)。我们就可以猜想其中数量较多的某个目标值就是我们所需的预测值。

KNN 通常用于分类,因为分类通常基于几个固定的组,但是它也可以用于回归。例如,在确定房屋的价值时,以住房数据集为例,根据具有与输入自变量类似数量的卧室、类似面积等的训练集数据,来决定输入的数据对应的输出(房屋价值中位数)是非常有意义的。

我们也可以自行调整算法中的最近邻数。此处将这个最近邻数标记为 K,它同样也是一个超参数。在机器学习中,模型参数会在训练期间生成,而超参数需要提前设定。

在构建机器学习模型时,微调超参数是一项必不可少的过程。学习超参数的调优需要花费很多时间来实践和检验。

练习 11 - 3：使用 K 最近邻找到数据集中的房屋价值中位数。

本练习的目的是使用 K 最近邻算法来尽可能准确地预测房屋价值的中位数。我们需要将 KNeighborsRegressor() 作为参数输入到之前的 regression_model_cv 函数中。

① 继续使用练习 11 - 2 中的 Jupyter Notebook。

② 设置并导入 KNeighborsRegressor(),然后将其作为参数传入 regression_model_cv 函数中,代码如下:

```
from sklearn.neighbors import KNeighborsRegressor
regression_model_cv(KNeighborsRegressor())
```

输出如下:

```
Reg rmse：[ 6.4732423 8.94396338 10.70577556 8.57054036 3.87459311]
Reg mean：7.713622942602726
```

K 最近邻算法的性能没有 LinearRegression() 好,但是似乎也还可以接受,预测的平均误差大约为 6.19。

我们可以修改最邻近项的数量,看看能否取得更好的结果。这里最邻近项的数量是一个超参数,模型默认其值为 5。现在尝试将这个值更改为 4、7 和 10。

③ 将 n_neighbors 超参数修改为 4、7 和 10。对于超参数为 4 的情况,代码如下:

```
regression_model_cv(KNeighborsRegressor(n_neighbors = 4))
```

输出如下：

Reg rmse：[6.69395864 9.01707022 10.86727283 8.65468475 3.95199256]
Reg mean：7.836995798514576

将 n_neighbors 修改为 7，代码如下：

```
regression_model_cv(KNeighborsRegressor(n_neighbors = 7))
```

输出如下：

Reg rmse：[6.58500661 8.6627015 10.80976015 8.45386312 4.20713897]
Reg mean：7.743694069946902

将 n_neighbors 修改为 10，代码如下：

```
regression_model_cv(KNeighborsRegressor(n_neighbors = 10))
```

输出如下：

Reg rmse：[6.83919641 8.51364802 10.77196937 8.63194516 4.71313481]
Reg mean：7.893978753232777

到目前为止，最好的结果为超参数为 10 的情况，但是我们又怎么知道超参数为 10 的结果是否就是最好的结果呢？我们需要尝试多少种不同的方案呢？scikit‐learn 提供了一个不错的选项，其能在很广的范围内检查超参数，称为 GridSearchCV。它的核心思想就是使用交叉验证来检查网格中所有可能的值，然后，将能够提供最佳结果的网格所对应的参数指定为超参数。

练习 11‐4：通过 GridSearchCV 找到 K 最近邻算法中的最佳近邻数。

本练习的目的是使用 GridSearchCV 找到 K 最近邻算法中的最佳近邻数，以得到住房价值中位数的最佳预测值。在练习 11‐3 中，我们只尝试了 4 个不同的超参数。在这里，我们将使用 GridSearchCV 尝试更多的超参数。

① 继续使用练习 11‐3 中的 Jupyter Notebook。

② 导入 GridSearchCV，代码如下：

```
from sklearn.model_selection import GridSearchCV
```

③ 选择网格。网格是将要检查的数字（最近邻项数）范围。这里设定一个从 1 到 20 的超参数网格，代码如下：

```
neighbors = np.linspace(1, 20, 20)
```

这里使用 np.linspace(1, 20, 20)命令来完成，其中，1 代表第一个数字，20 代表最后一个数字，而中间的 20 是要生成的个数。

④ 将浮点数转换为整数（这是 KNN 的要求），代码如下：

```
k = neighbors.astype(int)
```

⑤ 将网格存放在字典中，代码如下：

```
param_grid = {'n_neighbors': k}
```

⑥ 实例化 KNN 回归算法，代码如下：

```
knn = KNeighborsRegressor()
```

⑦ 实例化 GridSearchCV 对象——knn_tuned，代码如下：

```
knn_tuned = GridSearchCV(knn, param_grid, cv = 5, scoring = 'neg_mean_squared_ error')
```

⑧ 使用 .fit( ) 方法将 knn_tuned 与数据拟合，代码如下：

```
knn_tuned.fit(X, y)
```

⑨ 打印最佳超参数，代码如下：

```
k = knn_tuned.best_params_
print("Best n_neighbors: {}".format(k))
score = knn_tuned.best_score_
rsm = np.sqrt( - score)
print("Best score: {}".format(rsm))
```

输出如下：

```
Best n_neighbors:{'n_neighbors':6}
Best score:7.9840337007201905
```

由上述输出可知，6 才是最好的超参数！接下来将介绍不同类型的决策树与随机森林。

11.5.2　决策树与随机森林

这里有一个迷你决策树，用来预测泰坦尼克号的乘客能否幸存下来，如图 11 - 3 所示。

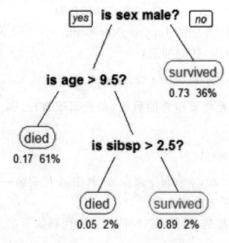

图 11 - 3　决策树示例

这个决策树从确认乘客是否为男性开始。如果乘客是男性,则会进入下一个分支,被询问年龄是否大于 9.5,如果乘客不是男性,则会到达一个分支的终点。这里我们发现幸存的概率是 0.73,而另一个数字 36% 表示有 36% 的乘客最终到达了这个分支。

决策树是一个非常好的机器学习算法,但是它们经常会出现过度拟合的情况。随机森林是决策树的组合。随机森林的效果始终优于决策树,因为它们能够更好地根据数据生成预测。一个随机森林可能会由数百个决策树组成。

随机森林是一种很棒的机器学习算法,几乎可以用于任何数据集。随机森林在回归和分类中都能产生比较好的运行效果,并且非常简单易用。

现在将在接下来的练习中尝试使用决策树和随机森林。

练习 11 - 5:决策树与随机森林。

本练习的目的是使用决策树和随机森林来预测房屋价值的中位数:

① 继续使用练习 11 - 4 中的 Jupyter Notebook。

② 将 DecisionTreeRegressor() 作为 regression_model_cv 函数的参数输入,代码如下:

```
from sklearn import tree
regression_model_cv(tree.DecisionTreeRegressor())
```

输出如下:

```
Reg rmse: [3.7367318 5.6707667 6.63162733 6.74151131 4.90549143]
Reg mean: 5.537225712125321
```

③ 将 RandomForestRegressor() 作为 regression_model_cv 函数的参数输入,代码如下:

```
from sklearn.ensemble
import RandomForestRegressor
regression_model_cv(RandomForestRegressor())
```

输出如下:

```
Reg rmse: [3.72241653 4.21521656 4.84374149 6.60610975 5.31654903]
Reg mean: 4.940806672531363
```

正如我们所看到的那样,随机森林算法得到了更好的结果。让我们看看能否通过修改随机森林的超参数来改进这些结果。

11.5.3 随机森林超参数

随机森林有很多超参数,这里将强调其中最重要的超参数,如下:

● n_jobs(default = None):这个参数表示任务可以使用多少个处理器。其中,None 表示只能使用 1 个处理器进行运算。我们推荐使用 n_jobs = -1 这个超参数来使程序能够使用所有处理器进行运算。虽然这样并不会提高模型的准确性,但是确实可以提高运算速度。

- n_estimators(default=10):随机森林中的子树数量。子树数量越多,模型效果越好。然而子树数量越多,需要的 RAM 也就越多。通常,这个数字在算法速度明显减慢之前是值得增加的。不过,虽然 1 000 000 棵树的效果可能会优于 1 000 棵树得到的效果,但是实际增加的收益却很小,几乎可以忽略不计。一个比较好的起点是 100 棵树,如果运算时间没有增加太多,那么 500 棵树也是一个不错的选择。

- max_depth(default=None):森林中树的最大深度。树的深度越深,捕获的相关数据也就越多,但是树也越容易过度拟合。当这个参数被设置为默认值 None 时,意味着没有任何限制,每棵树都将尽可能深。最大深度可以减少到更小的分支数。

- min_samples_split(default=2):这是新分支或新拆分所需的最小样本数。我们可以通过增加这个超参数的值来约束树的扩展,因为这样它们会需要更多的样本来做出决定。

- min_samples_leaf(default=1):这个与 min_samples_split 基本相同,这是叶子节点的最小数量。通过增加此参数,分支将会不断拆分,直到达到此处规定的叶子节点的数量。

- max_features(default="auto"):查找最佳拆分时考虑的属性数目。回归的默认值是列的总数。对于随机森林分类法,建议使用 sqrt。

练习 11-6:调整随机森林以改善对数据集的预测。

本练习的目的是通过调整随机森林的超参数,来改善住房价值的中位数预测结果。

① 继续使用之前的 Jupyter Notebook。

② 将 RandomForestRegressor 的超参数设置为 n_jobs = −1 和 n_estimators = 100,然后将其作为参数输入到 regression_model_cv 中。我们可以使用 n_jobs 来加速算法,并且可以通过增加 n_estimators 来获取更好的结果,代码如下:

```
regression_model_cv(RandomForestRegressor(n_jobs = −1, n_estimators = 100))
```

输出如下:

```
Reg rmse:[3.24801763 3.86029666 4.99367978 6.41316523 3.98645395]
Reg mean:4.500322650845468
```

我们可以使用 GridSearchCV 来尝试其他超参数,看看能否找到比默认值效果更好的超参数。但是,这样可能会产生上千个组合,对程序进行一一测试需要花费很长时间。

sklearn 中提供了 RandomizedSearchCV 方法来检查各种超参数。RandomizedSearchCV 将会检查一定数量的随机组合并返回最佳结果,而不是依次尝试所有组合。

③ 使用 RandomizedSearchCV 方法来查找更好的随机森林超参数,代码如下:

```
from sklearn.model_selection import RandomizedSearchCV
```

④ 使用 max_depth 设置超参数,代码如下:

```
param_grid = {'max_depth': [None, 10, 30, 50, 70, 100, 200, 400],
              'min_samples_split': [2, 3, 4, 5],
              'min_samples_leaf': [1, 2, 3],
              'max_features': ['auto', 'sqrt']}
```

⑤ 实例化 KNN 回归算法,代码如下:

```
reg = RandomForestRegressor(n_jobs = -1)
```

⑥ 实例化 RandomizedSearchCV 对象——reg_tuned,代码如下:

```
reg_tuned = RandomizedSearchCV(reg, param_grid, cv = 5, scoring = 'neg_mean_ squared_
error')
```

⑦ 将 reg_tuned 与数据进行拟合,代码如下:

```
reg_tuned.fit(X, y)
```

⑧ 输出 tuned 参数和 score,代码如下:

```
p = reg_tuned.best_params_
print("Best n_neighbors: {}".format(p))
score = reg_tuned.best_score_
rsm = np.sqrt(-score)
print("Best score: {}".format(rsm))
```

输出如下:

```
Bset n_neighbors:{'min_samples_split':s,'min_samples_leaf':2,'max_features':'auto','max_
depth':200}
Best score:4.67449329939364
```

记住,使用 RandomizedSearchCV 并不能保证找到最佳参数。尽管随机搜索也产生了很好的结果,但是我们发现它搜索到的超参数的表现并不如默认值(n_jobs = -1 和 n_estimators = 100)的表现好。

⑨ 使用 n_jobs = -1 和 n_estimators = 500 作为超参数运行随机森林回归算法,代码如下:

```
# Setup the hyperparameter grid regression_model_cv(RandomForestRegressor(n_jobs = -1,
n_estimators = 500))
```

输出如下:

```
Reg rmse: [3.26651252 3.76508159 4.93902502 6.47816103 4.05912286]
Reg mean:4.501580603748735
```

默认超参数能够得到较好的结果不是一件奇怪的事情,但是我们会发现,每次增大 n_estimators 这个超参数都会提高最终结果的分数。sklearn 默认值通常都会是一个不错的开始选项,但是在大多数情况下,超参数调优同样可以使结果产生显著差异。

超参数是构建优秀机器学习模型的关键。任何经过基础机器学习培训的人都能够使用默认的超参数构建机器学习模型。能否使用 GridSearchCV 和 Randomized-SearchCV 搜索更优秀的超参数、创建更高效的模型,才是专业人士与初学者的区别。

11.6 Logistic 回归

当涉及对点进行分类的数据集时,Logistic 回归是最流行和最成功的机器学习算法之一。Logistic 回归利用 sigmoid 函数来确定一个点应接近这个值还是另一个值。如图 11-4 所示,在使用 Logistic 回归时,最好能将目标值分类为 0 和 1。而在脉冲星数据集中,这些值已经被分类为 0 和 1。假设数据集需要被标记为 Red 和 Blue,那么提前将其转换为 0 和 1 的表示法同样是相当重要的一步。

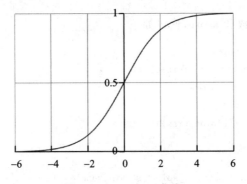

图 11-4   sigmoid 曲线

图 11-4 中的 sigmoid 曲线是从左到右、单调递增到无限接近于 1,并且始终不会到达 0 或 1。此时,y=0 和 y=1 都是水平渐近线。基本上,每个正 x 值的输出都为 1,每个负 x 值的输出都为 0。此外,y 值越高,输出 1 的概率越高,y 值越低,输出 0 的概率越高。

让我们通过使用与之前类似的函数,来看看 Logistic 回归的工作原理。默认情况下,分类器以百分比精度作为分数输出。

练习 11-7:使用 Logistic 回归预测数据准确性。

本练习的目的是使用 Logistic 回归来预测潜在脉冲星的分类。

① 导入 LogisticRegression,代码如下:

```
from sklearn.model_selection import cross_val_score
from sklearn.linear_model import LogisticRegression
```

② 分别设置 X 和 y 矩阵来存储自变量和响应变量,代码如下:

```
X = df.iloc[:, 0:8]
```

```
y = df.iloc[:, 8]
```

③ 使用模型作为输入,编写一个分类函数,代码如下:

```
def clf_model(model):
```

④ 创建 clf 分类器,代码如下:

```
clf = model
scores = cross_val_score(clf, X, y)
print('Scores:', scores)
print('Mean score:', scores.mean())
```

⑤ 将 LogisticRegression() 作为参数输入 clf_model 函数并运行:

```
clf_model(LogisticRegression())
```

输出如下:

Scores:[0.97385621 0.98239732 0.97686505]
Mean score:0.9777061909796982

这些数字代表准确度,平均得分约为 0.977 71,表示 Logistic 回归算法正确分类了 97.8% 的潜在脉冲星。

Logistic 回归与线性回归很不相同。Logistic 回归使用 sigmoid 函数来分类所有实例。一般来说,所有大于 0.5(接近 1)的情况都将被归类为 1,所有小于 0.5(接近 0)的情况都被归类为 0。相比之下,线性回归会得到一条直线,这条直线与单个点之间的误差将会被降到最低。Logistic 回归会将所有点分为两组,所有的新点都将被分到其中的一类。线性回归则会找到一条拟合度最高的直线,所有新点(无论预测值为多少)都将落在线上。

11.7　其他分类器

我们还可以尝试其他分类器,比如 K 最近邻(KNN)、决策树、随机森林和朴素贝叶斯等。我们之前已经尝试使用 KN、决策树和随机森林来进行回归,这一次,我们将尝试把它们作为分类器来使用。例如,使用 RandomForestRegressor 函数进行回归,但是还可以使用它进行分类。这两个函数都是随机森林,只是它们的实现方式不同,以满足不同数据集的输出要求。回想一下,分类器的输出为两个或多个组,而回归的输出则为连续值。通常可以使用相同的设置,但是会得到不同的输出。

11.7.1　朴素贝叶斯

朴素贝叶斯分类器是一个基于贝叶斯定理的模型,这是一个著名的、基于独立事件假设的条件概率模型。因此,我们需要假设数据的每一种属性(每一列)之间都是互相独立的。朴素贝叶斯的数学细节超出了本书要讲述的范围，但是我们仍然可以直接将其应用于数据集。

我们有一系列基于朴素贝叶斯的机器学习算法，本小节将使用高斯分布（GaussianNB）。高斯分布假设特征的可能分布是高斯分布。我们也可以考虑尝试其他贝叶斯算法，比如 MultinomialNB 可用于多项式分布数据（比如文本数据），ComplementNB（MultinomialNB 在特殊数据集上的改进函数）可用于不平衡数据。

接下来让我们一起来尝试使用朴素贝叶斯分类器吧。

练习 11-8：利用 GaussianNB、KneighborsClassifier、DecisionTreeClassifier 和 RandomForestClassifier 来准确预测数据集。

本练习的目的是使用各种分类器（包括 GaussianNB（高斯贝叶斯分类器）、KneighborsClassifier（K 近邻分类器）、DecisionTreeClassifier（决策树分类器）和 RandomForestClassifier（随机森林分类器））来预测潜在脉冲星是否为脉冲星。

① 继续在练习 11-7 的 Jupyter Notebook 中执行本练习。

② 将 GaussianNB()作为 clf_model 函数的参数输入并执行，代码如下：

```
from sklearn.naive_bayes import GaussianNB
clf_model(GaussianNB())
```

输出如下：

```
Scores：[0.95692978 0.92472758 0.94836547]
Mean score：0.9433409410695212
```

③ 将 KNeighborsClassifier()作为 clf_model 函数的参数输入并执行，代码如下：

```
fromsklearn.neighbors import KNeighborsClassifier
clf_model(KNeighborsClassifier())
```

输出如下：

```
Scores：[0.96899615 0.97200335 0.97082984]
Mean score：0.9706097796987464
```

④ 将 DecisionTreeClassifier()作为 clf_model 函数的参数输入并执行，代码如下：

```
from sklearn.tree import DecisionTreeClassifier
clf_model(DecisionTreeClassifier())
```

输出如下：

```
Scores：[0.96748785 0.96395641 0.96680637]
Mean score：0.9660835442470143
```

⑤ 将 RandomForestClassifier()作为 clf_model 函数的参数输入并执行，代码如下：

```
from sklearn.ensemble import RandomForestClassifier
```

```
clf_model(RandomForestClassifier())
```

输出如下：

Scores：[0.977878330.97703269 0.97602682]
Mean score：0.9769792815500621

所有分类器的精度都在 94% 到 98% 之间。这些分类器都执行得这么好，这一点很不寻常。数据中肯定有着明确的模式，或者数据出现了我们不知道的问题。

读者可能还想知道什么时候可以使用这些分类器。基本上，当有分类问题、数据中具有一个目标列且需要预测的选项是有限个时，所有的分类器都值得我们去尝试。

11.7.2 混淆矩阵

在讨论分类时，了解数据集是否平衡是非常重要的。数据集不平衡是指大多数数据点都聚集在一个分类内，而另一个分类中的数据点很少。因此，我们非常怀疑练习 11-8 中所得结果的准确性。

练习 11-9：从数据集中查找脉冲星所占的百分比。

本练习的目的是计算数据集中脉冲星所占的百分比。这里将使用 Class 列。尽管通常使用"df['Class']"这种方式来引用特定列，但是 df.Class 这种引用方法也是可行的（在某些特定情况下除外，比如设置值时）。

① 继续在练习 11-8 的 Jupyter Notebook 中执行本练习。

② 在 df.Class 上使用.count()方法来获取潜在脉冲星的数量，代码如下：

```
df.Class.count()
```

输出如下：

```
Class    17897
dtype：int64
```

③ 在"df[df.Class == 1]"上使用.count()方法来获得真正脉冲星的数量，代码如下：

```
df[df.Class == 1].Class.count()
```

输出如下：

```
Class    1639
dtype：int64
```

④ 将前两步得到的数量相除，得到真正脉冲星占潜在脉冲星的百分比，代码如下：

```
df[df.Class == 1].Class.count()/df.Class.count()
```

输出如下：

```
Class    0.09158
```

dtype: float64

结果表明,仅有 0.091 58 或 9% 的潜在脉冲星是真正的脉冲星,而其他的 91% 都不是脉冲星。这意味着,在这种情况下,我们很容易创建一个大于 91% 精度的机器学习模型,直接对每一组数据回答不是脉冲星都能够得到 91% 的准确度。

想象一下更为极端的情况,假设我们试图探测系外行星,数据集中仅有 1% 的数据分类为系外行星,这也就意味着 99% 的都不是系外行星。进而,我们很容易创建一个具有 99% 准确度的算法,直接回答所有输入数据都不是系外行星就可以了。

正如我们所看到的,混淆矩阵旨在显示每个输出发生的情况。每个输出将落入 4 个方框(分别为"真正 TP"、"真负 TN"、"假正 FP"和"假负 FN")中的其中一个。

请看下面这个例子。这是我们之前使用决策树分类器得到的混淆矩阵,如下:

```
[[3985   91]
 [  65  334]]
```

在 sklearn 中,默认顺序是 0,1。这意味着混淆矩阵将首先列出 0 值(否定值)。因此,实际上对混淆矩阵的解释如下:

```
    0   1
0  [[3985   91]
1   [  65  334]]
```

在此特定情况下,模型正确识别了 3 985 个非脉冲星,正确识别了 334 个真脉冲星,右上角的 91 表示模型对 91 个真脉冲星的分类不正确,左下角的 65 表示有 65 个非脉冲星被错误分类为真脉冲星。

有时解释混淆矩阵会很麻烦,尤其是确定值和否定值并不在同一列中表示时。幸运的是,混淆矩阵会生成一份分类报告一同显示。分类报告包括分类种数(组数)以及各种百分比,这些百分比将帮助我们理解并分析数据。

决策树分类器生成的混淆矩阵及分类报告如下:

```
Confusion Matrix: [[3985   91]
                   [  65  334]]
`Classification Report:
               precision    recall   f1 - score   support
      0          0.98        0.98       0.98        4076
      1          0.79        0.84       0.81         399
avg/total        0.97        0.97       0.97        4475
```

在分类报告中,两端的列是最容易解释的。最右侧 support 列代表数据集中对应分类的数量,它将匹配最左侧列的分类索引(这里分别为 0 和 1)。support 列显示,总共有 4 076 个非脉冲星(0)和 399 个脉冲星(1)。这两个数字都小于实际的数量,这是因为这里只查看了测试集。

precision(精确率)代表该分类预测正确的数量除以预测为该分类的条目数量,即

$P = \dfrac{TP}{TP+FP}$。以分类 0 为例，召回率为 3 985/(3 985 ＋ 91)；而以分类 1 为例时，召回率为 334/(334 ＋ 65)。其与准确率(accuracy)不同，$ACC = \dfrac{TP+TN}{TP+TN+FP+FN}$。

recall(召回率)代表该分类中预测正确的数量除以该分类真正的总数，$R = \dfrac{TP}{TP+FN}$。以分类 0 为例，准确率为 3 985/(3 985 ＋ 65)；而以分类 1 为例时，准确率为 334/(334 ＋ 91)。

f1-score(F1 值)是精确率与召回率的谐波均值。注意，此例中分类 0 与分类 1 的 F1 值非常不同。

分类报告中哪些数字更重要实际取决于我们要完成的任务。以分析脉冲星为例，我们的目标是确定尽可能多的潜在脉冲星吗？如果是，我们可以接受精确率比较低但是召回率比较高的模型。又或者，我们的检查费用很高，这种情况下我们更希望能够得到较高的精确率，从而能够以较低的成本检查尽可能多的真正脉冲星。

练习 11－10： 获取脉冲星数据集的混淆矩阵和分类报告。

本练习的目的是构建一个能够显示混淆矩阵及分类报告的函数。

① 继续使用练习 11－9 的 Jupyter Notebook。

② 导入 confusion_matrix 和 classification_report 库，代码如下：

```
from sklearn.metrics import classification_report
from sklearn.metrics import confusion_matrix
```

要使用混淆矩阵和分类报告，需要指定测试集。我们可以使用 train_test_split 来拆分数据集为训练集和测试集。

③ 将数据集拆分为训练集和测试集，代码如下：

```
X_train, X_test, y_train, y_test = train_test_split(X, y, test_size = 0.25)
```

构建一个名为 confusion 的函数，该函数以模型作为输入，并输出混淆矩阵和分类报告，代码如下：

```
def confusion(model):
```

④ 创建一个 model 分类器，代码如下：

```
clf = model
```

⑤ 将分类器与数据进行拟合，代码如下：

```
clf.fit(X_train, y_train)
```

⑥ 对测试集的数据进行预测并将预测分类结果存放到 y_pred 变量中，代码如下：

```
y_pred = clf.predict(X_test)
```

⑦ 计算并输出混淆矩阵，代码如下：

```
print('Confusion Matrix:', confusion_matrix(y_test, y_pred))
```

⑧ 计算并输出分类报告,代码如下:

```
print('Classification Report:', classification_report(y_test, y_pred))
return clf
```

⑨ 将 LogisticRegression()作为参数输入到 confusion()函数并运行,代码如下:

```
confusion(LogisticRegression())
```

输出如下:

```
Confusion Matrix: [[4029  23]
 [ 81 342]]
Classification Report:
              precision    recall   f1 - score   support
         0       0.98       0.99       0.99       4052
         1       0.94       0.81       0.87        423

  micro avg       0.98       0.98       0.98       4475
  macro avg       0.96       0.90       0.93       4475
weighted avg      0.98       0.98       0.98       4475
```

分类报告中显示,对真正脉冲星(1)进行分类的精确率为 94%,而加权之后的平均分类精确率却是 98%。此时再看 F1 值(精确率与召回率的平均值),我们发现整体的 F1 值高达 98%,但是真正脉冲星(1)的 F1 值却只有 88%。

⑩ 将 KNeighborsClassifier()作为参数输入到 confusion()函数并运行,代码如下:

```
confusion(KNeighborsClassifier())
```

输出如下:

```
Confusion Matrix: [[4019    33]
 [ 94 329]]
Classification Report:                    precision    recall   f1-score    support

         0       0.98       0.99       0.98       4052
         1       0.91       0.78       0.84        423

  micro avg       0.97       0.97       0.97       4475
  macro avg       0.94       0.88       0.91       4475
weighted avg      0.97       0.97       0.97       4475
```

由上述输出可知,总体的得分看起来似乎都很高,但是对于真正的脉冲星(1),78% 的召回率和 84%的 F1 值看起来有点可怜。

⑪ 将 GaussianNB()作为参数输入到 confusion()函数并运行,代码如下:

```
confusion(GaussianNB())
```

输出如下：

```
Confusion Matrix：[[4019   33]
 [  94  329]]
Classification Report：
          precision    recall    f1 - score    support
      0     0.98        0.99        0.98         4052
      1     0.91        0.78        0.84          423

micro avg   0.97        0.97        0.97         4475
macro avg   0.94        0.88        0.91         4475
weighted avg 0.97       0.97        0.97         4475
```

在此特定情况下，真正的脉冲星(1)的精确率仅有 68%，完全达不到标准。

⑫ 将 RandomForestClassifer( )作为参数输入到 confusion( )函数并保存，代码如下：

```
confusion(RandomForestClassifier())
```

输出如下：

```
Confusion Matrix：[[4024   28]
 [  75  348]]
Classification Report：
          precision    recall    f1 - score    support
      0     0.98        0.99        0.98         4052
      1     0.93        0.82        0.87          423

micro avg   0.98        0.98        0.98         4475
macro avg   0.95        0.91        0.93         4475
weighted avg 0.98       0.98        0.98         4475
```

我们成功地完成了本练习，发现 89% 的 F1 值已经是目前为止我们看到的最高分数了。

如果想要检测脉冲星，哪个分类器表现会更好呢？显然 RandomForestClassifier( )是最好的，因为它对脉冲星具有最高的精确率和召回率。如果目标就是检查脉冲星，那么 RandomForestClassifier( )就是最好的选择。

11.7.3 boosting 方法

随机森林实际上是一种装袋 bagging(bootstrap aggregating, bagging)，方法是一种机器学习方法，它聚合了大量的机器学习模型。以随机森林为例，它实际上聚合了大量的决策树模型。

另外一种机器学习方法是 boosting。boosting 的理念是，通过降低学习器出错的列的权重，将弱学习器转化为强学习器。弱学习器可能会有 49% 的错误率，仅比掷硬币稍微好一点。相比之下,强学习器的错误率可能仅有 1% 或 2%。通过足够的次二定迭代,非常弱的学习器将能够转化为强学习器。

boosting 方法的成功引起了机器学习社区的注意。在 2003 年,Yoav Fruend 和 Robert Shapire 依靠他们开发的 AdaBoost 自适应增强算法,赢得了 2003 年哥德尔奖。

与许多 boosting 方法类似,AdaBoost 也有分类器和回归器。AdaBoost 将根据之前分类错误的实例来调整弱学习器。如果一个学习器仅有 45% 的预测正确,那么可通过反转符号使之变为 55% 的预测正确。这样唯一有问题的就是恰好有 50% 正确实例的情况。正确预测所占的百分比越大,算法给敏感异常值的权重就越大。

让我们看看 AdaBoost 分类器是如何在数据集上大显身手的。

练习 11 - 11:使用 AdaBoost 预测最佳值。

本练习的目的是使用 AdaBoost 预测脉冲星分类和房屋价值中位数。

① 继续使用之前练习的 Jupyter Notebook。

② 导入 AdaBoostClassifier 并将其作为参数输入 clf_model(),代码如下:

```
from sklearn.ensemble
import AdaBoostClassifier
clf_model(AdaBoostClassifier())
```

输出如下:

```
Scores:[0.97519692 0.98122381 0.97652976]
Mean score: 0.9776501596069993
```

这里,AdaBoost 分类器给出了一个最好的结果。下面让我们看看它在混淆矩阵上的表现。

③ 将 AdaBoostClassifer() 作为参数输入 confusion() 函数,代码如下:

```
confusion(AdaBoostClassifier())
```

输出如下:

```
Confusion Matrix: [[4020   32]
 [  77  346]]
Classification Report:
              precision    recall  f1 - score   support
          0       0.98      0.99      0.98      4052
          1       0.92      0.82      0.86       423

   micro avg       0.98      0.98      0.98      4475
   macro avg       0.95      0.91      0.93      4475
weighted avg       0.97      0.98      0.98      4475
```

由上述代码可知,最终精确率、召回率和 F1 值都很出色。其中,真正脉冲星分类的 F1 值为 86%,几乎与 RandomForestClassifier() 的表现相同。

④ 分别将 X 和 y 赋值为"housing_df.iloc[:,:-1]"和"housing_df.iloc[:,-1]",代码如下：

```
X = housing_df.iloc[:,:-1]
y = housing_df.iloc[:,-1]
```

⑤ 导入 AdaBoostRegressor，并将其作为参数输入到 regression_model_cv 函数中，代码如下：

```
from sklearn.ensemble import AdaBoostRegressor regression_model_cv(AdaBoostRegressor())
```

输出如下：

```
Reg rmse：[3.75023024 3.48211969 5.46911888 6.30026928 4.13913715]
Reg mean：4.628175048702711
```

不出所料，AdaBoost 给出的结果与之前的最佳结果类似。AdaBoost 的声誉这么好果然是非常有道理的。

AdaBoost 是非常好的加速器(Booster)之一。XGBoost 及其继任者 LightGBM 都紧随 AdaBoost 的脚步，但是它们并不是 sklearn 库的一部分，因此这里不介绍它们。

练习 11-12：使用机器学习预测客户回报率的准确性。

在此练习中，我们将使用机器学习来解决实际问题。银行希望能够预测客户是否会返回，即是否会产生客户流失；他们还想知道哪些客户最可能离开(流失)。于是他们为你提供了数据，要求你创建机器学习算法，帮助他们定位最有可能流失的客户。

本活动大概需要这样一些步骤：首先，需要准备数据集中的数据；其次，运行本章介绍的各种机器学习算法，检查其准确性并使用混淆矩阵和分类报告找出能够识别流失客户的最佳算法；最后，选择一个机器学习算法并输出其混淆矩阵和分类报告。

① 从 GitHub 下载数据集：https://github.com/TrainingByPackt/Python-Workshop/blob/master/Chapter11/Activity25/customer-churn.zip。

② 在 Jupyter Notebook 中打开 CHURN.csv 文件并观察前五行。

③ 检查空(NaN)值并去除在数据集中找到的任何空值。

④ 为了能够使用机器学习进行预测，目标列应用数字表示，而不是用 No 和 Yes 表示。我们可能需要分别将 No 和 Yes 替换为 0 和 1，代码如下：

```
df['Churn'] = df['Churn'].replace(to_replace=['No','Yes'], value=[0,1])
```

⑤ 设置 X(自变量列)，即除第一列和最后一列之外的所有列，然后设置 y(目标列)，即最后一列。

⑥ 将所有自变量列转换为数字列可以通过如下方法实现：

```
X = pd.get_dummies(X)
```

⑦ 编写一个 clf_model 函数，该函数使用 cross_val_score 实现一个分类器。注意，cross_val_score 使用前必须先导入。

⑧ 分别将五种不同的机器学习算法作为参数输入到函数中并运行。选出效果最好的三个模型。

⑨ 使用 train_test_split 拆分出训练集和测试集,然后使用混淆矩阵和分类报告创建一个类似的函数,进而用该函数测试对比之前选出的三个模型。

⑩ 选出效果最佳的模型,查看它的超参数并尝试优化至少一个超参数。

输出如下:

```
Confusion Matrix: [[1147  158]
[ 192  264]]
Classfication Report:
          precision    recall    f1-score    support
      0      0.86       0.88       0.87        1305
      1      0.63       0.58       0.60        456

avg/total    0.80       0.80       0.80        1761
AdaBoostClassifier(algorithm = 'SAMME. R', base_estimator = None, learning_rate = 1.0, n_
estimators = 25, random_state = None)
```

11.8 总　结

在本章中,我们已经学习了如何构建各种机器学习模型来解决回归和分类问题;已经实现了线性回归、Ridge、Lasso、Logistic 回归、决策树、随机森林、朴素贝叶斯以及 AdaBoost 等算法;已经了解了拆分数据集为训练集和测试集并使用交叉验证的重要性;了解了过度拟合的风险以及如何通过正则化来抵消过度拟合;学会了如何使用 GridSearchCV 和 RandomizedSearchCV 微调超参数;知道了如何使用混淆矩阵和分类报告来解释不平衡的数据集;学会了如何区分 bagging 和 boosting 方法,以及如何区分精确率和召回率。

事实上,我们现在仅仅接触了机器学习的表面。除了分类和回归之外,还有许多流行的其他机器学习算法,比如推荐算法,它们可以用于根据用户的偏好和以前看过的电影或书籍来判断用户的喜好,进而推荐用户喜欢的电影和书籍;再如无监督学习算法,它们将根据数据本身的特点对数据进行分组。

至此,我们结束了本书的 Python 之旅。我们从 Python 的基础知识开始,到学习如何打开 Jupyter Notebook 和加载必要的库,再到使用列表、字典和集;之后,我们开始使用 Python 直观地输出数据,这是呈现数据的重要一步;接下来,我们不仅学习了如何编写 Python 代码,还学习了如何使代码简洁实用,这是 Python 的一大魅力;然后,学习了如何使用单元测试和调试技术来处理错误;最后,在第 10 章和本章学习了如何处理大数据以及如何应用机器学习。